Die faszinierende Geologie von Islands Südwesten

Ágúst Gudmundsson

Die faszinierende Geologie von Islands Südwesten

Der Goldene Ring (Golden Circle) und andere Touren

Deutsche Bearbeitung: Sonja Philipp

Ágúst Gudmundsson
Department of Earth Sciences
Royal Holloway University of London
Egham, UK

Aus dem Englischen übersetzt von Sonja Philipp

ISBN 978-3-662-56024-2   ISBN 978-3-662-56025-9   (eBook)
https://doi.org/10.1007/978-3-662-56025-9

Die Deutsche Nationalbibliothek verzeichnet diese Publikation in der Deutschen Nationalbibliografie;
detaillierte bibliografische Daten sind im Internet über http://dnb.d-nb.de abrufbar.

Springer Spektrum
© Springer-Verlag GmbH Deutschland 2018

Verantwortlich im Verlag: Stephanie Preuß
Einbandabbildung: Ágúst Gudmundsson

Gedruckt auf säurefreiem und chlorfrei gebleichtem Papier

Springer Spektrum ist Teil von Springer Nature
Die eingetragene Gesellschaft ist Springer-Verlag GmbH Deutschland
Die Anschrift der Gesellschaft ist: Heidelberger Platz 3, 14197 Berlin, Germany

Vorwort

Islands Südwesten mit dem berühmten *„Golden Circle"* („Goldener Ring") bietet eine einzigartige Gelegenheit, viele der Naturkräfte der Erde zu beobachten und zu verstehen. Diese Kräfte bewegen die tektonischen Platten, reißen die Erdkruste auf, rufen Erdbeben und Vulkanausbrüche hervor. Erdbeben und Vulkanausbrüche wiederum eröffnen Fließwege und liefern Wärmequellen für heiße Quellen und Geysire. Diese Kräfte aus dem Erdinneren („interne Kräfte") formen in Wechselwirkung mit von außen auf die Erde einwirkenden („externen") Kräften auch die Landschaft. Solche externen Kräfte werden durch Gletscher und Flüsse hervorgerufen, die die Erdoberfläche erodieren und Wasserfälle, Täler und Schluchten und schließlich auch Berge formen.

Der „Goldene Ring" macht nicht nur diese Naturkräfte sichtbar, sondern auch natürliche Ressourcen. Darunter sind große Mengen von außergewöhnlich reinem und leicht nutzbarem Grundwasser. Hinzu kommen sogenannte „erneuerbare Energien", die derzeit an Bedeutung gewinnen. Auch diese sind – zum Teil nur aus der Entfernung – während der Reise entlang des „Goldenen Rings" zu sehen. Es sind dies Wasserfälle (Wasserkraft), Erdwärmevorkommen (Geothermiekraftwerke), Wellen (Wellenenergie) und Wind (Windkraft).

Der „Goldene Ring" wird normalerweise an einem Tag bereist. Es gibt noch viele andere interessante Orte, die in Tagestouren besucht werden können. In diesem Buch beschreibe ich vier zusätzliche Touren, die weniger bekannt sind als der Goldene Ring. Sie ermöglichen jeweils ein tieferes Verständnis der Prozesse, die unseren Planeten sowie wunderschöne Landschaften formen. Da die meisten Besucher Islands in Reykjavík oder der Umgebung übernachten, beginnen und enden alle hier beschriebenen Touren in Reykjavík. Die Touren können jedoch auch von jedem anderen Ort im Südwesten Islands aus unternommen werden.

Konkret werden in diesem Buch fünf Tagestouren im Südwesten Islands beschrieben. Die erste Tour ist der klassische *„Golden Circle"* oder „Goldene Ring". Dieser führt zum Thingvellir-Graben (Þingvellir), dem Geothermalfeld Geysir, dem Wasserfall Gullfoss sowie dem Vulkankrater Kerid (Kerið). Die zweite Tour geht zu dem bildschönen Fjord Hvalfjördur (Hvalfjörður) nördlich von Reykjavík, wo man in das tiefe Innere von Vulkanen und Vulkanzonen blicken kann und wunderschöne Landschaft zu sehen ist. Die dritte Tour umfasst die einzigartige Landschaft, die vulkanische Aktivität und die geothermische Energie des Hengill-Vulkans südlich des Thingvallavatn-Sees. Die vierte Tour führt zur Reykjanes-Halbinsel südlich von Reykjavík, auf der sich die „Blaue Lagune" sowie die „Brücke zwischen zwei Kontinenten" befinden. Hier geht es vor allem um Seen, Explosionskrater, Geothermalfelder, Vulkanspalten und Lavafelder. Die fünfte Tour schließlich führt nach Südisland, inklusive dem größten Erdbebengebiet der beschriebenen Region. Der Schwerpunkt liegt hier jedoch auf den berühmten Vulkanen Hekla (Ausbruch im Jahr 2000), Eyjafjallajökull (Ausbruch 2010) und Katla (Ausbruch 1918) sowie den Wasserfällen, Sanderflächen und den wunderschönen Basaltsäulen am Strand von Reynisfjara.

Dieses Buch ist für Islandreisende geschrieben. Insbesondere für diejenigen, die nicht nur Islands einzigartige Schönheit genießen möchten, sondern auch die Prozesse würdigen und verstehen möchten, durch die diese Schönheit entsteht. Es werden keine Vorkenntnisse in Geologie vorausgesetzt. Fachbegriffe wurden so weit wie möglich vermieden, die Unvermeidlichen im Text sowie einem detaillierten Glossar am Ende des Buches alltagssprachlich erklärt. Ich bin seit Jahren Führer zahlreicher geologischer Exkursionen in Island, auch der in diesem Buch beschriebenen Touren. Einige dieser Exkursionen waren in erster Linie für Geowissenschaftler, andere hingegen für Personen ohne solchen fachlichen Hintergrund konzipiert. Während dieses Buch hauptsächlich für Nicht-Fachleute gedacht ist, werden die Geländebeispiele und Prozesserklärungen in diesem Buch auch für Geowissenschaftler und Studierende hilfreich sein.

Viele Leser werden weder Zeit noch Muße haben, das gesamte Buch zu lesen. Die einzelnen Kapitel sind deswegen so geschrieben, dass sie für sich allein verständlich sind. Es ist also möglich, eine Tour gezielt auszuwählen und nur das dazugehörige Kapitel zu lesen. Einige Begriffe, Prinzipien und Prozesse werden mehrfach erläutert sowie häufig auf ausführlichere Erklärungen in anderen Kapiteln, insbesondere auf Abbildungen, verwiesen.

In vielen naturwissenschaftlichen Büchern für Laien sind die meisten Abbildungen Strichzeichnungen. Dieses Buch ist in dieser Hinsicht ungewöhnlich. Strichzeichnungen werden zwar zur Verdeutlichung einiger geologischer Prozesse verwendet, mehrheitlich verwende ich jedoch beschriftete Fotografien, um geologische Strukturen und Prozesse zu erklären. Der Vorteil liegt darin, dass die Prozesse anhand von Strukturen erklärt werden, wie Sie sie tatsächlich in der Natur sehen. Als Folge davon enthält dieses Buch mehr als 240 Abbildungen, weit überwiegend Fotografien. Die meisten Fotos zeigen geologische Strukturen genau so, wie Sie sie auf den Touren erkennen können. Hinzu kommen zahlreiche Luftbilder derselben Phänomene, aufgenommen aus Flugzeugen. Diese sollen Prozesse und Strukturen in einem anderen Maßstab erklären als vom Boden aus sichtbar und die einzigartige Schönheit der Geologie Islands unterstreichen.

Ágúst Gudmundsson

Danksagung

Bei der Arbeit an diesem Buch erhielt ich dankenswerterweise viel Hilfe von meiner Frau Nahid Mohajeri. Im Einzelnen hat sie ältere Abbildungen überarbeitet und alle neuen Abbildungen für dieses Buch gezeichnet. Außerdem haben ihre hilfreichen Kommentare den Text verbessert. Ich möchte auch Ines Galindo und Sonja Philipp für die sorgfältige Durchsicht des gesamten Textes und viele hilfreiche Anregungen danken.

Alle digitalen Höhenkarten in diesem Buch basieren auf Daten von Landmælingar Íslands (Islands Landesvermessungsamt). Im Einzelnen handelt es sich um die ► Abb. 1.1, 1.5, 2.1, 2.3, 4.1, 10.1, 11.1, 12.1, 13.1, 14.1, 14.12b, und 14.18. Auch die Luftbilder auf ► Abb. 8.2 und 13.7 stammen von Landmælingar Íslands. Diese Daten werden von Landmælingar Íslands durch eine Regierungslizenz kostenlos zur Verfügung gestellt. Ich danke Landmælingar Íslands vielmals für diese kostenlose Verwendungsmöglichkeit der Daten und Luftbilder.

Den folgenden Personen danke ich für die Erlaubnis, Fotografien zu verwenden. Ines Galindo für ► Abb. 13.20, 13.21, 13.23, 13.34, 13.35, 13.36, und 13.39; Sonja Philipp für ► Abb. 9.4, 7.1, 12.4, 12.5, 12.18, 12.19, 14.25 und 14.28; Ævar Johannsson für ► Abb. 13.27. Alle anderen Fotos in diesem Buch habe ich selbst gemacht.

Einige der Abbildungen wurden aus früheren wissenschaftlichen Fachartikeln und Büchern verändert übernommen. ► Abb. 2.2, 2.4, 4.10, und 11.14 stammen aus dem Fachartikel *The mechanics of large volcanic eruptions*. Earth-Science Reviews, 163, 72–93, 2016; ► Abb. 5.9 aus dem Fachartikel *Effects of mechanical layering on the development of normal faults and dykes in Island*. Geodinamica Acta, 18, 11–30, 2005; ► Abb. 11.3 aus dem Fachartikel *How local stresses control magma-chamber ruptures, dyke injections, and eruptions in composite volcanoes*. Earth-Science Reviews, 79, 1–31, 2006; und ► Abb. 14.20 aus dem Fachartikel *Strengths und strain energies of volcanic edifices: implications for eruptions, collapse calderas, and landslides*. Natural Hazards und Earth System Sciences, 12, 1–18, 2012. ► Abb. 13.26 ist eine überarbeitete Version aus dem Fachbuch *Rock Fractures in Geological Processes*, Cambridge University Press, 2011. Alle anderen Abbildungen wurden für dieses Buch neu erstellt.

Ágúst Gudmundsson

Anmerkungen zur deutschen Ausgabe

Seit ich 1996 das erste Mal privat in Island war, bin ich von diesem Land und seiner Geologie fasziniert. Damals hatte ich gerade das Vordiplom in Geologie bestanden und konnte einiges in der Natur entdecken, was ich bis dahin nur aus Lehrbüchern kannte.

Der Autor dieses Buches, Ágúst Gudmundsson, war von 2001 bis 2003 mein „Doktorvater" an der Universitetet i Bergen, Norwegen. Später arbeitete ich mit ihm in der von ihm geleiteten Abteilung Strukturgeologie und Geodynamik an der Georg-August-Universität Göttingen zusammen. Während dieser Zeit waren wir zweimal gemeinsam in Island: zur Forschung und zu einer Exkursion mit Studierenden. Während dieser Aufenthalte (sowie weiterer privater Reisen) hatte ich ausgiebig Gelegenheit, mein Verständnis der Geologie Islands zu vertiefen. Dieses gebe ich auch gerne weiter. Überhaupt ist es mir schon seit Studienzeiten ein Anliegen, das Wissen um geologische Zusammenhänge auch außerhalb von Fachkreisen zu verbreiten. Daher war es mir eine Freude, *The Glorious Geology of Iceland's Golden Circle* ins Deutsche zu übertragen.

Den Titel habe ich in Absprache mit dem Autor in der Übersetzung etwas verändert, unter anderem, weil das Buch Touren im gesamten Südwesten Islands umfasst. Der Begriff „*Golden Circle*" ist auch in deutschsprachiger touristischer Literatur verbreitet, jedoch finden sich auch die Übersetzungen „Goldener Kreis", „Goldener Zirkel" oder „Goldener Ring". Weil „Goldener Ring" dem isländischen „gullni hringurinn" entspricht, haben wir uns für diese Variante entschieden.

Die direkte Ansprache der LeserInnen durch den Autor in Art einer Vorlesung habe ich beibehalten. Dabei habe ich mich im Deutschen für das förmlichere „Sie" entschieden, zumal dies auch den Plural darstellt. Insgesamt habe ich mich jedoch bemüht, den deutschen Text möglichst dem Stil des Autors im Englischen nachzuempfinden.

Bei der Übersetzung der Fachbegriffe habe ich mich an der aktuellen deutschen Fachliteratur orientiert. Teilweise werden im Deutschen unterschiedliche Begriffe für den gleichen geologischen Sachverhalt verwendet. In diesen Fällen verwende ich nur den jeweils gebräuchlichsten beziehungsweise meiner Ansicht nach treffendsten deutschen Begriff. Da das Buch auf dem neuesten Stand der Forschung ist und auch noch nicht anderweitig publizierte Forschungsergebnisse des Autors enthält, besteht für manche verwendeten Fachbegriffe in der deutschen Fachliteratur ein Ausbaurückstand, das heißt, es sind bisher keine Übersetzungen etabliert. In diesen Fällen habe ich die englischen Fachbegriffe möglichst wörtlich beziehungsweise treffend selbst übersetzt. Dabei bleibt anzumerken, dass selbst Fachleute häufig englische Begriffe verwenden, ohne sich diese Mühe zu machen. Weil Artikel in wissenschaftlichen Fachzeitschriften überdies meist auf Englisch publiziert werden, geht im Alltag so mancher Forscher/innen die deutsche Fachsprache noch weiter verloren. Dem möchte ich hier entgegenwirken. Im Glossar ist jedoch jeweils beim Hauptbegriff beziehungsweise bei der ersten Nennung eines Begriffs die im englischen Original dieses Buches verwendete Bezeichnung kursiv angegeben.

Bei der Schreibweise von Ortsnamen habe ich seltener eine Umschrift verwendet als im englischen Original. Die Vokale mit „Akzenten" haben zwar keine Betonungszeichen, sondern gelten im Isländischen als eigene Buchstaben mit anderer Aussprache als diejenigen ohne „Akzent" („á" wie deutsch „au"; „ó" wie der Diphthong im englischen „so"; ú wie deutsch „u" – hingegen „u" eher wie deutsch „ü"). Weil dies aber keine Schwierigkeit beim Lesen ergibt, sind nur für Worte mit „Þ" (wie ein stimmloses „th" im Englischen, beispielsweise in „thing"), „ð" (wie ein stimmhaftes „th" im Englischen, zum Beispiel in „the") sowie æ („ae") Umschriften angegeben.

Im Glossar habe ich einige fehlende Begriffe ergänzt und dabei die anderswo im Text verwendeten Erklärungen verwendet. Im gesamten Text sind kleinere Fehler korrigiert und gewisse Inkonsistenzen des englischen Originals vermieden. An ein paar Stellen hat der Autor Formulierungen oder Vergleiche verwendet, die nur im Englischen so funktionieren. Diese wurden mit einer entsprechenden Erläuterung im Text ergänzt. Einige der Beschriftungen in den Abbildungen habe ich zur besseren Erkennbarkeit vergrößert und farblich stärker hervorgehoben. Einige wenige Abbildungen habe ich geringfügig korrigiert.

Für die kritische Durchsicht des deutschen Manuskriptes und hilfreiche Kommentare danke ich Florian Neukirchen.

Sonja Philipp

Inhaltverzeichnis

Serviceteil

Einleitung

© Springer-Verlag GmbH Deutschland 2018
Á. Gudmundsson, *Die faszinierende Geologie von Islands Südwesten*,
https://doi.org/10.1007/978-3-662-56025-9_1

Wenn Sie die unseren Planeten formenden Naturkräfte verstehen möchten, ist das beste Reiseziel Island. Es gibt kein vergleichbar kleines Gebiet auf diesem Planeten, welches eine solche Vielfalt einfach zu betrachtender geologischer Prozesse bietet wie Island. Sie können den die Erdoberfläche aufbauenden **tektonischen Platten** zusehen, wie sie sich voneinander wegbewegen, was auch als **Spreizung** bezeichnet wird und zu Vulkanausbrüchen, Erdbeben, Geysiren und geothermischer Energie führt. Weiterhin gibt es große Flüsse mit wunderschönen Wasserfällen sowie Eiskappen und Gletscherzungen, die tiefe Täler und Fjorde ins Land schnitten und hohe Berge dazwischenstehen ließen. All dies kann man in Island leicht betrachten und verstehen.

Gerade weil die geologischen Prozesse und Strukturen in Island so deutlich ausgebildet sind und einfach betrachtet werden können, sind sie auch ohne geologische Fachkenntnisse zu verstehen. Wenn Sie sich die Landschaften und Gesteine anschauen, sollten Sie mithilfe dieses Buchs in der Lage sein, die wichtigsten Geländeformen zu erkennen, und verstehen, wie und durch welche Prozesse sie gebildet werden. Ziel dieses Buchs ist, die Geländeformen und geologischen Prozesse auf den im Folgenden beschriebenen **Touren** auf eine Weise zu erklären, die für Laien ohne Geologiestudium verständlich ist. Dies im Blick verwende ich so wenige technische Konzepte und Fachbegriffe wie möglich. Eher verwende ich Alltagsbeispiele, um Geländeformen und Prozesse in Island zu erklären.

Jedes Thema wird bei der ersten Erwähnung erläutert. Zusätzlich erkläre ich die Bedeutung einiger geologischer und anderer Fachbegriffe in einem detaillierten **Glossar** am Ende des Buchs mit einfachen Begriffen. **Fettdruck** ist zur Hervorhebung und für Begriffe im Glossar verwendet. Insbesondere sind wichtige Begriffe, hauptsächlich bei deren ersten Verwendung, fett hervorgehoben. Auch die **Halte** auf den Touren sind fett gesetzt.

Alle oben erwähnten Prozesse und deren Resultate sind im südwestlichen Teil Islands, und viele entlang des „*Golden Circle*“ zu sehen. Es gibt mehrere, leicht unterschiedliche Definitionen für den „*Golden Circle*“. Geometrisch ist dieser auch kein Kreis, was die wörtliche Übersetzung von *circle* wäre, sondern eher ein Dreieck (■ Abb. 1.1) – im Folgenden wird die übersetzte Bezeichnung „Goldener Ring“ verwendet (siehe Anmerkungen zur deutschen Ausgabe). Die Rundfahrt der meisten Reisenden entlang des „Goldenen Rings“ ist folgendermaßen:

- Von Reykjavík zum Thingvellir-Graben
- Von Thingvellir zum Geothermalfeld Geysir
- Von Geysir zum Wasserfall Gullfoss
- Von Gullfoss zum Krater Kerid
- Von Kerid nach Reykjavík

Manche Routen des „Goldenen Rings“ umfassen zusätzliche Halte. Beliebt ist zum Beispiel ein Halt bei der Kathedrale von Skálholt im mittleren Südisland. Diese ist von historischer Bedeutung, aber geologisch kaum interessant, und wird hier daher nicht beschrieben. Andere Routen beinhalten die Stadt Hveragerdi und das Kraftwerk Hellisheidarvirkjun. Beide befinden sich an geologisch interessanten Orten, nicht nur in Zusammenhang mit geothermischer Energie, sondern auch, weil sie sich nahe (Hveragerdi und Hellisheidarvirkjun) oder innerhalb (Hengill) von aktiven Vulkanen und Erdbebenzonen befinden. Hveragerdi und Hellisheidarvirkjun werden hier als optionale Halte auf dem „Goldenen Ring“ beschrieben.

Der hier beschriebene „Goldene Ring“ ist auf ■ Abb. 1.1 dargestellt. Er beinhaltet 15 Halte, also einige mehr als oben bereits genannt. Diese zusätzlichen Halte wurden nach ihrer geologischen Bedeutung ausgewählt. ■ Abb. 1.2 zeigt Fotos der wichtigsten Halte – Esja, Thingvellir, Geysir, Gullfoss, und Kerid –, die Beschreibung beschränkt sich jedoch nicht darauf. Es gibt viele interessante geologische Strukturen zwischen diesen Halten. Viele davon sind von den Straßen, die den „Goldenen Ring“ bilden, aus zu

◉ **Abb. 1.1**   Der „Goldene Ring" in Gelb. Die großen Zahlen in Kreisen, hier und auf ähnlichen Karten, entsprechen den wichtigsten Halten der Touren. Die kleinen Zahlen in Quadraten sind die Straßennummern. Die Nordrichtung ist als Pfeil in der oberen linken Ecke angegeben, der Maßstab in der unteren linken Ecke. Die Stadt Reykjavík und die wichtigsten Ortschaften sind orange dargestellt. Für die Lage des „Goldenen Rings" in ganz Island siehe ◉ Abb. 1.5

erkennen; andere erfordern kurze Abstecher. Zum Beispiel führt ein kurzer Abstecher von Straße 365 zwischen Thingvellir und Geysir weg nach Norden nach Laugarvatnshellar („Höhlen von Laugarvatn", neunter Halt), wo viele interessante geologische Strukturen zu sehen sind. Nicht nur die Höhlen selbst, die Anfang des 20. Jahrhunderts bewohnt waren, sind hier interessant. Überdies ermöglicht ein nahe gelegener Anschnitt eines inaktiven Vulkans zu verstehen, wie Vulkane und Vulkaninseln während Eruptionen in Wasser, wie dem Schmelzwasser von Eiskappen, entstehen. Insbesondere gibt es am neunten Halt schön ausgebildete **Kissenlava** (◉ Abb. 1.3). Dabei handelt es sich um den gleichen Lavatyp, der sonst in großer Wassertiefe an Mittelozeanischen Rücken entsteht. Die Kissen treten hier auf, weil sich der Berg in tiefem Wasser bildete, genauer gesagt im Schmelzwasser innerhalb eines Eisfeldes der letzten Verei-

sung. Eruptionen in tiefem Wasser, im Meer oder unter Gletschern ereignen sich in Island noch immer. Zum Beispiel fand eine solche Eruption 1996 im Vatnajökull-Gletscher statt (◉ Abb. 1.4, siehe Karte auf ◉ Abb. 2.2). Auch der Ausbruch 2010 des Eyjafjallajökull (▶ Kap. 14) erfolgte zum Teil innerhalb einer Eiskappe (eines Gletschers).

Die Kapitel über den „Goldenen Ring" beschreiben einerseits beachtenswerte geologische Phänomene und Prozesse, die auf dem Weg zwischen den Haupthalten (zum Beispiel zwischen Thingvellir und Gullfoss) zu erkennen sind. Andererseits werden die Haupthalte selbst – mit den jeweils interessanten Strukturen und den sie bildenden geologischen Prozessen – erläutert.

Es gibt zusätzlich zum „Goldenen Ring" zahlreiche interessante geologische Strukturen und Prozesse in **Reykjavíks** Umgebung. Da ich annehme, dass viele Reisende mehr von

◘ Abb. 1.2   Beispiele für geologische Strukturen und Landschaftsphänomene entlang des „Goldenen Rings". Alle Beispiele werden in den ▶ Kap. 4 bis 9 noch einmal gezeigt und eingehend erläutert. **a** Der Berg Esja, der von Reykjavík aus zu sehen ist (erster Halt auf ◘ Abb. 1.1). Die ihn aufbauenden Gesteinsschichten stammen aus der vulkanischen Riftzone in Thingvellir, dutzende Kilometer weiter östlich, und wurden durch langsame Spreizung (etwa 1 cm jährlich) an ihren jetzigen Ort befördert. **b** Teil der aktiven vulkanischen Riftzone in Thingvellir. Das Foto wurde aus einem Flugzeug aufgenommen, Blick ist nach Südwesten über den See Thingvallavatn zum Zentralvulkan (Schichtvulkan) Hengill – der weiße Dampf stammt aus Geothermalfeldern. Die Spalte ist eine Erdbebenstörung, bis zu 60 m breit (offen), gebildet durch Spreizung beziehungsweise plattentektonische Kräfte (vierter, fünfter und sechster Halt auf ◘ Abb. 1.1). Auf der linken (östlichen) Seite ist das Land 40 m abgesunken. **c** Zugbruch (Öffnungsbruch) in Thingvellir (siebter Halt auf ◘ Abb. 1.1). Die maximale Öffnung des Bruchs beträgt etwa 15 m, die maximale sichtbare Tiefe 25 m, aber die Spalte könnte auch bis zu mehrere hundert Meter tief hinunterreichen. Die Spalte ist mit sehr sauberem Grundwasser gefüllt. **d** Springquelle (Geysir) Strokkur (zehnter Halt auf ◘ Abb. 1.1). Die Brüche, die das kochende Wasser für die Eruptionen liefern, bleiben durch Erdbeben offen. **e** Wasserfall Gullfoss (elfter Halt auf ◘ Abb. 1.1). Die Gesamtfallhöhe beträgt 32 m und erfolgt in zwei Stufen, die den Richtungen der wichtigsten Erdbebenstörungen in Südisland folgen. Durch Erosion wird der Wasserfall etwa 30 cm jährlich weiter landeinwärts verlagert. **f** Krater (Vulkan) Kerid (dreizehnter Halt auf ◘ Abb. 1.1). Dies ist ein eingestürzter kleiner Lavateich, ein Einsturzkrater, der heute zum Teil mit Grundwasser gefüllt ist. Sein maximaler Durchmesser beträgt etwa 300 m, seine Tiefe etwa 50 m

   Einem Kissenstapel ähnelnde Lavaströme, also ellipsoidische Körper aus (meist basaltischer) Lava, werden als Kissenlaven bezeichnet (neunter Halt auf ■ Abb. 1.1). Aus Gesteinsschmelze (Magma) entstehen Kissenlaven unter Wasser, beispielsweise dem Schmelzwasser bei einem Vulkanausbruch unter einem Gletscher (subglaziale Eruption). Die einzelnen Kissen haben meist Durchmesser von einem Meter oder weniger. Kissenlaven bilden die untersten Schichten in vielen Vulkanen in Südwestisland. Die meisten entstanden bei subglazialen Eruptionen und werden als Hyaloklastit-Berge (isländisch: *Móberg*) bezeichnet. Kissenlaven sind auch an Mittelozeanischen Rücken häufig. Auch in Island entstanden einige bei Vulkanausbrüchen im Meer (submarine Eruptionen)

Islands faszinierender Geologie sehen möchten als nur den „Goldenen Ring", habe ich folgende Tagestouren in die Umgebung Reykjavíks hinzugefügt (■ Abb. 1.5):

- Reykjavík-Hvalfjördur
- Reykjavík-Hengill
- Reykjavík-Kleifarvatn-Reykjanestá
- Reykjavík-Eyjafjallajökull-Reynisfjara

Ein paar Höhepunkte dieser zusätzlichen Touren sehen Sie auf ■ Abb. 1.6. In Hvalfjördur zum Beispiel gibt es ehemalige magmagefüllte Spalten, die Magma für Vulkanausbrüche lieferten und mittlerweile zu festem Gestein erstarrt sind – sogenannte magmatische **Gänge.** In Hengill, einem aktiven Vulkan, besteht die einzigartige, wunderschöne Landschaft aus Tälern und Rücken, die durch Vulkanausbrüche und Rifting (Dehnung an Erdbebenbrüchen, das heißt, **Störungen**) entstanden. Die Tour nach Reykjanestá führt Sie zu einem großen Geothermalfeld, Explosionskratern, der Blauen Lagune und der Spalte, die als „Brücke zwischen zwei Kontinenten" bezeichnet wird. Schließlich erblicken Sie auf der Tour nach Reynisfjara die berühmten Vulkane Hekla (aus der Ferne), Eyjafjallajökull und Katla sowie prächtige Wasserfälle und Bruchscharen, die als Säulenklüfte bezeichnet werden und entstehen, wenn heißes, geschmolzenes Gestein, Magma, langsam abgekühlt wird und erstarrt.

Die meisten Islandreisenden kommen am Flughafen Keflavík (Keflavíkurflugvöllur) an. Von dort aus fahren sie zur Hauptstadt Reykjavík oder deren Umgebung. Der Flughafen

1

⬛ Abb. 1.4   Die Gjálp-Eruption 1996 im Vatnajökull-Gletscher (siehe ⬛ Abb. 2.2). Dieser Vulkanausbruch
schmolz sich durch den Gletscher, bildete Hyaloklastit sowie vermutlich Kissenlava (⬛ Abb. 1.3) und verursachte gewaltige Überschwemmungen auf den Sanderflächen in Südisland. Vatnajökull und seine Vulkane sind
nicht Teil der Touren in diesem Buch, doch dieses Foto soll daran erinnern, dass Prozesse wie die Bildung von
Kissenlaven und die meisten Vulkane, die Sie auf den Touren in Südwestisland sehen, auch heute aktiv sind. Die
dunkle, zerklüftete Oberfläche ist die Oberfläche des Gletschers. Die Senke und die Spalten entstehen durch
Aufschmelzen wegen der Hitze des Magmas unter dem Gletscher. Dieses Foto stammt vom Beginn der Eruption

Keflavík liegt auf der Halbinsel Reykjanes, die
mehr interessante geologische Phänomene zu
bieten hat als die wohlbekannte Blaue Lagune.
Einige davon sind von der Straße nach Reykjavík aus zu erkennen. Diese Fahrt stellt für
die meisten Reisenden die Einführung in die
Landschaft und Geologie Islands dar. Daher ist
es sinnvoll – obwohl nur wenige diesen Teil des
Landes als schön bezeichnen würden – in diesem Buch mit einem kurzen Kapitel zur Geologie anzufangen, die von der Straße von Keflavík
nach Reykjavík aus sichtbar ist (⬛ Abb. 1.5).

Bevor wir diese Reise beginnen, noch
ein paar Worte zur Schreibung von Namen.
Das Isländische hat neun Buchstaben, die
im Deutschen nicht existieren: á, ð, é, í, ó, ú,
ý, þ, und æ. Beachten Sie, dass der Buchstabe
æ sowie die Buchstaben mit Akzenten á und
é eigene Buchstaben sind. Im Buch transkri-
biere ich die Buchstaben ð als d und þ als th,
wie dies üblich ist, sowie æ als ae, Akzente
werden jedoch beibehalten. In den folgenden Kapiteln gebe ich bei der ersten Nennung
eines Namens im Text (für manche auch öfter)
die isländische Schreibweise in Klammern
nach der Umschrift an. In manchen Kapitel-
überschriften gebe ich die isländische Schreibweise an, wenn sie sehr von der Umschrift
abweicht, wie im Wort Thingvellir, das im
Isländischen Þingvellir geschrieben wird. Für
einige der isländischen geografischen Namen
gebe ich die Übersetzung ins Deutsche an,
besonders wenn sie geologisch interessant
sind. Die meisten bleiben jedoch unübersetzt.

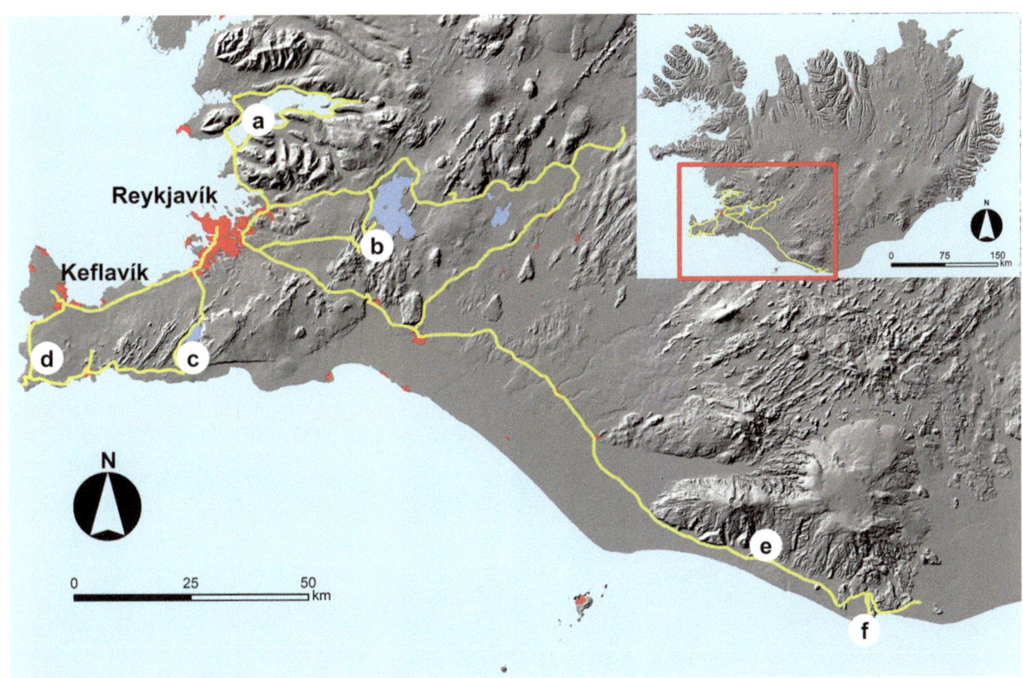

Abb. 1.5 Der „Goldene Ring" ist auf Abb. 1.1 zu sehen. Zur Ergänzung beinhaltet dieses Buch vier weitere Touren, die hier zusätzlich zum „Goldenen Ring" dargestellt sind (oben rechts in Bezug auf ganz Island). Diese führen **a** zum Fjord Hvalfjördur nördlich von Reykjavík, **b** zum Hengill-Vulkan (siehe ▪ Abb. 1.2b), **c, d** zur Reykjanes-Halbinsel sowie **e, f** zum Eyjafjallajökull (der 2010 eruptierte) und der Küste von Reynisfjara. Auf diesen Touren können Sie ins Innere inaktiver (also erloschener) Vulkane sehen, Geothermalfelder und Explosionskrater entdecken, die berühmten Vulkane Hekla und Eyjafjallajökull (siehe ▪ Abb. 14.1 und 14.2b) sehen sowie einige der schönsten Wasserfälle und Küsten Islands erkunden. Die Buchstaben a bis f entsprechen einigen der fotografischen Höhepunkte dieser Touren, siehe ▪ Abb. 1.6

In den Straßenkarten der Touren verwende ich die isländische Schreibweise, weil dies die Art und Weise ist, wie Sie sie wahrscheinlich auf topografischen Karten finden.

Dies bringt mich zum Thema **Karten.** Während ich alle Straßen der Touren und dazugehörige digitale Höhenkarten (schattierte topografische Karten) zeige, stelle ich keine detaillierten topografischen Karten zur Verfügung. Ich liefere auch keine geologischen Karten, sondern verweise auf die wichtigsten für dieses Buch im Literaturverzeichnis am Ende des Buches. Topografische und geologische Karten sind in Buchhandlungen und anderswo in Reykjavík verfügbar. Im Einzelnen existiert eine sehr detaillierte geologische Karte von Südwestisland im Maßstab 1:100.000 (dies bedeutet, dass ein Zentimeter auf der Karte hunderttausend Zentimetern oder einem Kilometer in der Natur entspricht). Es gibt auch geologische Karten von Südwest- und Südisland (Maßstab 1:250.000), die alle Touren abdecken. Für diejenigen, die Details mögen, sind vielleicht Fotokarten am besten geeignet. Dies sind Luftbilder mit allen Ortsnamen und Höhenlinien. Solche Karten (im Maßstab 1:17.000) sind für die Reykjanes-Halbinsel, Gullfoss, Geysir und andere Regionen erhältlich. Die topografische Karte Reykjanes-Þingvellir (Maßstab: 1:100.000) ist sehr nützlich und enthält eine spezielle, detailliertere Karte von Thingvellir (Þingvellir) selbst. Zusätzlich sind viele andere geologische topografische Karten von Teilen Islands sowie dem gesamten Land erhältlich.

1

Abb. 1.6   Beispiele für geologische Strukturen und Landschaftsphänomene entlang der zusätzlichen Touren (siehe Abb. 1.5). Alle Beispiele werden in den ▶ Kap. 11 bis 14 noch einmal gezeigt und eingehend erläutert. **a** Gesteinsschmelze, Magma, bewegt sich normalerweise durch Brüche durch die äußerste feste Hülle der Erde, die Erdkruste. Wenn das Magma dann in den Brüchen erstarrt, bildet es Strukturen, die als Gänge bezeichnet werden. Hier ein Gang am Fjord Hvalfjördur (siehe Abb. 1.5), der einen Felspfeiler bildet, da er härter (widerstandsfähiger gegen Erosion) ist als das umgebende Gestein. Die horizontalen Säulen entstehen während der Abkühlung des Magmas (siehe f unten). **b** Luftbild von Erdbebenbrüchen (Störungen, hier Abschiebungen) im Hengill-Gebiet (siehe b auf Abb. 1.5) mit Blick nach Norden zum See Thingvallavatn. Die Störungen sind groß in den alten Gesteinen, werden jedoch in dem jungen Lavastrom nahe dem See kleiner. **c** Luftbild der Explosionskrater, Maare, nahe dem See Kleifarvatn (siehe e auf Abb. 1.5). Das Maar mit grünem Wasser hat einen maximalen Durchmesser von etwa 360 m und eine Tiefe von 45 m. **d** Zugbruch, über den die „Brücke zwischen zwei Kontinenten" führt (siehe d auf Abb. 1.5). Die größte Öffnung der Spalte beträgt etwa 30 m (15 m bei der Brücke). **e** Der Wasserfall Skógarfoss (siehe e auf Abb. 1.5) fällt etwa 60 m vertikal ein altes Küstenkliff hinab. Das Kliff entstand vor rund 13.000 Jahren, als der Meeresspiegel viel höher war als heute. **f** Wenn ein Magmakörper abkühlt und Festgestein bildet (hier eine basaltische Intrusion), schrumpft der Körper und kann prächtige Säulen wie hier in Reynisfjara bilden (siehe f auf Abb. 1.5). Die Säulen sind vertikal. Dies zeigt, dass sie in einem horizontalen, schichtartigen, magmagefüllten Bruch, Lagergang genannt, entstanden

Von Keflavík nach Reykjavík

© Springer-Verlag GmbH Deutschland 2018
Á. Gudmundsson, *Die faszinierende Geologie von Islands Südwesten*,
https://doi.org/10.1007/978-3-662-56025-9_2

Wir fahren die Straße vom Flughafen **Keflavík** nach **Reykjavík** (siehe ■ Abb. 1.1). Der Flughafen liegt auf einem basaltischen Lavastrom. Genauer gesagt liegt der Flughafen auf einem glatten Lavastrom des Lavatyps **Pahoehoe-Lava.** Basalt bedeutet, dass das geschmolzene Gestein, das **Magma,** aus dem die Lava entstand, sehr heiß war, etwa 1300 °C, und von vergleichsweise niedriger Viskosität, also leicht fließfähig. Als diese Lava über die Oberfläche floss, hatte sie wahrscheinlich eine Temperatur von etwa 1200 °C. Die Lava, auf dem der Flughafen liegt, befindet sich heute jedoch außerhalb der wichtigsten aktiven Vulkangebiete Islands (■ Abb. 2.1).

Um dies zu verdeutlichen: Die Teile Islands, wo sich die tektonischen Platten durch Spreizung und Vulkanausbrüche voneinander wegbewegen, sind die Vulkanzonen (auch als vulkanische Riftzonen bezeichnet). Diese Zonen sind meist 20–80 km breit, von in den letzten 800.000 Jahren gebildeten Gesteinen bedeckt, und auf ■ Abb. 2.2 hellgelb dargestellt. Innerhalb dieser Zonen sind Vulkanausbrüche und Spaltenbildung (sowie Erdbeben) meist auf einzelne Gebiete beschränkt, die als **Vulkansysteme** bezeichnet werden (■ Abb. 2.2 und 2.3). Die Vulkansysteme sind diejenigen Teile der Vulkanzonen, in denen Vulkane innerhalb der letzten 10.000 oder 11.000 Jahre ausgebrochen sind.

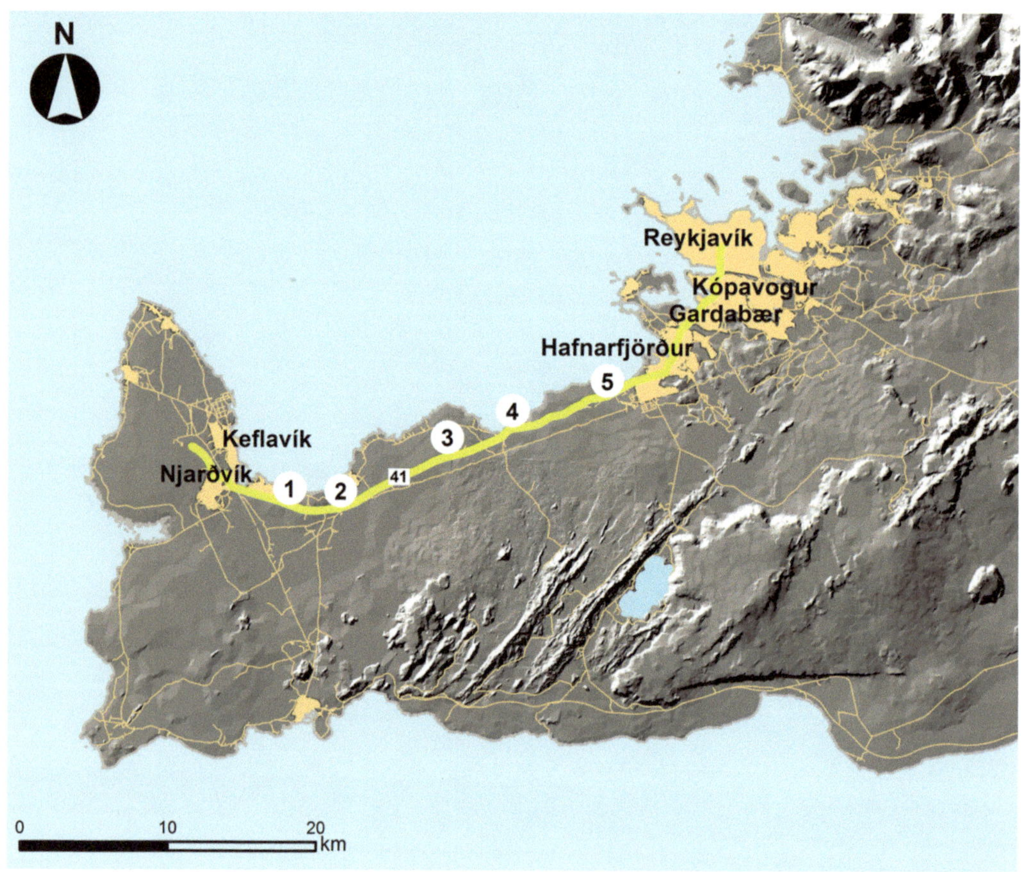

■ **Abb. 2.1** Einige interessante geologische Strukturen sind von Straße 41 aus, auf dem Weg vom Flughafen Keflavík nach Reykjavík, zu erkennen. Die Zahlen 1 bis 5 zeigen die ungefähre Lage an der Straße, von wo aus die Strukturen am besten zu sehen sind

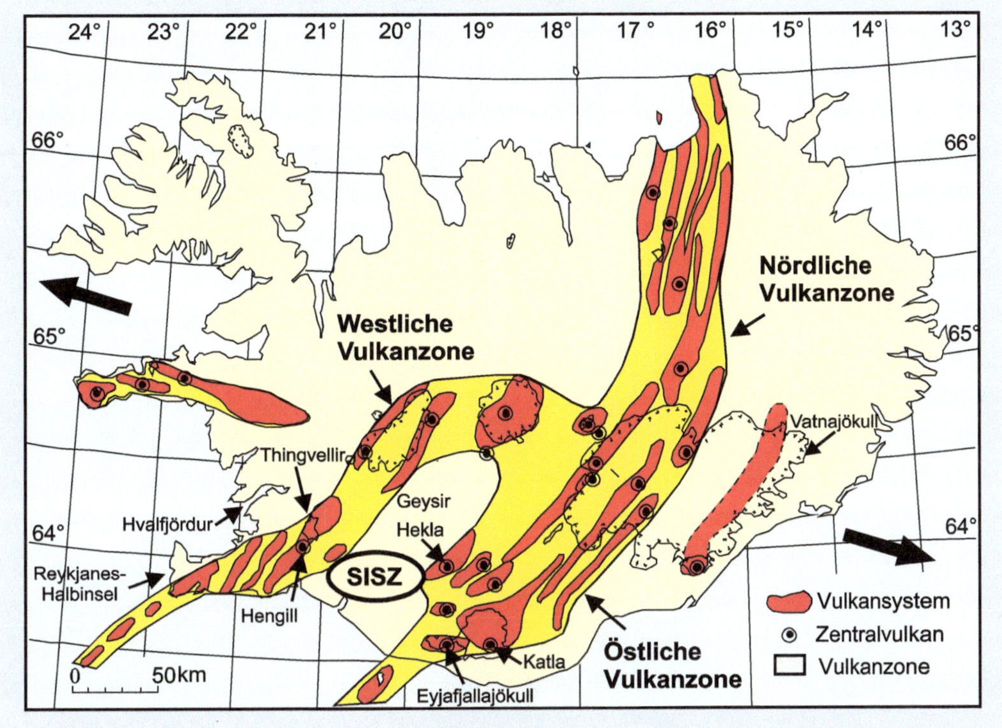

Abb. 2.2   Vulkanzonen und Vulkansysteme Islands. Die Zonen möglicher Vulkanausbrüche sind hellgelb dargestellt. Dies sind die Westliche, Östliche und Nördliche Vulkanzone sowie die Snaefellsnes-Vulkanzone (Snæfellsnes-Vulkanzone), die die zentrale Halbinsel Westislands bildet. Die wichtigsten aktiven Teile der Vulkanzonen sind jedoch die Vulkansysteme, hier rot. Dies sind meist Zonen und Schwärme von Vulkanen, die in einzelnen Eruptionen entstanden, wie Spaltenvulkane (Kraterreihen), Lavaschilde und verschiedene Arten von Einzelkratern sowie tektonische Brüche (Zugbrüche und Störungen – erläutert in ▶ Kap. 5). Hier sind 28 Vulkansysteme dargestellt; ihre Anzahl und Geometrie variiert jedoch etwas je nach den Kriterien, nach denen sie definiert werden. Alle waren allerdings in den letzten 10.000 oder 11.000 Jahren aktiv. Die meisten, jedoch nicht alle (Abb. 2.4), entwickeln Zentralvulkane (Schichtvulkane oder Einsturzcalderen), die aus oberflächennahen Magmakammern mit Magma gespeist werden. Die Zentralvulkane sind durch eingekreiste Punkte dargestellt. Beschriftet sind einige der wichtigsten im Buch beschriebenen Zentralvulkane (Hengill, Hekla, Eyjafjallajökull, Katla) sowie interessante Gebiete wie die Reykjanes-Halbinsel, Hvalfjördur (Hvalfjörður), Thingvellir (Þingvellir) und Geysir. Auch die im Buch erläuterte wichtigste Erdbebenzone, die Südisländische Seismische Zone (SISZ) ist hervorgehoben. Die dicken, schwarzen Pfeile deuten an, wie der westliche und der östliche Teil Islands auseinandergezogen werden. Sie zeigen also die regionale Richtung der plattentektonischen Spreizung

Die Vulkansysteme markieren also die **hauptsächlich aktiven Teile** der Vulkanzonen. Vulkansysteme werden aus großer Tiefe mit Magma gespeist; in Island aus Tiefen von 10–20 km oder mehr. In vielen, jedoch nicht allen, Vulkansystemen treten die häufigsten Ausbrüche in einem bestimmten Teil des Systems auf. Dieser Teil besitzt eine **oberflächennahe Magmakammer,** gewöhnlich mit einem Dach 1–5 km unter der Oberfläche, und bildet einen Hauptvulkan, der als **Zentralvulkan** bezeichnet wird. Die Zentralvulkane in den aktiven Vulkansystemen Islands sind auf Abb. 2.2 dargestellt. Ein typischer Zentralvulkan mit der dazugehörigen oberflächennahen Magmakammer ist im zentralen Vulkansystem auf Abb. 2.4 zu sehen. Drei der Vulkansysteme der Reykjanes-Halbinsel besitzen keine

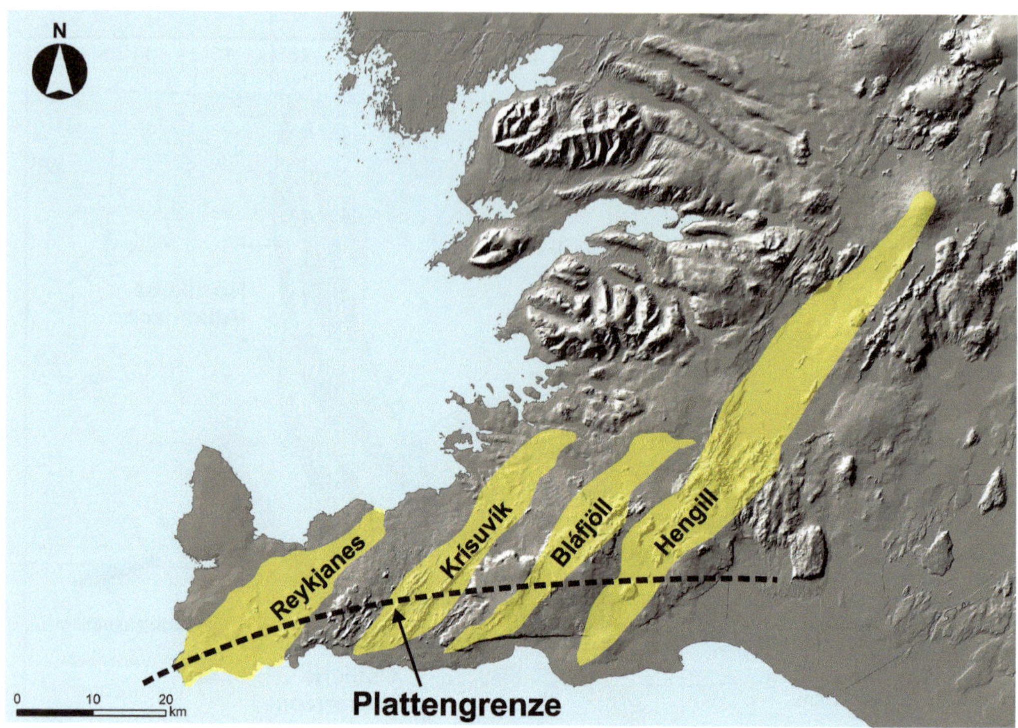

Abb. 2.3   Die wichtigsten Vulkansysteme auf der Reykjanes-Halbinsel sind Reykjanes, Krísuvík, Bláfjöll und Hengill. Der Vogar-Spaltenschwarm bildet den nördlichsten Teil des Reykjanes-Systems, der Thingvellir-Graben (Þingvellir) (▶ Kap. 5) den nördlichsten Teil des Hengill-Systems. Die gestrichelte Linie zeigt die schräge Plattengrenze, an der die meisten Erdbeben auf der Halbinsel auftreten

Zentralvulkane; nur der östlichste, nämlich der Vulkan Hengill (▶ Kap. 12), weist einen Zentralvulkan auf. Die meisten berühmten Vulkane in Island und anderswo in der Welt sind Zentralvulkane.

Es ist üblich, einen Vulkan oder ein Vulkansystem als **aktiv,** also in Zukunft mit gewisser Wahrscheinlichkeit wieder ausbrechend, zu definieren, wenn es in den letzten etwa 10.000 Jahren einen Ausbruch gab. Wenn es in einem Vulkan oder Vulkansystem mehr als ca. 10.000 Jahre keinen Ausbruch gab, ist die Wahrscheinlichkeit für einen erneuten Ausbruch gering. Wir folgen dieser Definition und betrachten die Vulkansysteme als aktiven Teil der Vulkanzonen. Die anderen Teile werden als mehr oder weniger inaktiv angesehen. Die Gebiete außerhalb der Vulkanzonen (beige auf ▪ Abb. 2.2) werden als inaktiv oder erloschen bezeichnet.

Es gibt verschiedene Arten, die Grenzen der Vulkansysteme auf ▪ Abb. 2.2 festzulegen. Auf der Reykjanes-Halbinsel gibt es vier Hauptvulkansysteme. Diese sind (genauer gezeichnet als auf ▪ Abb. 2.2) auf ▪ Abb. 2.3 dargestellt. Der Lavastrom, auf dem der Flughafen Keflavík errichtet wurde, liegt außerhalb der aktiven Vulkansysteme (▪ Abb. 2.2 und 2.3). Der Lavastrom ist tatsächlich weit mehr als 100.000 Jahre alt, möglicherweise viel älter. Vulkanausbrüche sind also am Ort des Flughafens nicht zu erwarten.

Auf der Fahrt auf Straße 41 Richtung Reykjavík gibt es einige geologische Phänomene, die vom Auto/Bus zu sehen sind und auf ▪ Abb. 2.1 mit Ziffern versehen sind. Im Gegensatz zu den späteren Touren gehen wir nicht direkt zu den Strukturen hin, die auf dieser Fahrt zu erkennen sind. Hier nehme ich an, dass Sie sie entweder auf der Fahrt erblicken, oder, wenn Sie anhalten, von der

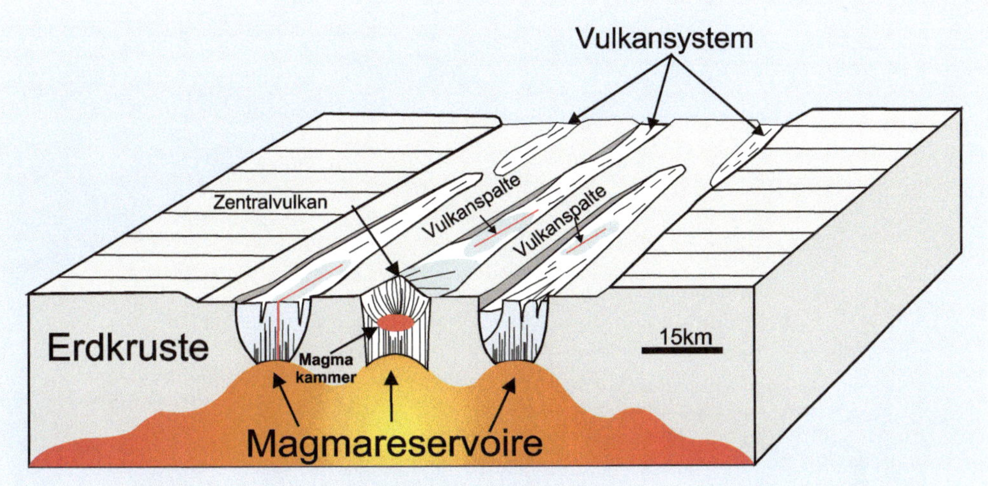

Abb. 2.4 Interne Struktur von Vulkansystemen. Nur das mittlere System weist eine oberflächennahe Magmakammer zusätzlich zum tief liegenden Magmareservoir auf. Wegen dieser wird das Magma zu einem begrenzten Bereich an der Oberfläche befördert und es entsteht ein Zentralvulkan, der hier als Schichtvulkan mit typischer Kegelform dargestellt wird. In den beiden anderen Systemen kommt das Magma direkt aus dem tief liegenden Magmareservoir. An der Oberfläche bestehen die Vulkansysteme vor allem aus Abschiebungen (siehe Abb. 2.5, 2.6, 4.5, 4.12 und 5.8 zur Verdeutlichung und für Beispiele) und Zugbrüchen (siehe beispielsweise Abb. 2.5, 2.6, 5.8, 5.11, 5.12 und 5.13 zur Verdeutlichung und für Beispiele) und Vulkanspalten (siehe Abb. 12.21, 13.20e, 13.25, 13.27 und 13.32a für Beispiele)

Hauptstraße (Straße 41) aus, also aus der Ferne. Einige geologische Strukturen und Phänomene sind jedoch, selbst wenn Sie sie (je nach Sichtverhältnissen) nur aus dem Fenster eines Busses auf der Fahrt nach Reykjavík betrachten, erwähnenswert.

Das erste Auffällige ist der vergleichsweise junge Basaltlavastrom **Arnarseturshraun (1)**. Vor allem aus **Aa-Lava** bestehend siehe auch Abb. 13.20a), hat er eine raue Oberfläche mit zerbrochenen unregelmäßigen Blöcken. Das Gleiche gilt für den südlich angrenzenden Lavastrom **Illahraun**. Beide Lavaströme sind von Straße 41 aus zu sehen. Straße 43, die zur Stadt Grindavík (► Kap. 13) führt, geht durch diese Lavaströme hindurch. Illahraun ist heute vielen Millionen Touristen bekannt, die die **Blaue Lagune (Bláa Lónið**; vgl. Abb. 13.24 und ► Kap. 13) besuchen. Deren Thermalwasser stammt aus tiefen Bohrungen, die durch Illahraun hindurchgehen. Arnarseturshraun (Abb. 2.5) und Illahraun sind ungefähr gleich alt. Sie entstanden im Zeitraum 1210–1240

heutiger Zeitrechnung, das heißt vor rund 800 Jahren, und gehören zu den jüngsten Lavaströmen auf der Reykjanes-Halbinsel. Berücksichtigt man die Größe der Halbinsel sowie die Tatsache, dass es vier große Vulkansysteme gibt (Abb. 2.2 und 2.3), ist es überraschend, dass es etwa seit dem Jahr 1340 keine bekannte Eruption auf der Reykjanes-Halbinsel gab, das heißt seit knapp 680 Jahren. Zieht man die allgemeine Aktivität auf der Halbinsel in Betracht, ist dies eine lange Lücke, sodass künftig Vulkanausbrüche zu erwarten sind.

Die geologische Aktivität zeigt sich zum Teil in zahlreichen großen, während Erdbeben entstehender, **Störungen (2)** in den Lavaströmen auf der Halbinsel (Abb. 2.5 und 2.6). Wie diese und ähnliche Brüche gebildet werden, erläutere ich im Detail in ► Kap. 5 zu Thingvellir. Einfach ausgedrückt entstehen alle Brüche, die Sie hier sehen, weil Island an den Vulkanzonen auseinandergezogen wird, insbesondere quer zu den Vulkansystemen (Abb. 2.2, 2.3 und 2.4). Die Geschwindigkeit

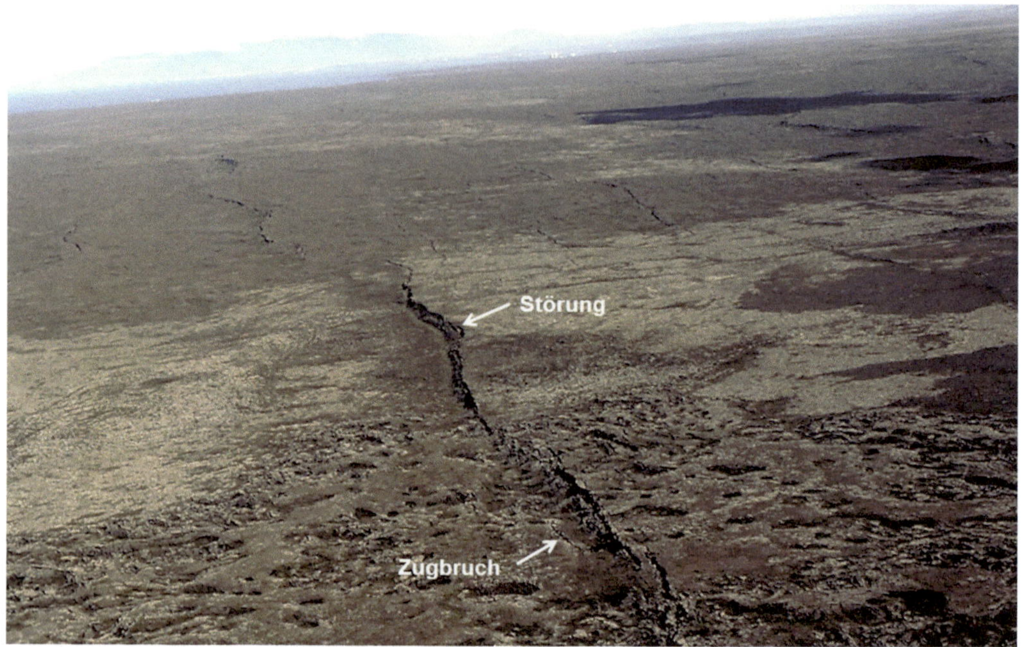

Abb. 2.5   Luftbild von Brüchen, die durch plattentektonische Kräfte in basaltischen Pahoehoe-Lavaströmen (Lavaströmen mit glatter Oberfläche) der Reykjanes-Halbinsel entstanden, mit Blick in Richtung Nordosten zur Hauptstadtregion und dem Berg Esja. Die langen Brüche sind Abschiebungen, die kürzeren Zugbrüche (ihre Entstehung wird in ▶ Kap. 5 erläutert). Die längsten Brüche erreichen Längen von vielen Kilometern. Diese Brüche sowie diejenigen auf ▪ Abb. 2.6 gehören zum nordwestlichen Teil des Reykjanes-Vulkansystems (▪ Abb. 2.3); genauer gesagt zum sogenannten Vogar-Spaltenschwarm dieses Systems – Vogar ist ein Dorf nahe dem zweiten Halt auf ▪ Abb. 2.1. Der größte Teil der gezeigten Lavaströme gehört zu Thráinsskjöldur, doch die am nächsten gelegene Lava, wo die Störung in der Bildmitte endet, ist der Rand des Arnarseturshraun-Lavastroms

des Auseinanderziehens (oder Spreizungsrate) liegt meist zwischen 1 und 2 cm pro Jahr. Diese kontinuierliche Bewegung dehnt das Gestein, bis es bricht. Wenn ein solcher Bruch entsteht, gibt es normalerweise ein Erdbeben. Die meisten Erdbeben im Zusammenhang mit der hier vorliegenden Art von Brüchen sind schwach. Die Brüche auf ▪ Abb. 2.5 und 2.6 treten vor allem in einem Pahoehoe-Lavastrom auf, der einen leicht abfallenden, schildförmigen Vulkan namens **Thráinsskjöldur (Þráinsskjöldur)** bildet. Dieser brach vor mehr als 10.000 Jahren, möglicherweise gar vor ca. 14.000 Jahren, aus. Vulkane dieses Typs werden als **Lavaschilde** bezeichnet und treten in Island häufig auf. Sie unterscheiden sich von den berühmten **Schildvulkanen** auf Hawaii, Galapagos und vielen anderen Inseln darin, dass die isländischen Schilde viel kleiner sind und in einer oder wenigen Eruptionen gebildet werden, wohingegen die großen Schildvulkane in zahlreichen Eruptionen in Jahrzehntausenden oder Jahrhunderttausenden entstehen. Dies bedeutet, dass die großen Schildvulkane Zentralvulkane sind, die Lavaschilde jedoch nicht.

Zusätzlich zu den Brüchen und Lavaströmen gibt es einen bemerkenswerten Berg, der von Straße 41 aus zu sehen ist, wenn es nicht in Strömen gießt. Dieser Berg ist **Keilir (3)**, ein kegelförmiger Berg, der deutlich aus dem umgebenden Lavafeld heraussteht (▪ Abb. 2.7). Der Berg erhebt sich ungefähr 380 m über

■ **Abb. 2.6**   Luftbild mit basaltischen Pahoehoe-Lavaströmen auf der Reykjanes-Halbinsel mit Blick nach Südosten. Der größte Bruch ist eine Abschiebung; die Lavaoberfläche links der Störung (dem Betrachter zuge-wandt) ist einige Meter relativ zur Lavaoberfläche rechts der Störung abgesunken. Einige andere Abschiebungen sowie Zugbrüche sind hier zu sehen. Auch diese Brüche sind Teil des Vogar-Spaltenschwarms, beziehungsweise des Reykjanes-Vulkansystems (■ Abb. 2.3). Siehe Bildunterschrift zu ■ Abb. 2.5 für mehr Details

■ **Abb. 2.7**   Der Berg Keilir, ein kegelförmiger Hyaloklastit-Berg, deutlich auffallend auf der Reykjanes-Halbinsel (Blick nach Süden). Der Berg entstand während eines Vulkanausbruchs in tiefem Wasser, höchstwahrscheinlich in Schmelzwasser während der Eiszeit, als eine Eisdecke die gesamte Reykjanes-Halbinsel bedeckte

den Meeresspiegel und ist aus weiter Ferne zu erblicken. Er besteht aus Basalt, gebildet in einem Ausbruch in tiefem Wasser. Wenn heißes Magma auf kaltes Wasser trifft, kommt es zu Explosionen, die das Magma in feine Partikel oder Bruchstücke zerlegen. Jede Explosion bildet eine Schicht aus diesen Partikeln, Asche genannt. Durch die Stapelung der Schichten während der Eruption bilden sie einen Berg – Keilir. Offensichtlich ist die Gegend, in der der Berg steht, heute trocken – wo kam also das Wasser her? Sehr wahrscheinlich kam es aus einem See in einem dicken Gletscher, der Island inklusive der Reykjanes-Halbinsel während der **Eiszeit** (die aus vielen Vereisungen besteht) vor Zehntausenden von Jahren bedeckte. Der Bildungsprozess von Keilir ist also vergleichbar mit dem, was wir in Island gegenwärtig beobachten, wenn es zu einem Vulkanausbruch unter einer Eiskappe kommt (◘ Abb. 1.4). Das Eis schmolz und verschwand von der Halbinsel vor ungefähr 12.000–14.000 Jahren. Keilir muss also älter sein, vermutlich mehrere Zehntausend Jahre. Keilir ist

also viel älter als die umgebenden Lavaströme, die alle jünger als 14.000 Jahre sind, manche viel jünger, wie Arnarseturshraun (◘ Abb. 2.5). Die Kegelform Keilirs (der isländische Name bedeutet „Kegel") ist in erster Linie darauf zurückzuführen, dass die Eruption durch eine sehr kurze Spalte erfolgte, die ein (in der Aufsicht) fast kreisrundes Loch ins Eis schmolz.

Viel näher an Straße 41 können Sie viele kuppelförmige Strukturen oder kleine Hügel erkennen, die mehrere Meter aus dem umgebenden Lavafeld herausragen. Diese Hügelchen heißen **Tumuli** (Einzahl Tumulus) und treten häufig in Pahoehoe-Lavaströmen auf (◘ Abb. 2.8). Sie sind gewöhnlich 2–10 m hoch und entstehen, wenn Pahoehoe-Lava in kleinen Vertiefungen an der Oberfläche „Teiche" bildet. Bald entwickelt sich eine harte oder erstarrte Kruste auf dem Teich. Wenn Lava weiterhin in den Teich strömt, wird die erstarrte Oberfläche nach oben gedrückt und angehoben, um Platz für die ankommende Lava zu schaffen, wodurch ein Hügel entsteht, der Tumulus. Einige der nahe Straße 41

◘ **Abb. 2.8**   Lavahügelchen, bekannt als Tumulus mit Blick nach Süden. Tumuli sind in Pahoehoe-Lavaströmen häufig, insbesondere in Lavaströmen von Lavaschilden wie hier nahe der Straße, und normalerweise mehrere Meter hoch (vgl. ◘ Abb. 13.39)

zu sehenden Tumuli gehören zu den größten Islands.

Es gibt zwei vergleichsweise junge Aa-Lavaströme, durch die Straße 41 führt, bevor sie die **„Hauptstadtregion" (Höfuðborgars-væðið)** erreicht, zu der Reykjavík (die Hauptstadt) gehört sowie die sechs benachbarten Gemeinden, nämlich Hafnarfjördur (Hafnarfjörður), Gardabaer (Garðabær), Kópavogur, Mosfellsbaer (Mosfellsbær), Seltjarnarnes und Kjósahreppur (siehe ◼ Abb. 2.1). Dies sind die Lavaströme **Afstapahraun (4)** und **Kapelluhraun (5).** Afstapahraun ist wahrscheinlich etwa 2000 Jahre alt, Kapelluhraun (auch Nýjahraun, „Neue Lava", genannt) hingegen ungefähr 1000 Jahre. Die Aluminiumfabrik in Straumsvík, in Fahrtrichtung links der Straße 41 kurz vor dem Ortseingang der Stadt Hafnarfjördur gelegen, steht auf Kapelluhraun, wie der westlichste Teil der Stadt selbst.

Die Hauptstadtregion selbst steht überwiegend auf Gesteinen, die mehrere Hunderttausend Jahre alt sind. Diese sind in erster Linie Basaltlavaströme, die als „Graue Basalte"bezeichnet werden und aus Zeiten stammen, in denen Island während der Eiszeit eisfrei war. Die Lavaströme sind in vielen Straßenanschnitten in Reykjavík zu erkennen. Wegen des vergleichsweise hohen Alters der Gesteine liegt das Ortsgebiet von Reykjavík deutlich außerhalb aktiver Vulkansysteme (◼ Abb. 2.2 und 2.3).

Nichtsdestotrotz gibt es vergleichsweise junge Lavaströme innerhalb der Hauptstadtregion. Wir haben bereits Kapelluhraun erwähnt, auf dem ein Teil der Stadt Hafnarfjördur erbaut wurde. Der Rest der Stadt liegt auf Lavaströmen, die mehrere Tausend Jahre alt sind. Ein sehr schmaler Lavastrom erreicht die Küste entlang des **Ellidaárdalur**-Tales (**Elliðaárdalur**) im östlichen Teil von Reykjavík selbst. Die winzige Front ist Teil des Leitarhraun-Lavastroms, der vor etwa 5000 Jahren austrat (▶ Kap. 9).

Alle vergleichsweise jungen Lavaströme, die die Hauptstadtregion erreichten, stammen aus Vulkanspalten in Vulkansystemen auf der Reykjanes-Halbinsel (◼ Abb. 2.3). Im Falle eines neuen Vulkanausbruchs in einem dieser Systeme, welcher zu einem Lavastrom führt, der auf die Hauptstadtregion zufließt (am wahrscheinlichsten in den Systemen **Krísuvík** und **Bláfjöll**), erlaubt es moderne Technologie, den Lavastrom von der Hauptstadtregion wegzuleiten. Umleitungskanäle und Barrieren für Lavaströme wurden bereits erfolgreich eingesetzt, sowohl in Island (wie bei der Heimaey-Eruption 1974, der Hauptinsel der Vestmannaeyjar-Inseln, siehe ▶ Kap. 14) als auch anderswo.

Reykjavík

© Springer-Verlag GmbH Deutschland 2018
Á. Gudmundsson, *Die faszinierende Geologie von Islands Südwesten*,
https://doi.org/10.1007/978-3-662-56025-9_3

3

Während Reykjavík selbst geologisch nicht so spektakulär ist wie Gebiete späterer Touren, weist auch die Stadt einige bemerkenswerte geologische Phänomene auf. Einige, die ich für besonders halte, habe ich auf ◘ Abb. 3.1 eingezeichnet und beschreibe sie im Folgenden kurz.

Zunächst ist zu bemerken, dass Reykjavík zum Teil innerhalb eines alten Vulkans liegt. Dieser Vulkan, genannt **Videy-Vulkan** (Viðey-jareldstöðin), auch Kjalarnes-Vulkan (Kjalarneseldstöðin), war vor rund 2,5 Mio. Jahren aktiv (◘ Abb. 3.1). Der Vulkan ist also vollständig erloschen, es besteht keine Gefahr eines Ausbruchs. Er ist aber sehr vorteilhaft für Reykjavík, nämlich in Form von **geothermischer Energie.** Insbesondere liefert der erloschene Vulkan die Wärmequelle für heißes Wasser, das für die Heizung von Gebäuden (sowie im Winter dem Schmelzen von Schnee auf einigen Straßen) in großen Teilen Reykjavíks verwendet wird. In großen Tiefen sind die Gesteine des Videy-Vulkans noch immer vergleichsweise heiß – gewöhnlich erreichen sie in einer Tiefe von 100 m 75–100 °C, manchmal mehr. Durch Bohrungen in diese oder geringere Tiefen kann das Thermalwasser entweder direkt genutzt werden (bei einer geringeren Temperatur), oder indirekt (das heißt, das heiße Wasser wird genutzt, um kaltes Wasser aufzuheizen) und dient zur Heizung, in Schwimmbäder, dem Schmelzen von Schnee und Eis und Ähnlichem.

In der Nähe des Zentrums dieses alten und erloschenen Vulkans liegt der südliche

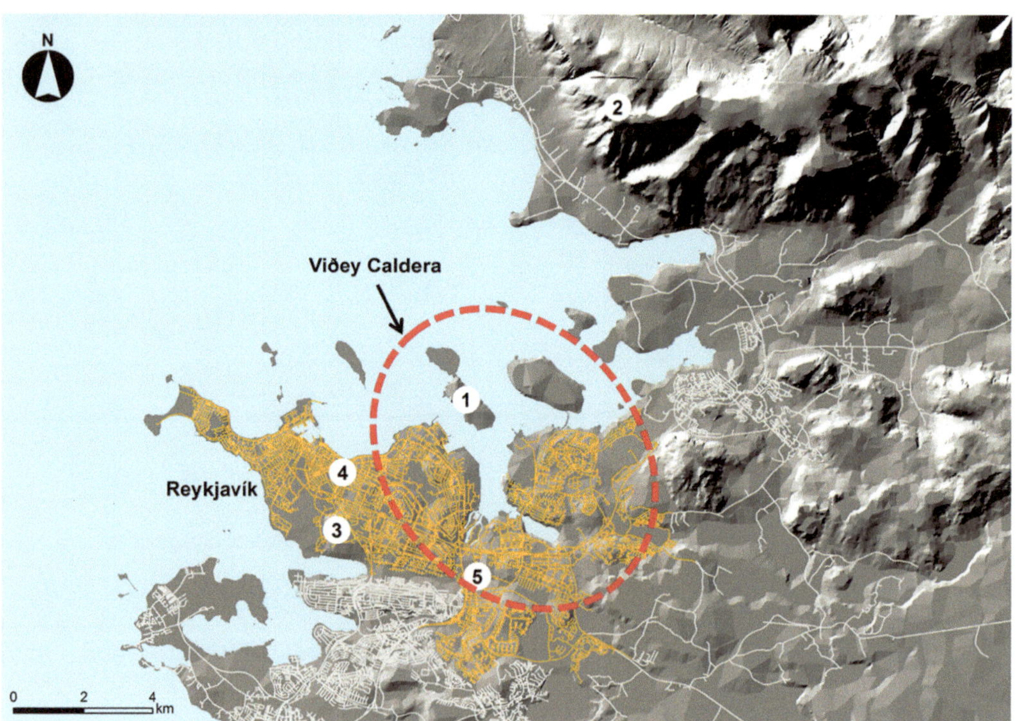

◘ **Abb. 3.1**   Einige geologisch interessante Orte in Reykjavík. Das Straßennetz in Reykjavík selbst ist orangefarben dargestellt, das der restlichen Hauptstadtregion weiß. Die geologischen Sehenswürdigkeiten in Reykjavík, beziehungsweise die von Reykjavík aus gut sichtbaren, sind die Insel Videy (1), die westlichen Hänge des Berges Esja (2), die Lavahügel aus Grauem Basalt von Öskjuhlid (3) und Skólavörduholt (4) sowie das Tal Ellidaárdalur (5), wo vor rund 5200 Jahren ein Lavastrom bis ins heutige Reykjavík hineinfloss. Schematisch eingezeichnet ist auch die Caldera, also die Ringstörung des Vulkans Videy (Viðey). Zur Zeit seiner höchsten Aktivität bedeckte der Videy-Vulkan eine deutlich größere Fläche als seine später entstandene Einsturzcaldera

Teil der Insel **Videy (Viðey, (1))**. Auf der Insel gibt es intrusive Gesteine, die also entstanden, als Magma in beträchtlicher Tiefe unter der Vulkanoberfläche erstarrte (hier etwa 1 km; ◘ Abb. 3.2 und 3.3). Sie sind basaltisch oder mafisch. Die Insel ist eine der Hauptattraktionen an der Nordküste Reykjavíks. Des Weiteren gibt es Fährüberfahrten nach Videy, wenn Sie die Geologie im Detail erkunden möchten.

Der Videy-Vulkan förderte auch die Gesteine, die den westlichen Teil des Berges **Esja (2)** nördlich von Reykjavík aufbauen (◘ Abb. 3.4). Diese entstanden unter anderen Umweltbedingungen – weil während der meisten Zeit der vergangenen 2,5 Mio. Jahre dicke Eisschilde, auch als „Inlandeis" bezeichnete Gletscher, das gesamte Land bedeckten. Der östliche Teil von Esja bildete sich viel später und stammt von einem ganz anderen Vulkan, nämlich dem **Stardalur-Vulkan** (Stardalseldstöðin). Dieser ist von der Straße nach Thingvellir aus gut zu sehen, sodass er ▶ Kap. 4 erläutert wird.

Der größte Teil Reykjavíks steht jedoch nicht auf diesen alten Gesteinen, sondern vielmehr auf Gesteinen, die viel später entstanden. Diese Gesteine werden als „**Graue Basalte**" (grágrýti) bezeichnet und bilden zum Beispiel den Hügel **Öskjuhlid (Öskjuhlíð, (3)**; ◘ Abb. 3.5 und 3.6). Mehrere große zylinderförmige Heißwasserbehälter stehen auf dem Gipfel des Hügels, mit einer

◘ **Abb. 3.2**   Luftansicht der Insel Videy sowie eines Teils von Reykjavík und dem Berg Esja (siehe auch ◘ Abb. 3.3 und 3.4). Videy besteht eigentlich aus zwei Inseln, die durch einen kleinen Landstreifen oder eine Sandbank verbunden werden. Der nordwestliche Teil heißt Vesturey („Westinsel"), die Hauptinsel heißt Heimaey („Heimatinsel" – nicht zu verwechseln mit der gleichnamigen Hauptinsel der Vestmannaeyjar; ◘ Abb. 14.1). Die Gesamtlänge beträgt etwa 3000 m, die maximale Breite etwa 700 m und die maximale Erhebung über den Meeresspiegel etwa 80 m. Die Insel liegt nahe der Mitte der Einsturzcaldera des erloschenen Videy-Vulkans (◘ Abb. 3.1). Der größte Teil der Insel besteht aus einem Lavastrom des sog. Grauen Basalttyps (mit ähnlichem Alter wie die Grauen Basaltlavaströme anderswo in Reykjavík), aber es gibt auch Hyaloklastite und Intrusionen, insbesondere Lagergänge (◘ Abb. 3.3). Die Intrusionen und Hyaloklastite wurden vor rund 2,5 Mio. Jahren aus dem Videy-Vulkan gefördert. Sie sind also viel älter als die „Grauen Basalte", die den größten Teil der Insel Videy aufbauen

Abb. 3.3 Luftnahansichten von Teilen der Insel Videy, beide von der größeren Insel, Heimaey, die nahe dem Hafen Reykjavíks liegt (der zum Teil im Hintergrund zu sehen ist). **a** Der Nordostteil von Heimaey weist große Intrusionen auf, die zum Teil die Küste und kleine Hügel bilden. Meist sind dies Lagergänge aus Gabbro, ähnlichen denen von Stardalshnjukar (Abb. 4.6, 4.7 und 4.8; Kap. 4). **b** Der Südteil von Heimaey besteht vollständig aus einem Grauen Basaltlavastrom. Beachten Sie die deutlichen Abkühlungs- oder Säulenklüfte an der Küste

Abb. 3.4 Luftansicht der westlichen Hänge des Berges Esja mit Blick nach Nordosten. Der oberste Teil des Berges besteht aus fast horizontalen Basaltlavaströmen. Ein Großteil des Berges entstand vor rund 2,5 Mio. Jahren, zum Teil aus dem Videy-Vulkan gefördert (Abb. 3.1). Esja wird detailliert in ▶ Kap. 4 beschrieben. Zu sehen sind auch ein Teil Reykjavíks und die Insel Videy (Abb. 3.2 und 3.3)

halbkugelförmigen Kuppel auf den Zylindern, genannt Perlan (die Perle). Ähnlich wird auch der Hügel **Skólavörduholt (Skólavörðuholt, (4))**, der höchste Punkt in Reykjavík Mitte sowie der Standort der bekannten Kirche Hallgrímskirkja (Abb. 3.6), aus Grauem Basalt aufgebaut. Bei den Grauen Basalten handelt es sich fast ausschließlich um basaltische Pahoehoe-Lavaströme. Viele der Hügel entstanden vermutlich als individuelle Lavaschilde, ähnlich wie Thráinsskjöldur, den Sie von der Straße von Keflavík (▶ Kap. 2) aus erblickt haben, und von denen Sie bessere Beispiele bei Thingvellir (▶ Kap. 5 und 6) sehen werden. Mehrere der Grauen Basaltströme' stammen jedoch von außerhalb Reykjavíks und flossen in das heutige Stadtgebiet. Die meisten Lavaströme sind wahrscheinlich vor 100 bis 200 Jahrtausenden eruptiert. Die obersten Teile der Lavaströme

sind in vielen Straßenanschnitten in Reykjavík zu erkennen. Diese zeigen jedoch nur den obersten Teil des gesamten Stapels, der meist Zehnermeter, gelegentlich bis zu etwa 100 m dick wird.

Zwar gab es in Reykjavík in den letzten 100.000 Jahren keine Vulkanausbrüche, was bedeutet, dass die Reykjavík-Region nicht mehr Teil des vulkanisch aktiven Bereichs Islands ist (Abb. 2.2). Dennoch können von den nahe gelegenen Vulkansystemen auf der Reykjanes-Halbinsel Lavaströme in Richtung der und sehr selten auch bis in die Stadt hineinfließen (Abb. 2.3). Während der letzten 10.000 Jahre ist ein Lavastrom in die Reykjavík-Region eingedrungen. Es handelt sich um **Ellidavogshraun (Elliða-vogshraun) (5)**, der einen Teil des Tales Ellidaárdalur (Elliðaárdalur) im Ostteil von Reykjavík (Abb. 3.7) bedeckt. Das Alter des

Lavastroms, der im Tal recht schmal ist, beträgt etwa 5200 Jahre. Er ist schlicht der nördlichste Teil eines größeren Lavastroms, Leitarhraun genannt, von einem der Vulkane auf der Reykjanes-Halbinsel. Im selben Lavastrom liegen die wurzellosen Krater (Pseudokrater) **Raudhólar (Rauðhólar),** die in ► Kap. 9 erläutert werden.

Ellidavogshraun trat aus einem ungefähr 20 km südöstlich von Reykjavík gelegenen Vulkan aus, der sich im Bláfjöll-Vulkansystem (■ Abb. 2.3) befindet. Würde heute ein ähnlicher Lavastrom aus diesem oder einem anderen Vulkansystem auf der Reykjanes-Halbinsel, weit von Reykjavík entfernt, gefördert, würde dieser einfach aufgehalten oder abgelenkt, lange bevor er Reykjavík erreichte. Wie bereits erwähnt (► Kap. 2) gibt es viele Möglichkeiten, einen langsam fließenden Lavastrom aufzuhalten oder aufzuteilen. Es ist daher äußerst unwahrscheinlich, dass Reykjavík gegenwärtig von Lavaströmen der Art und Größe, wie sie für die Reykjanes-Halbinsel typisch sind, bedroht ist.

■ Abb. 3.6   Luftansicht des Hügels Skólavörduholt, dem höchsten Punkt in Reykjavík Mitte und Standort der beeindruckenden Kirche Hallgrímskirkja. Wie Öskjuhlid (hier ebenfalls zu sehen) besteht Skólavörduholt vor allem aus dicken Lavaströmen „Grauen Basalts". Blick nach Süden, auch der Flugplatz Reykjavík und Teile der südlichen Hauptstadtregion sind erkennbar

3

◘ Abb. 3.7 Luftansicht des östlichsten Teils von Reykjavík und dem Tal Ellidaárdalur mit Ellidavogshraun. Dies ist die einzige Lava, die seit dem Ende der letzten Vereisung vor 12.000–14.000 Jahren bis Reykjavík floss. Dieser Lavastrom ist etwa 5200 Jahre alt und stammt aus einer Vulkanspalte im Bláfjöll-Vulkansystem (◘ Abb. 2.3), rund 20 km östlich von Reykjavík

Von Reykjavík nach Thingvellir (Þingvellir)

© Springer-Verlag GmbH Deutschland 2018
Á. Gudmundsson, *Die faszinierende Geologie von Islands Südwesten*,
https://doi.org/10.1007/978-3-662-56025-9_4

Wenn Sie sich auf den Weg von Reykjavík nach Thingvellir machen, befinden Sie sich endlich auf dem „Goldenen Ring" („*Golden Circle*"; ◘ Abb. 4.1). Obwohl die Hauptattraktionen des „Goldenen Rings" normalerweise an einem Tag abgefahren werden, gibt es Orte auf dem Ring, die sicher einen längeren Aufenthalt wert sind – beispielsweise Thingvellir und seine Umgebung. Auf ◘ Abb. 4.1 nehme ich an, dass Sie den gesamten Ring an einem einzigen Tag abfahren. Gekennzeichnet sind die geologisch interessanten, das heißt empfohlenen Halte, beginnend mit Halt 1 und endend an Halt 15. Da die Erläuterungen zu einigen Halten recht lang ausfallen, unterteile ich den Ring in sechs Kapitel (► Kap. 4 bis 9). Die Tour beginnt und endet in Reykjavík. Einige Aspekte der Geologie der Region Reykjavík wurden bereits in ► Kap. 3 beschrieben. In diesem Kapitel beschäftigen wir uns schwerpunktmäßig mit den geologischen Sehenswürdigkeiten auf dem Weg von Reykjavík nach Thingvellir.

4.1 Esja – Spreizungsrate und Struktur

Der beste Ort für den **ersten Halt (1)** ist der Parkplatz an der Abzweigung von Straße 1 (der Hauptstraße Islands, der „Ringstraße", die nicht mit dem „Goldenen Ring" zu verwechseln ist) auf Straße 36, der Straße nach Thingvellir. Der Parkplatz liegt auf der rechten Seite (Südseite) der Straße und ist auf ◘ Abb. 4.2 mit der Ziffer 1 gekennzeichnet. Vom Parkplatz aus sind viele interessante geologische Strukturen und Landschaftsphänomene zu sehen. Im Norden liegt der

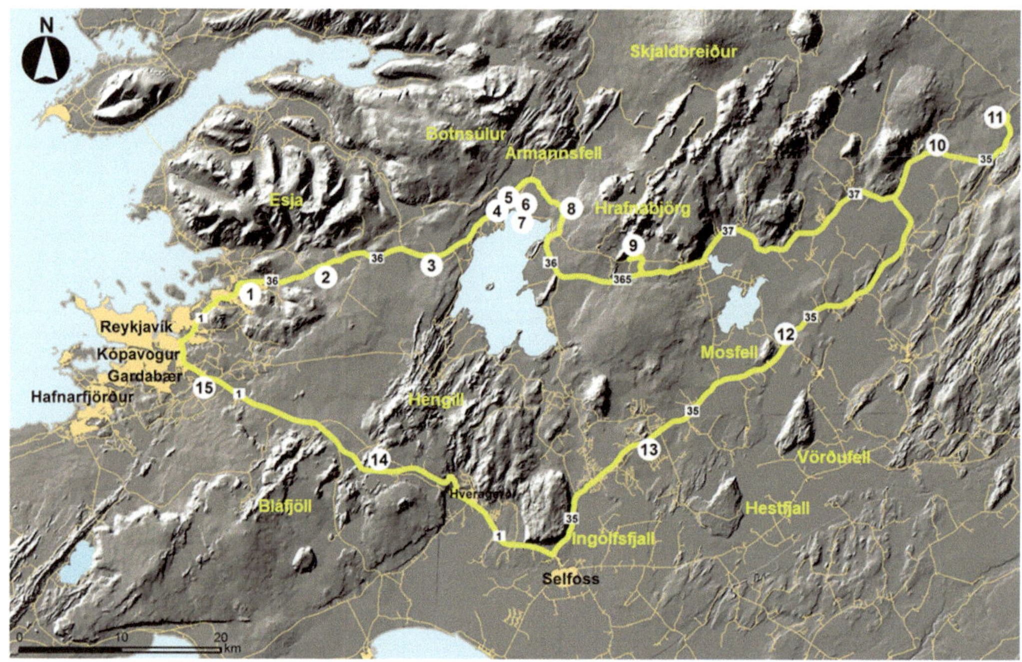

◘ **Abb. 4.1** Halte auf dem „Goldenen Ring" („*Golden Circle*"), bezeichnet durch die Zahlen von 1 bis 15. Ebenfalls hervorgehoben sind die Straßen, die den Ring bilden, im Uhrzeigersinn die Straßen 36, 365, 37, 35 und 1. Einige der wichtigsten geologischen Strukturen und Landschaftsphänomene, die an den Halten 1 bis 15 besucht werden, sind hier und in ähnlichen Karten bezeichnet und auch auf den Fotos der jeweiligen Halte eingetragen. Auch die Namen der wichtigsten Ortschaften sind genannt. Für mehr Details zu den allgemeinen topographischen Namen sei auf die topographischen und geologischen Karten verwiesen, die ich in ► Kap. 1 erwähnt habe

Abb. 4.2 Luftbild des ersten Halts (Parkplatz beschriftet mit 1) mit Blick nach Südosten. Der größte Berg im Hintergrund ist Hengill (▶ Kap. 12), der Dampf weiter südlich (rechts) stammt von den Geothermalfeldern und Bohrlöchern des Kraftwerks Hellisheidarvirkjun (sowohl Hengill als auch Hellisheidarvirkjun sind später auf dieser Tour zu sehen). Von diesem Halt aus beschreibe ich vor allem die südlichen Hänge des Berges Esja (▣ Abb. 4.3 und 4.4). Aber auf diesem Luftbild ist noch mehr zu sehen. Erstens wird der Berg selbst, Helgafell, durch Erdbebenbrüche, das heißt Störungen, geformt. Deren Hauptrichtungen Nordost–Südwest (grün) und Ostnordost–Westsüdwest (orange) sind angedeutet. Die der Kamera zugewandte Seite des Berges folgt einem Erdbebenbruch in Richtung Ostnordost–Westsüdwest, das heißt einer oder mehreren Störungen (orange), wohingegen die kleinen Senken jeweils den Schnittpunkt mit einer Nordost–Südwest verlaufenden Störung darstellen. Die Störungen werden in den folgenden Kapiteln eingehender erläutert. Weiterhin ist zu bemerken, dass alle Schichten im Helgafell nach Osten geneigt sind, wie im Text im Zusammenhang mit den Lavaströmen in Esja erläutert wird (siehe auch ▣ Abb. 4.6). Der Fluss im Vordergrund des Berges ist Kaldakvísl

beeindruckende Berg Esja, der sich bis in eine Höhe von 914 m über dem Meeresspiegel erhebt (▣ Abb. 4.3 und 4.4). Esjas Ost-West-Erstreckung beträgt etwa 20 km, was sie zu einem der größeren Berge Islands macht. Sie wurde durch zwei Hauptprozesse gebildet. Der eine Prozess ist die Stapelung von Lavaströmen und anderen vulkanischen Gesteinen, als das Gebiet des Berges Teil der Westlichen Vulkanzone war (▣ Abb. 2.1 und 2.2). Der andere Prozess ist Erosion, vor allem durch das Wirken enormer Eismassen während der Eiszeit (den letzten 2,8 Mio. Jahren). Der Hauptgrund dafür, dass Esja ein Berg ist,

ist also die Arbeit der Gletscher. Dies ist tatsächlich für fast alle **Berge** Islands der Fall, die außerhalb der aktiven vulkanischen Zone entstanden. Die Gletscher erodierten tiefe Täler, für gewöhnlich entlang weicherer Teile der Kruste (oft existierende Brüche), und hinterlassen die härteren Teile, die dadurch als Berge über die Talgründe herausstehen.

Der Lavastapel, der den Hauptteil Esjas aufbaut (▣ Abb. 4.3 und 4.4), bildete sich etwa während der letzten 3 Mio. Jahre. Wie bereits in ▶ Kap. 3 erwähnt, war der Videy-Vulkan vor ungefähr 2,8 Mio. Jahren aktiv. Ein Großteil des Westteils von Esja (▣ Abb. 4.3a) entstand

4

■ **Abb. 4.3**   Westteil der Südseite Esjas. Der Berg besteht hauptsächlich aus Basaltlavaströmen (beschriftet auf (b)). Weiterhin gibt es dicke und dünne Schichten von Hyaloklastit (basaltischer Brekzie) und viele Intrusionen, sowohl große als auch kleine (Gänge und Lagergänge, ■ Abb. 4.4b). **a** Der westlichste Teil. **b** Die auffälligen braunen Schichten zwischen den Lavaströmen sind Hyaloklastit-Schichten. Ein großer Felssturz (Bergsturz) ist verantwortlich für die wellige Oberfläche in der Bildmitte (eingetragen). **c** Hier ist der gesamte Bergsturz zu sehen, der am Berg eine „Narbe" hinterlässt

◘ Abb. 4.4 Mittlerer Teil der Südseite Esjas. Die Lavaströme sind oben fast horizontal (subhorizontal), aber mit zunehmender Tiefe (abnehmender Höhe) in den Bergen immer stärker nach Osten geneigt, das heißt in Richtung der Westlichen Vulkanzone (insbesondere in Richtung Thingvellir). Dies wird auf ◘ Abb. 4.6 erklärt. **a** Westlicher Abschnitt. **b** Geneigte Schichten, Gänge und Kegelgänge im unteren Teil des Hanges. Dieser Teil Esjas heißt Kistufell. Er hat eine sehr ebene Oberfläche. **c** Die Neigung oder Kippung der Lavaströme nimmt hangabwärts, das heißt mit zunehmender Tiefe unter der ursprünglichen Oberfläche, deutlich zu

4

zu dieser Zeit (obwohl zum Teil vom Hvalfjördur-Vulkan gebildet, ► Kap. 11). Die Eruptionen, die die Esja aufbauenden Lavaströme förderten, ereigneten sich also im Thingvellir-Gebiet oder -Graben (◘ Abb. 4.5), im Hengill-Vulkansystem, ◘ Abb. 2.2 und 2.3), gut 30 km weiter östlich (◘ Abb. 2.3 und 4.1). Wie kamen die Lavaströme also an ihren heutigen Ort? Die Antwort liegt in dem, was früher als **Kontinentaldrift** bezeichnet wurde und mittlerweile **Plattentektonik** heißt. Es gibt eine horizontale Bewegung, Drift oder Spreizung, quer zu den Vulkanzonen (◘ Abb. 4.5). Zur Zeit der Bildung des Großteils von Esja betrug die Rate der Bewegung oder **Spreizung** vom Thingvellir-Gebiet aus nach Westen ungefähr 1 cm pro Jahr.

Daraus folgt, dass im Lauf von 2,8 Mio. Jahren (entsprechend den ältesten Gesteinen in den westlichen Felsen Esjas, ◘ Abb. 4.3) der Lavastapel Esjas rund 28.000 m oder 28 km weit nach Westen befördert wurde. Und genau in diesem Abstand sind die 2,8 Mio. Jahre alten Gesteine heute anzutreffen. Sie haben sich aufgrund der Spreizung – einem Prozess, den ich gleich im nächsten Kapitel detaillierter erläutern werde (► Kap. 5) – rund 28 km vom Thingvellir-Graben aus nach Westen bewegt.

Aber die Gesteine haben sich nicht nur seitwärts bewegt, sie wurden auch gehoben – das heißt, ihre Höhe über dem Meeresspiegel hat während der Bewegung nach Westen zugenommen. Warum? Wegen der Erosion während der

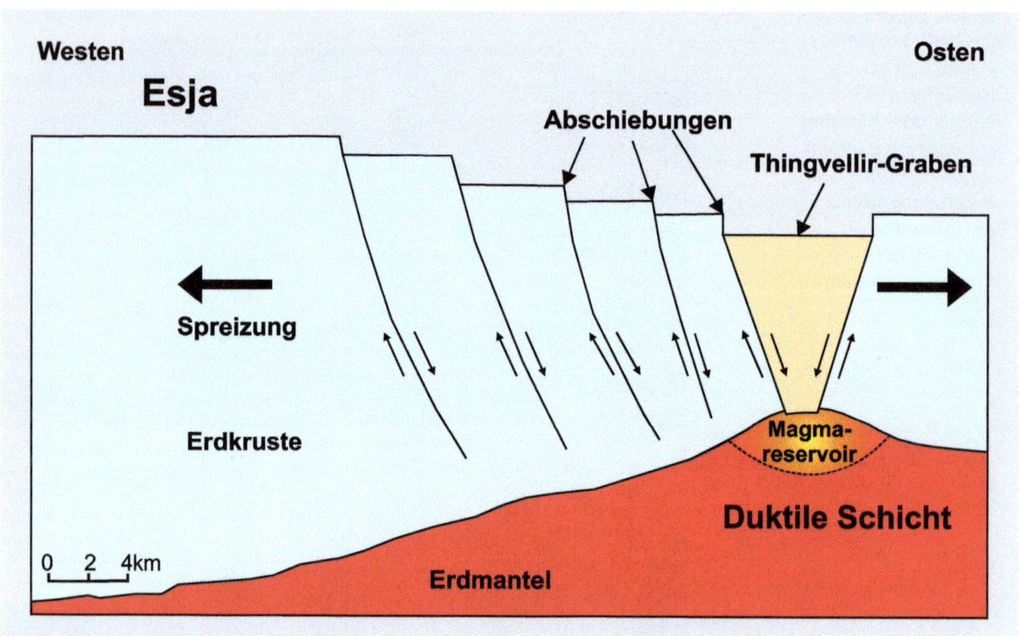

◘ **Abb. 4.5**   Die Gesteine, vor allem Lavaströme, die den Berg Esja aufbauen, entstanden ursprünglich in der Westlichen Vulkanzone, heute eingenommen vom Thingvellir-Graben. Esja selbst wurde großteils durch laterale Drift von der Vulkanzone aus um rund 28 km westwärts, verbunden mit tiefer Gletschererosion und Aufstieg, in den letzten 2,8 Mio. Jahren bewegt. Die oberen Schichten Esjas stiegen während der Westdrift rund 800 m auf, zum Teil durch Bewegung an Abschiebungen. Die Kruste (genauer gesagt: die Lithosphäre) liegt auf dem duktilen, teilweise magma- oder schmelzreichen Mantel. Die Lithosphäre wird mit Abstand von der Vulkanzone (hier dem Thingvellir-Graben) dicker, da ein Teil des Magmas im Mantel erstarrt und damit zur Lithosphäre hinzugefügt wird. Zur gleichen Zeit schabt die Gletschererosion Teile der Oberfläche durch die Bildung zahlreicher Täler und Flachländer ab und verringert dadurch das Gewicht, die vertikale Auflast, auf dem duktilen Mantel. Beide Faktoren tragen – vor allem durch sogenannte Isostasie – dazu bei, dass die übrigen Teile der Lithosphäre aufsteigen (teilweise entlang von Störungen), um Berge wie Esja zu bilden

Eiszeit. Weil die Gletscher weichere Gesteine abschabten, nahm die Auflast durch die Kruste auf den duktilen Mantel darunter ab, sodass sich das gesamte Land hob. Die Höhenzunahme in Richtung Westen erfolgt zum Teil entlang von Störungen, wie sie auf ◘ Abb. 4.5 eingezeichnet sind. Die Lavaströme, die gegenwärtig den Gipfel Esjas in 914 m über dem Meeresspiegel bilden (◘ Abb. 4.3 und 4.4), befanden sich ursprünglich am Ort des Thingvellir-Grabens in nur 100–150 m Höhe über dem Meeresspiegel. Sie wurden also rund 800 m gehoben. Das Tal (Mosfellsdalur), Ihnen auf ◘ Abb. 4.3 und 4.4 am Nächsten gelegen (ein Teil davon ist auch auf ◘ Abb. 4.2 zu erkennen), enthält weichere Gesteine als Esja selbst, die großteils durch Gletschererosion entfernt wurden. Die Gesteine, die Esja aufbauten, wurden vielleicht nur wenige hundert Meter tief erodiert. Dies bedeutet, dass die obersten Schichten Esjas, die wir heute sehen, ein paar hundert Meter unter dem ursprünglichen Gipfel liegen – also ein paar hundert Meter des Lavastapels des Esja-Gebietes fehlen. Dieser Gipfel wurde erodiert und der Schutt von Gletschern und Flüssen ins Meer befördert. Im Gegensatz dazu wurden die tiefsten Täler um den Berg herum bis in Tiefen von mehr als einem Kilometer erodiert, und die tiefsten Fjorde wie Hvalfjördur (▶ Kap. 11) bis in Tiefen von vielleicht 1300 m.

Lassen Sie uns jetzt einige interessante Besonderheiten Esjas anschauen. Auf ◘ Abb. 4.3 fällt zuerst auf, dass der Gipfel des Berges fast flach ist. In der Tat ist der Gipfel so flach, dass kleine Flugzeuge darauf landen können. Er ist zum Teil wegen der Erosion so flach, und zum Teil, weil die obersten Schichten nicht nach Osten hin (zur Westlichen Vulkanzone hin, oder insbesondere in Richtung Thingvellir) geneigt sind. Wie ich in einem Augenblick erläutern werde, ist der Grund dafür, dass die obersten Lavaströme nur unter relativ wenigen Lavaströmen (inzwischen durch Erosion entfernt) lagen und damit keiner hohen Auflast ausgesetzt waren. Im Gegensatz dazu waren die untersten Lavaströme einer Auflast von vielleicht einem Kilometer Lavaströmen darüber ausgesetzt

und wurden dadurch hinuntergedrückt, das heißt in Richtung der Westlichen Vulkanzone geneigt (◘ Abb. 4.6).

Der Gipfel besteht aus fast horizontalen Basaltlavaströmen, vor allem grau bis bläulich. Die Lavaströme entstanden, einer auf dem anderen (◘ Abb. 4.6), im Laufe eines langen Zeitraums. Für gewöhnlich beträgt die Zeit zwischen zwei aufeinanderfolgenden Lavaströmen viele Tausend Jahre, gelegentlich Jahrzehntausende. Im Zeitraum bis zur Eruption jedes neuen Lavastroms bildet sich Vegetation auf dem jeweils vorherigen Lavastrom, ähnlich der Vegetation, die Sie später auf den jungen Lavaströmen des Thingvellir-Grabens und seiner Umgebung sehen werden. Alte Schichten aus Vegetation und Boden werden rot, wenn sie unter jüngeren Lavaströmen begraben werden. Es gibt auch bräunliche Schichten zwischen manchen Lavaströmen. Diese bestehen aus **Hyaloklastit** oder *Móberg*, das heißt vulkanischer basaltischer Asche, die in explosiven Eruptionen unter Gletschern gebildet wird (siehe ▶ Kap. 6).

Ein bemerkenswertes Phänomen, am besten auf ◘ Abb. 4.3c zu erkennen, ist ein riesiger Gesteinsstapel, der offenbar vom Hauptteil des Berges abgebrochen ist und eine Narbe hinterließ. Große **Rutschungen** dieser Art werden auch als **Bergstürze** bezeichnet. Kleine Rutschungen kommen in den Bergen Islands häufig vor, aber selten welche dieser Größe. Wir wissen nicht, wann diese gebildet wurde – und es muss keine einzelne Rutschung gewesen sein – aber die größte Instabilität der Berghänge trat auf, als die letzten Gletscher der Eiszeit abschmolzen. Da sich das größte Schmelzereignis der Eismassen in diesem Teil Islands vor rund 12.000–13.000 Jahren ereignete, ist es möglich, dass diese Rutschungen etwa zu dieser Zeit erfolgten.

Auf ◘ Abb. 4.4 (vor allem ◘ Abb. 4.4c) wird deutlich, dass die horizontalen Lavaströme am Gipfel von Esja an den unteren Hängen nicht länger horizontal liegen, sondern eher nach Osten hin geneigt sind („einfallen" wie man in der Geologie sagt). Das heißt, dass die Lavaströme, und in der Tat der gesamte Stapel, der Esja aufbaut, zur aktiven vulkanischen Zone

4

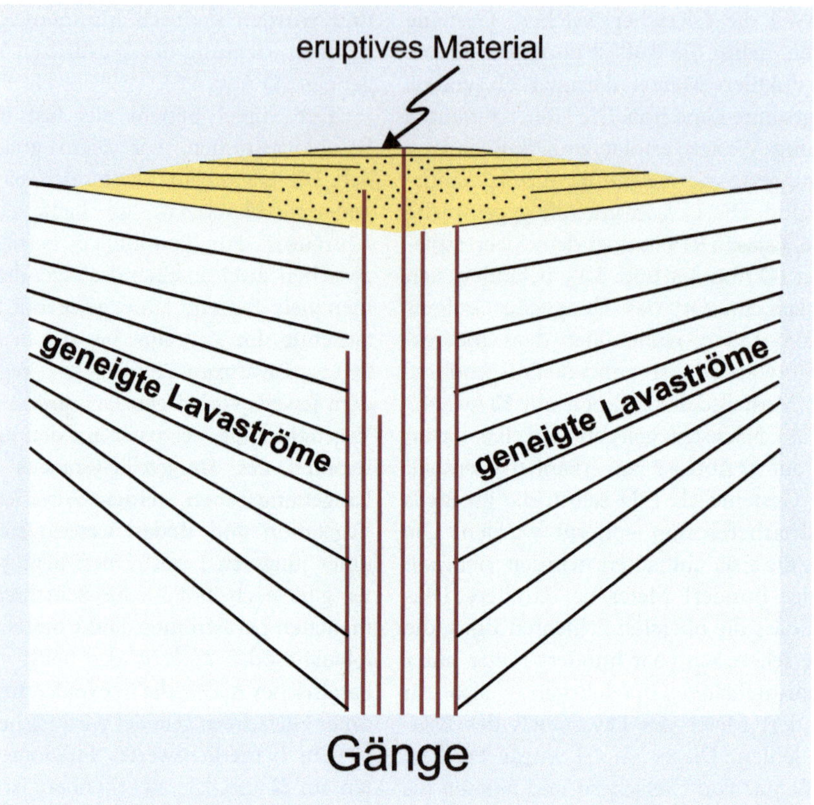

◘ Abb. 4.6   Der Lavastapel Islands ist normalerweise zum nächstgelegenen Segment der Vulkanzonen hin geneigt. Daher ist der Lavastapel in Ostisland nach Westen (zur Nördlichen Vulkanzone hin) oder nach Nordwesten (zur Östlichen Vulkanzone) geneigt (siehe ◘ Abb. 2.2), in Westisland, wie in Helgafell und Esja (◘ Abb. 4.2, 4.3 und 4.4) hingegen nach Südosten, das heißt zur Westlichen Vulkanzone hin. Die Neigung oder Kippung der Lavaströme nimmt mit der Tiefe in der Kruste zu, das heißt bei geringerer Höhe der Berghänge über dem Meeresspiegel. Dies kommt daher, dass weiterhin immer jüngere Laven an der Oberfläche der aktiven Zone aufgestapelt werden und ihr Gewicht, die Auflast, die Lavastapel darunter zusammendrückt

hin geneigt ist (einfällt), der Westlichen Vulkanzone bei Thingvellir (◘ Abb. 4.1). Dies ist ein Phänomen, das man überall in Island beobachten kann: Der Lavastapel ist fast überall zum nächstgelegenen Teil der aktiven Vulkanzone hin **geneigt.** Der Grund für diese Neigung der Lavaströme in tieferen Niveaus (geringerer Höhe über dem Meeresspiegel) in den Bergen ist, dass jüngere Laven an der Oberfläche der aktiven Zone weiter aufgestapelt werden und ihr Gewicht oder ihre Auflast auf die Lavaströme darunter drückt (◘ Abb. 4.6).

Hier sehen wir auch Gesteinseinheiten, die fast vertikal sind (◘ Abb. 4.4a). Dies sind erstarrte (fest gewordene) Fließwege von Magma, die als **Gänge** bezeichnet werden. Wir werden viele davon aus der Nähe in ▶ Kap. 11 und 13 betrachten, sodass die hauptsächliche Erläuterung ihrer Entstehung in diesen Kapiteln erfolgt. Hier erkläre ich Gänge kurz wie folgt. Magma wird in großen Hohlräumen, **Magmakammern,** in verschiedenen Tiefen in der Erdkruste aufbewahrt. Diese Kammern sind teilweise oder völlig mit Magma gefüllt. Wenn der Druck dieser Magmakammer die Festigkeit des Gesteins in der direkten Umgebung erreicht (die sogenannte Zugfestigkeit, dies ist der Zug oder die mechanische Zugspannung, die das auseinandergezogene Gestein gerade noch aushält, bevor es zerbricht), brechen die Wände dieser Kammer – meistens ihr Dach – auf. Durch das Aufbrechen bildet sich eine **magmagefüllte Spalte,** die die Oberfläche erreicht und zu einem Vulkanausbruch führt oder auch nicht. Wenn das heiße Magma schließlich in der Spalte bzw. dem Bruch erstarrt, wird die dabei entstehende Struktur als **Gang** bezeichnet. Die meisten Gänge hier haben nie die Oberfläche Esjas erreicht – sie wurden auf ihrem vertikalen Weg an die Oberfläche aufgehalten – sodass sie keinen Vulkanausbruch speisten. Das Wort „Gang" wird heute nicht nur für das im Bruch erstarrte Gestein, sondern auch für den Bruch selbst verwendet, der sich mit flüssigem und heißen Magma füllte und innerhalb der Erdkruste und dem beteiligten Vulkan ausbreitete.

Der Berg südlich des Parkplatzes, Helgafell (■ Abb. 4.2), hat ein ähnliches Alter wie Esja. Das gleiche gilt für die Berge südlich der Straße 36 entlang **Mosfellsdalur** (dem Mosfell-Tal, ■ Abb. 4.1 und 4.2). Diese Berge bestehen zum Teil aus Hyaloklastit oder *Móberg* und zum Teil aus Lavaströmen ähnlich denen in Esja. Die Lavaströme weisen alle die gleiche Neigung nach Osten, hin zur aktiven Westlichen Vulkanzone, auf wie die Lavaströme in Esja. Der nächste Berg nördlich der Straße 36, Mosfell, besteht ebenso hauptsächlich aus Hyaloklastit. Dieser Berg ist jedoch viel jünger als die anderen in seiner Nähe, oder „nur" ungefähr 150.000–200.000 Jahre alt.

4.2 **Magmakammer und Einsturzcaldera**

Nachdem wir diese geologischen Strukturen angeschaut haben, fahren wir nun zum **zweiten Halt (2),** siehe ■ Abb. 4.1. Dieser Halt wurde so ausgewählt, dass der obere Teil einer fossilen (erstarrten) **Magmakammer** zu sehen ist, die durch die grauen Felsen nördlich der Straße 36 repräsentiert wird (■ Abb. 4.7, 4.8 und 4.9). Oberhalb der grauen Felsen sind

drei gelbliche Gipfel zu erkennen. Auch diese erzählen eine bemerkenswerte Geschichte, aber lassen Sie uns mit den grauen Felsen beginnen. Die Felsen bilden den oberen Teil einer fossilen Magmakammer, nämlich einer Kammer, die vor 1,8 Mio. Jahren aktiv war (mit heißem Magma gefüllt war) und Magma für Vulkanausbrüche lieferte. Dieser Vulkan bildete einen Teil Esjas und lieferte einen großen Teil von Esjas Lavastapel. Der Vulkan wurde nach dem Tal **Stardalur** benannt, in dem die fossile Magmakammer liegt, und heißt **Stardalur-Vulkan** (Stardalseldstöðin) – die Felsen heißen **Stardalshnjúkar.**

Die Felsen sind aus basaltischem Gestein aufgebaut (■ Abb. 4.9). Die Kristalle im Gestein sind mit bloßem Auge erkennbar, sind aber nicht sehr groß. Dieser Gesteinstyp, auch als Dolerit bezeichnet, ist **Mikrogabbro.** Viele fossile Magmakammern in Island (und anderswo) bestehen aus Mikrograbbro. Dies trifft vor allem auf **oberflächennahe Magmakammern** zu, das heißt Magmakammern, die sich während ihrer Aktivität in geringen Tiefen von 500–2000 m (0,5–2 km) unterhalb der Oberfläche des zugehörigen Vulkans befanden. Eine fossile Magmakammer, normalerweise Pluton genannt, kann aus dem gleichen Gestein aufgebaut sein, das heißt basaltisch (auch mafisch), aber langsamer abgekühlt sein. Dies weist normalerweise auf eine größere Entstehungstiefe hin, sagen wir 2 km, wie es in Island häufig ist. In diesem Fall wird dieses Gestein nicht Mikrogabbro, sondern Gabbro genannt.

Die fossile Magmakammer hier hatte ihr Dach nur 600–700 m unter der Oberfläche des aktiven Vulkans. Dies ist eine ungewöhnlich geringe Tiefe. Die meisten Dächer oberflächennaher Magmakammern liegen in Tiefen von **1–5 km** unter der Oberfläche. Fossile Magmakammern in Tiefen bis zu 2 km gibt es in anderen Teilen Islands, insbesondere in Südostisland. Der Grund dafür, dass fossile Magmakammern in größeren Tiefen als 2 km in Island nicht zu sehen sind, ist ganz einfach, dass dies die tiefste Gletschererosion in Island war. In der Zukunft wird die Gletschererosion größere Krustentiefen erreichen

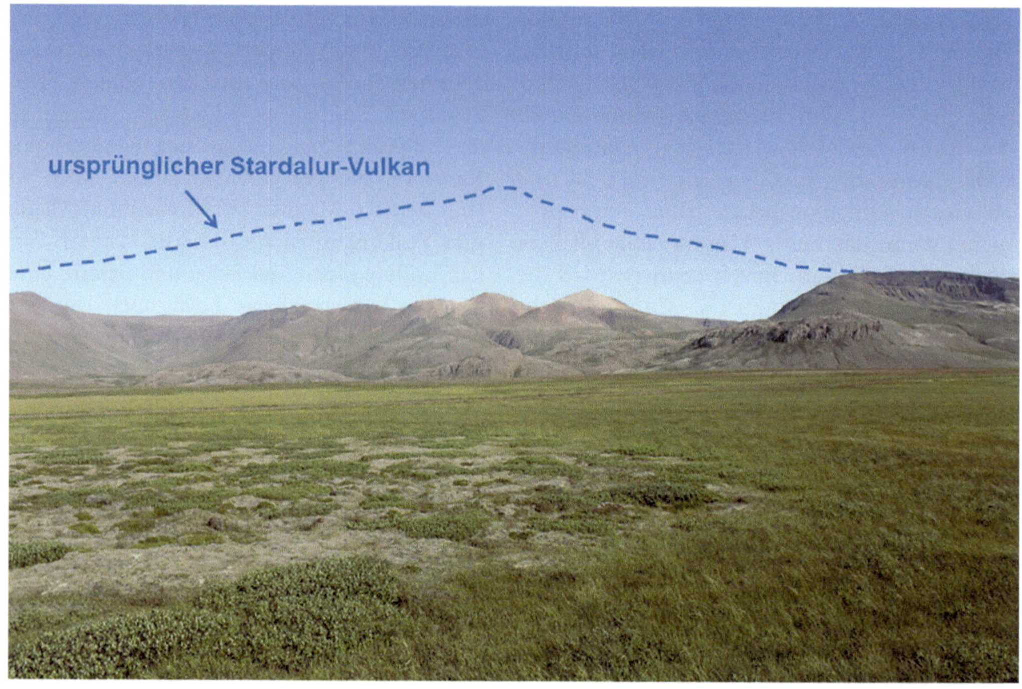

◼ Abb. 4.7   Die grauen Felsen sind Stardalshnjúkar, eine fossile, münzenförmige, oberflächennahe Magmakammer, die Magma zu dem erloschenen Stardalur-Vulkan lieferte (dessen ursprüngliche Oberfläche schematisch angedeutet ist). Blick nach Norden, die gelben bis rosafarbenen Gipfel sind Móskardshnjúkar, ebenfalls Teil des Stardalur-Vulkans. Stardalshnjúkar befinden sich nahe der Mitte einer Einsturzcaldera (auf diesem Foto nicht darstellbar, aus geologischer Kartierung abgeleitet) mit einem Durchmesser von etwa 6 km. Móskardshnjúkar hingegen liegen rund 1 km nördlich des abgeleiteten Rands der Caldera (Ringstörung)

und tiefere fossile Magmakammern freilegen. Viele aktive (flüssige) Magmakammern in Tiefen von 1–5 km wurden bei Untersuchungen von Erdbeben und der Oberflächendeformation aktiver Vulkane gefunden. Zum Beispiel erläutere ich die Magmakammern der Vulkane Eyjafjallajökull und Katla, beide in Südisland, in ► Kap. 14. Bemerkenswert ist vielleicht, dass in eine solche aktive, flüssige Magmakammer im Vulkan Krafla in Nordisland in einer Tiefe von etwa 2 km unter der Oberfläche **hineingebohrt** wurde, als im Jahr 2009 geothermische Energie erschlossen werden sollte. Keine Eruption oder irgendetwas Dramatisches geschah, da das zum Kühlen des Bohrgeräts verwendete Wasser das Magma einfach schnell abkühlte und in glasiges Material umwandelte.

Betrachtet man die typischen Tiefen von Magmakammern, ist es also möglich, dass Stardalshnjúkar Teil einer tieferen und größeren Kammer ist, entweder das Dach dieser Kammer oder ein separater „Ableger" der tieferen Kammer. Was auch immer der Fall ist, die Stardalshnjúkar-Kammer hat in etwa die Form eines liegenden (oblaten) Ellipsoids. Ein bekannteres Objekt dieser Form ist eine typische Münze (zum Beispiel 1-Euro-Münze) in horizontaler Position. Ein Magmakörper dieser Form, bei dem also die größte Ausdehnung in zwei horizontale Richtungen ist, wird **Lagergang** genannt. Die vertikale Ausdehnung oder Höhe ist also viel kleiner als die laterale Ausdehnung. Für die fossile Magmakammer bedeutet dies, dass ihre Mächtigkeit („Dicke") viel kleiner ist als ihr lateraler Durchmesser.

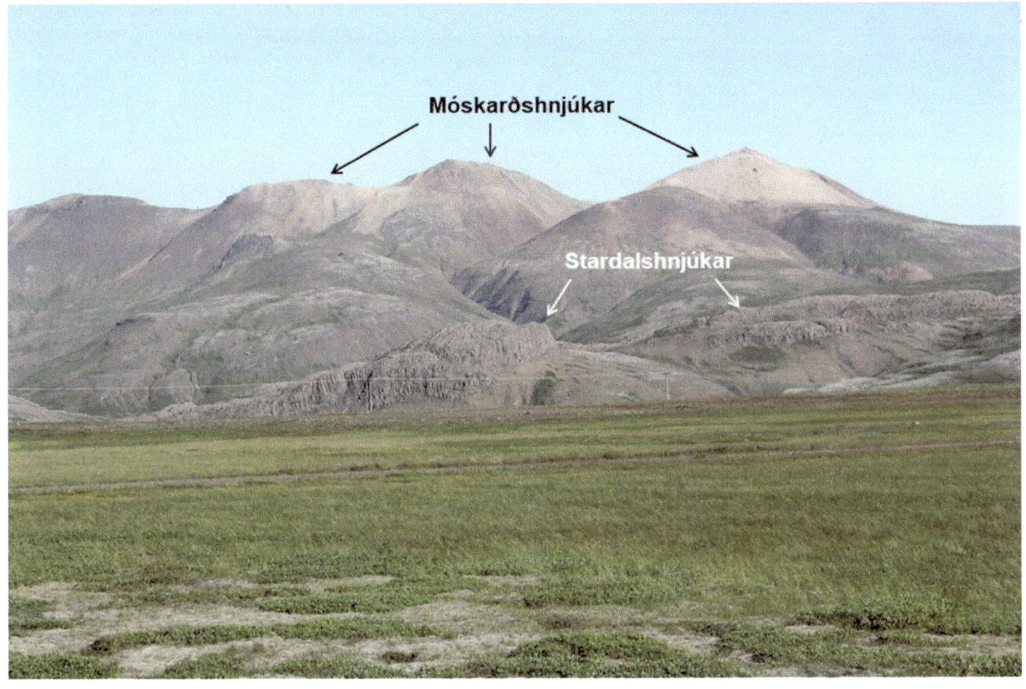

Abb. 4.8   Teil der Stardalshnjúkar sowie die drei Hauptgipfel, die Móskardshnjúkar bilden. Für Nahaufnahmen siehe ◘ Abb. 4.9 und 4.10

Warum ist die Form wichtig? Weil von der Form einer Magmakammer zum Teil abhängt, wie wahrscheinlich es ist, dass sie aufreißt und Magma für einen Vulkanausbruch liefert. Von zwei Magmakammern in der gleichen Vulkanzone reißt diejenige mit einem flacheren Dach normalerweise seltener auf und eruptiert seltener als diejenige mit einem gewölbten Dach, zum Beispiel eine mit einem halbkugelförmigen Dach. Im Gegensatz dazu ist es bei einer Magmakammer mit flachem Dach, wie der in Stardalur, wahrscheinlicher als bei einer mit gewölbtem Dach, dass der Vulkan einbricht und eine **Einsturzcaldera** (Kollapscaldera) entsteht.

Genau dies passierte beim Stardalur-Vulkan (◘ Abb. 4.10). Genau wie der Videy-Vulkan (► Kap. 3) brach der Stardalur-Vulkan schließlich ein und bildete eine ringförmige Senke, eine Einsturzcaldera. Die Ringstörung, entlang derer die Absenkung erfolgte, ist heute nicht klar in der Landschaft zu erkennen (◘ Abb. 4.7 und 4.8).

Es wird vermutet, dass sie etwa kreisförmig ist, mit einem Durchmesser von 6–7 km. Dies ist eine sehr ähnliche Ausdehnung wie viele Calderen innerhalb der aktiven Vulkanzonen Islands, von denen die berühmteste die Askja-Caldera in Zentralisland ist.

Sie blicken von der Straße aus also direkt in das Innere eines Vulkans, der inzwischen erloschen ist, aber vor 1,8 Mio. Jahren sehr aktiv war. Die Struktur des Vulkans zur Zeit seiner Aktivität, als sich bereits eine Einsturzcaldera entwickelt hatte, ist auf ◘ Abb. 4.10 dargestellt. Wir können hier also nur rund 15 km westlich der aktiven Westlichen Vulkanzone in Thingvellir, wo Vulkane derzeit noch ausbrechen können, in das Herz eines Vulkans schauen. Der Stardalur-Vulkan mag ähnlich dem aktiven Vulkan **Hengill,** südlich des Sees Thingvallavatn (► Kap. 12), gewesen sein. In einer späteren Tour blicken wir noch tiefer in die erodierte, inaktive beziehungsweise erloschene Riftzone und die Vulkane

Abb. 4.9   Nahaufnahme einer Gesteinsschicht, genauer eines Lagergangs, der Teil der fossilen, oberflächennahen Magmakammer Stardalshnjúkar ist. Die vertikalen (und weniger deutlichen horizontalen) Brüche sind Abkühlungs- oder Säulenklüfte. Diese entstehen, wenn Magma abkühlt, also erstarrt oder fest wird (detaillierter erläutert in ▶ Kap. 14). Dabei schrumpft der Magmakörper, beziehungsweise zieht sich zusammen, da festes Gestein bei gleicher Masse ein geringeres Volumen hat als flüssiges Magma. Vertikale Säulenklüfte wie hier charakterisieren horizontale Intrusionen, Lagergänge genannt. Die Felsen an dieser Stelle sind Teil eines Lagergangs. Die Personen dienen als Maßstab. Beachten Sie: Diese Felsen, also dieser Aufschluss, sind mit dem Auto erreichbar, wenn es sich um ein Geländefahrzeug handelt. Die Straße ist eine sehr schlechte Schotterstraße und sonst nicht zu empfehlen. Alternativ ist der Aufschluss zu Fuß vom Bauernhof Stardalur aus zu erreichen

darin, nämlich wenn wir nach Norden zum Fjord Hvalfjördur fahren (▶ Kap. 11).

Bevor wir diesen Ort verlassen, sind die drei gelblichen bis rosafarbenen Gipfel einen weiteren Blick wert (■ Abb. 4.7, 4.8 und 4.11). Diese gehören zu demselben Vulkan, dem Stardalur-Vulkan, und heißen **Móskardshnjúkar (Móskarðshnjúkar).** Sie erheben sich bis ungefähr 807 m über den Meeresspiegel und werden aus Gesteinen mit einem höheren Gehalt an Siliziumdioxid aufgebaut, das Rhyolith genannt wird. Das geschmolzene Gestein (Magma) hatte eine viel geringere Temperatur (etwa 800–900 °C) und eine viel höhere Viskosität als das basaltische Magma, das den sichtbaren Teil der oberflächennahen Magmakammer, die Felsen

von Stardalshnjúkar, bildete und vermutlich eine Temperatur von 1100–1300 °C hatte. Móskardshnjúkar sind keine Lavaströme, sondern eher **Intrusionen.** Dies ist Magma, das in einer gewissen Tiefe unter der Oberfläche des Vulkans erstarrte. Somit sind sie in gewisser Weise den Stardalshnjúkar-Felsen ähnlich – das heißt, beides sind Intrusionen. Die Gesteine waren also vor der Erosion niemals an der Erdoberfläche – aber Móskardshnjúkar befanden sich sehr nahe der Oberfläche. Wahrscheinlich waren die Gipfel, die wir hier sehen, nur 200–300 m unter der Oberfläche (■ Abb. 4.7).

Warum bilden Móskardshnjúkar nun diese Gipfel? Wie der Rest Esjas entstanden die Gipfel in erster Linie durch Erosion durch

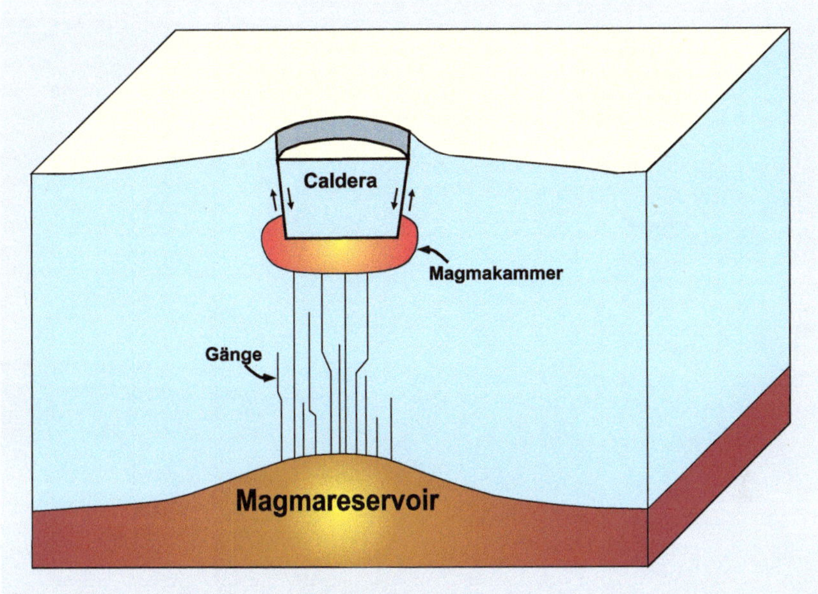

Abb. 4.10 Der Stardalur-Vulkan stürzte schließlich ein und bildete eine Caldera. Einsturzcalderen sind ein häufiges Entwicklungsstadium eines Zentralvulkans (Schichtvulkans) in Island und anderswo. Während des Caldera-Einsturzes gleitet der Vulkan entlang einer Ringstörung in eine oberflächennahe Magmakammer ab. Diese schematische Abbildung deutet die generelle Beziehung zwischen einer Einsturzcaldera und der dazugehörigen oberflächennahen Magmakammer an. Stardalshnjúkar bilden nur einen kleinen Teil der oberflächennahen Magmakammer. Móskardshnjúkar entstanden außerhalb der Caldera, höchstwahrscheinlich aus einem anderen Teil der oberflächennahen Magmakammer. Der letztendliche Ursprungsort des gesamten Vulkans und der Intrusionen, inklusive der Bildung der oberflächennahen Magmakammer(n), war ein tiefliegendes großes Magmareservoir in 15–20 km Tiefe

die Gletscher der Eiszeit. Der Grund dafür, dass sie aus ihrer unmittelbaren Umgebung herausstehen – also Gipfel sind – ist, dass ihr Gestein nicht so leicht erodiert wird, widerstandsfähiger gegen Erosion ist, und in diesem Sinne härter ist als die umgebenden Gesteine.

Das rhyolithische Magma, das die Gipfel von Móskardshnjúkar (Abb. 4.7, 4.8, und 4.11) bildete, kam wohl aus der oberflächennahen Magmakammer des Stardalur-Vulkans. Höchstwahrscheinlich kam es nicht aus dem Teil, der heute von Stardalshnjúkar eingenommen wird, sondern eher aus einem anderen Teil der Magmakammer. Dieser Teil lag vielleicht gerade unterhalb der Gipfel, nicht 3–4 km weiter südlich wie bei Stardalshnjúkar. Es gibt mehrere mit Rhyolith gefüllte Spalten, das heißt Rhyolith-Gänge, nahe dieser Gipfel. Einer oder mehrere von ihnen haben höchstwahrscheinlich das Magma für die heutigen Gipfel geliefert.

4.3 Absinkendes Krustensegment – ein Graben

Wir fahren nun die Straße 36 entlang. Bevor Sie Thingvellir erreichen, sollten Sie den **dritten Halt (3)** auf einem Parkplatz einlegen, um einen Überblick über die Landschaft des Thingvellir-Gebiets mit dem wunderschönen See **Thingvallavatn (Þingvallavatn)** und seinen Inseln zu erhalten. Zusätzlich bietet dieser Halt gute Sicht auf die Berge, die den See umgeben. Hauptgrund für unseren Halt an dieser Stelle ist jedoch der Blick auf das Tal **Gagnheidi (Gagnheiði)** zwischen den Bergen **Botnsúlur** und **Ármannsfell.** Dieses Tal (Abb. 4.12 und

4

Abb. 4.11   Luftansicht des östlichsten Rhyolith-Gipfels der Móskardshnjúkar (Abb. 4.7 und 4.8) mit Blick nach Nordwesten. Nahe dem Gipfel liegt eine der ebenen Oberseiten Esjas. In der Ferne sind im Osten (rechts) ein Teil des Fjords Hvalfjördur und im Westen (links) die Berge Skardsheidi zu sehen

4.13) ist vergleichbar mit dem Tal von Thingvellir selbst. Der einzige Unterschied ist, dass das Tal von Gagnheidi in deutlich älteren und teilweise andersartigen Gesteinen als denjenigen in Thingvellir liegt. Beide Täler wurden durch Absinken des Landes zwischen zwei großen Störungen gebildet. Der internationale Fachbegriff für Täler, die auf diese Weise entstehen, ist das deutsche Wort **Graben.** Wir haben dieses Wort bereits im Zusammenhang mit dem Thingvellir-Graben (Abb. 4.5) erwähnt. In der Geologie ist Graben die Bezeichnung für einen Krustenblock, der zwischen zwei parallelen Störungen, Abschiebungen genannt, abgesunken ist (Abb. 4.14).

Gräben treten in Gebieten auf, an denen die Oberfläche gedehnt wird, wo also die tektonischen Platten auseinandergezogen werden – wie generell in Island und insbesondere in Thingvellir (Abb. 4.5). Wir werden viele Gräben auf dem „Goldenen Ring" und

in seiner Umgebung sehen. Ich erkläre die Kräfte, die diesen Zug hervorrufen, im Kapitel über Thingvellir (▶ Kap. 5). Wir wissen nicht genau, wie alt der Graben in Gagnheidi ist. Wir wissen jedoch, dass er in Gesteinen liegt, die zehntausende bis hunderttausende Jahre alt sind. Die Störungen, Abschiebungen, die den Rand des Grabens bilden (Abb. 4.12 und 4.14), können viel jünger sein, sind jedoch mindestens 10.000–12.000 Jahre alt. Die Hauptsache hier ist jedoch die Größe der Abschiebungen. Das Absinken, also der Vertikalversatz (Abb. 4.13 und 4.14) entlang der Größten, die den westlichen Rand des Gagnheidi-Grabens bildet, beträgt bis zu 400 m (Abb. 4.12 und 4.13). Wie wir sehen werden, ist dies ungefähr 10-mal so viel wie das maximale Absinken entlang der Störungen des Thingvellir-Grabens selbst.

Es kann daher sein, dass der Gagnheidi-Graben 10-mal so alt ist wie der Thingvellir-Graben.

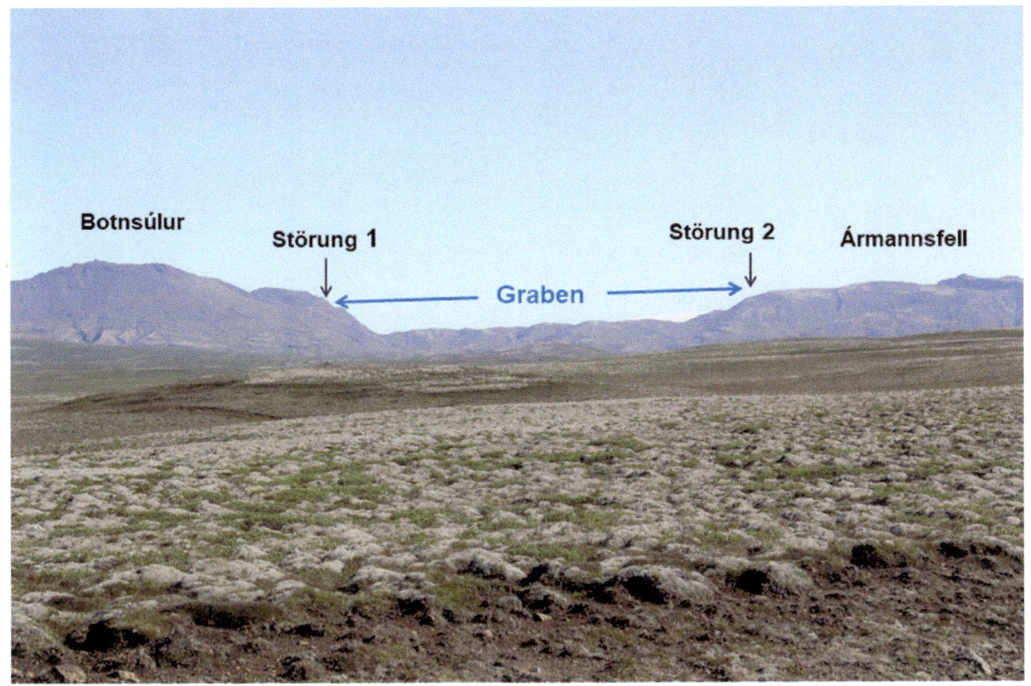

◘ Abb. 4.12 Gagnheidi, die Senke zwischen den Bergen Botnsúlur und Ármannsfell, ist ein Graben, das heißt entstanden durch Absinken des Landes zwischen zwei Abschiebungen (erklärt auf ◘ Abb. 4.14). Die Grabenrandstörungen, Störung 1 und Störung 2, sind eingetragen. Störung 1 (Súlnaberg) ist eine der größten Abschiebungen in Island mit einem Vertikalversatz (Absinken) von etwa 400 m

Wir wissen, dass der Thingvellir-Graben etwa 10.000 Jahre alt ist, womit der Gagnheidi-Graben ungefähr 100.000 Jahre alt wäre. Die Störungen in Gagnheidi könnten jedoch auch viel jünger sein – wir wissen es einfach nicht. Was auch immer das genaue Alter der Störungen ist, die Hauptsache ist, dass sie, wie fast alle Brüche in diesem Teil Islands, dadurch gebildet werden, dass die Platten auseinandergezogen werden. Dies bringt uns zur Stärke der Kräfte, die die Platten bewegen – den plattentektonischen Kräften. Um diese zu analysieren und zu verstehen, sind wenige Orte auf der Erde so gut geeignet und so anschaulich sind wie Thingvellir. Es ist also an der Zeit, uns diesem geologischen Weltwunder selbst zuzuwenden.

4

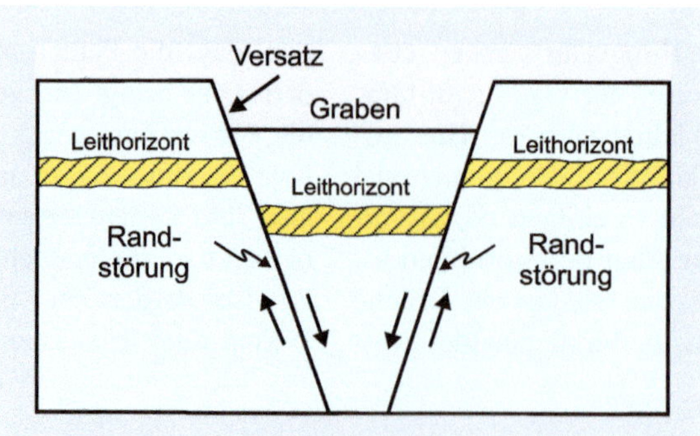

◘ Abb. 4.13   Nahansicht des Gagnheidi-Grabens. Die Störung auf der linken Seite (die westliche Grabenrand-störung) hat einen Versatz (erklärt auf ◘ Abb. 4.14) von etwa 400 m. Dies ist einer der größten Vertikalversätze einer Abschiebung in Island

◘ Abb. 4.14   Ein Graben entsteht durch vertikale Bewegung oder Versatz entlang zweier Randstörungen. Da die Randstörungen zueinander geneigt sind („einfallen"), ist der abgesunkene Block keilförmig, wird also mit der Tiefe immer schmaler. Hier haben die beiden Randstörungen auch an der Oberfläche die gleiche Neigung. Normalerweise werden sie jedoch nahe der Oberfläche vertikal, insbesondere wenn die Oberfläche ein dicker Lavastrom ist wie in Thingvellir (◘ Abb. 4.5 und 5.18). Der Vertikalversatz kommt zum Teil durch absolutes Absinken des Grabenbodens und zum Teil durch absoluten Aufstieg der Grabenschultern („Flanken") zustande, insbesondere wenn sich unter dem Graben Magma oder duktiles Material befindet. Als Leithorizont dient jede einfach wiederzuerkennende Gesteinsschicht, mit der der Versatz entlang der Randstörungen bestimmt werden kann (siehe ◘ Abb. 11.21 und 11.22 für einen deutlichen Leithorizont in einem Graben)

Thingvellir (Þingvellir)

© Springer-Verlag GmbH Deutschland 2018
Á. Gudmundsson, *Die faszinierende Geologie von Islands Südwesten*,
https://doi.org/10.1007/978-3-662-56025-9_5

Thingvellir ist vielleicht der beste Ort auf diesem Planeten, um das Aufreißen der Erdkruste als Folge der Zugkräfte der Plattenbewegungen zu verstehen. Sie spazieren hier durch das spektakulärste Beispiel der Wirkung der enormen plattentektonischen Kräfte, die die Kruste auseinanderreißen. Die offenen Brüche sind auf dem Boden gut zu erkennen; Sie werden die großen Brüche (Spalten) auf Ihrer Wanderung im Thingvellir-Nationalpark bemerken. Die Prozesse und Kräfte zu erläutern, ist jedoch einfacher anhand von Luftbildern, auf denen wir die Umgebung und einige der Halte sehen. Daher beinhaltet dieses Kapitel zahlreiche Luftbilder.

Thingvellir bildet einen Graben, der Teil der Westlichen Vulkanzone ist (◘ Abb. 2.1). Genauer gesagt liegt der Thingvellir-Graben im nördlichen Teil des Hengill-Vulkansystems (◘ Abb. 2.3 und 5.2). Das Gebiet ist aus geologischer Sicht ein Wunderland, alle Standorte sind spektakulär. Dennoch ist große Vorsicht nötig, wenn man zwischen den Spalten herumgeht. Es gibt, wie wir sehen werden, zahlreiche kleine Risse nahe den größeren Spalten. Risse und Spalten sind Brüche, und viele der Wände dieser Brüche sind instabil. Daher empfehle ich mit Nachdruck, **niemals an den Rand einer großen Spalte zu gehen!**

5.1 Almannagjá

Der **vierte Halt (4)** ist der Eingang in die größte Spalte des Thingvellir-Gebiets, **Almannagjá,** was so viel bedeutet wie „Allmänner-Schlucht" oder „Spalte, die der Allgemeinheit gehört". Heute ist dies sicherlich so – und Sie werden wahrscheinlich viele Leute sehen, die den Pfad durch Almannagjá entlanggehen. ◘ Abb. 5.1 und 5.2 zeigen einen größeren Teil der Almannagjá aus der Luft. An diesem Halt ist die klassische Aussicht die von ◘ Abb. 5.3. Details dieses Teils der Almannagjá sind auf ◘ Abb. 5.4, 5.5, 5.6, 5.7 und 5.8 zu erkennen. Insbesondere zeigt ◘ Abb. 5.8 einige der wichtigsten geologischen Strukturen der Almannagjá. Die wichtigsten geologischen Fakten in Bezug auf Almannagjá können wie folgt zusammengefasst werden:

- Die Spalte wird durch zwei Prozesse gebildet: Öffnung und Absinken (Vertikalversatz). Die maximale Öffnung beträgt gut 60 m; das maximale Absinken, also der Vertikalversatz, etwa 40 m (◘ Abb. 5.9). Beide Prozesse hängen mit den plattentektonischen Kräften zusammen, die die Erdkruste auseinanderreißen (ausführlicher erläutert in ▶ Abschn. 5.3).

- Die Öffnung um 60 m durch diese eine Spalte ergibt eine Spreizungsrate (◘ Abb. 4.5; Kap. 4) von ungefähr 0,6 cm pro Jahr. Woher wissen wir dies? Ganz einfach daher, dass die Spalte in einem Lavastrom liegt, der etwa 10.000 Jahre alt ist. Die Spalte öffnete sich also um 60 m in 10.000 Jahren. Dies ergibt 60/10.000 oder 0,006 m beziehungsweise 0,6 cm pro Jahr. Wenn wir die Öffnungen aller Spalten entlang einer Profillinie quer zum Thingvellir-Graben addieren, erhalten wir 100 m, sodass die Spreizungsrate in den letzten 10.000 Jahren im Durchschnitt ungefähr 1 cm pro Jahr beträgt. Dieses Ergebnis passt gut zu Spreizungsraten in Thingvellir, die in den letzten Jahrzehnten mit anderen Methoden ermittelt wurden, beispielsweise mittels Satelliten.

- Der Höhenunterschied zwischen der Oberseite der westlichen Wand und derjenigen der östlichen Wand beträgt etwa 40 m (◘ Abb. 5.9). Daraus folgt, dass während der letzten 10.000 Jahre die durchschnittliche Rate des Vertikalversatzes, im Wesentlichen durch Absinken, quer zur Almannagjá etwa 0,4 cm pro Jahr betrug. Wir sehen also, dass die Rate des Vertikalversatzes ungefähr die Hälfte der Öffnungsrate oder Spreizungsrate in Thingvellir beträgt.

- Während die Bewegungen der Platten kontinuierlich sind, ereignen sich Öffnung und Vertikalversatz an Spalten wie Almannagjá in diskreten Ereignissen. Während solcher Ereignisse sinkt die östliche (niedrigere) Wand der Spalte Almannagjá

◘ Abb. 5.1 Luftbild mit der Lage der vier Halte in Thingvellir (Nummerierung wie auf ◘ Abb. 4.1) mit Blick nach Südwesten. Der vierte Halt (4) liegt am Eingang zur größten Spalte in Thingvellir, nämlich Almannagjá. Der fünfte Halt (5) ist am Pfad hinunter in die Almannagjá, wo die westliche Wand sehr hoch ist und Fließeinheiten und darauf bezogene Aspekte gut beobachten lässt. Der sechste Halt (6) ist am Lögberg. Hier fanden die Parlamentssitzungen statt, als Islands Parlament sich noch in Thingvellir befand. Der Ort ist aber auch geologisch interessant. Der siebte Halt (7) besteht aus zwei Standorten. Der erste ist die populäre wassergefüllte Spalte Peningagjá und deren Fortsetzung Nikulásárgjá. Beide Spalten sind jedoch nur Segmente einer größeren Spalte namens Flosagjá, dem zweiten Standort dieses Halts. Der Fluss Öxará fließt Richtung Südwesten entlang eines Teils der Almannagjá, vom Wasserfall Öxarárfoss aus

plötzlich relativ zur westlichen (höheren) Wand ab (◘ Abb. 4.14 und 5.9). Solche abrupten Verschiebungen erzeugen normalerweise Erdbeben. Das letzte große Absinken an der Almannagjá, um knapp 1 m, ereignete sich während der Erdbeben 1789. Die Erdbeben dauerten viele Tage an, während derer Teile des Landes an der Nordküste des Sees unter die Wasseroberfläche absanken. Im Zentrum des Thingvellir-Grabens war das Absinken größer, bis zu 2,5 m. Nach diesem Absinken wurde das isländische Parlament von Thingvellir in die Hauptstadt Reykjavík verlegt.

— Alle großen Spalten wie Almannagjá – eine große Abschiebung – bestehen

aus kleineren Teilen oder Segmenten (▶ Abschn. 5.3). Wenn das Aufreißen der Kruste, also die Spreizung, andauert, verbinden sich diese Segmente. Die ursprünglichen Segmente und ihre Verbindungen untereinander sind jedoch leicht zu erkennen. Ich zeige diese Verbindungen auf ◘ Abb. 5.2 und andere in ▶ Abschn. 5.3 und entsprechenden Fotografien. Wenn Sie den Pfad in der Almannagjá zum fünften Halt hinuntergehen, betreten Sie am südlichen Ende eines der größten Segmente der Almannagjá. Am anderen Ende erreicht die Spalte keine große Tiefe und weist nur Öffnung auf, kein Absinken – es ist ein Zugbruch (◘ Abb. 5.2, 5.4 und 5.8).

5

◼ **Abb. 5.2**   Die Spalten in Thingvellir, inklusive der Almannagjá, sind Teil des Hengill-Vulkansystems, dessen Zentralvulkan Hengill hier südlich des Sees Thingvallavatn zu sehen ist (Blick nach Südwesten). Diese Nahansicht aus der Luft des südwestlichen Teils der Almannagjá wurde etwa ein Jahrzehnt später aufgenommen als die auf ◼ Abb. 5.1. Das Hotel (mit einem roten Dach, nahe des vierten Halts) auf ◼ Abb. 5.1 ist hier nicht mehr zu sehen, da es 2009 abbrannte. Halte 4, 5 und 6 auf ◼ Abb. 5.1 liegen hier näher am Betrachter. Der Höhenunterschied zwischen der westlichen (rechts) und östlichen (links) Wand der Abschiebung Almannagjá beträgt etwa 40 m, was dem Absinken an dieser Störung in den letzten 10.000 Jahren entspricht. Das letzte große Absinken erfolgte während Erdbeben im Jahr 1789, als die Nordküste des Sees, von dem hier ein Teil zu sehen ist, um bis zu 2,5 m absank. Die maximale Öffnung der Störung beträgt etwa 60 m in der Nähe des Lögbergs (dem sechsten Halt auf ◼ Abb. 5.1)

Auf dem Spaziergang durch Almannagjá sollten wir den **fünften Halt (5)** einlegen, um uns die Wände der Spalte anzuschauen (◼ Abb. 5.5 und 5.6). Wir erkennen, dass die Wände aus vielen Schichten bestehen, die jeweils 0,5–2 m dick sind. Alle Schichten gehören zu dem gleichen Lavastrom, der in Thingvellir mehrere hundert Meter dick ist. In den Wänden sehen wir nur ungefähr die obersten 20 m (die maximale Höhe der westlichen Wand beträgt etwa 28 m). Der Lavastrom ist etwa 10.000 Jahre alt und füllte ein Tal auf, nämlich den Graben, der zu dieser Zeit bereits existierte.

Der Lavastrom ist vom **Pahoehoe**-Typ, wie er in Hawaii und anderen Basaltvulkanen vorkommt. Solche Lavaströme bestehen aus zahlreichen dünnen Schichten der Art, wie wir sie in den Wänden der Almannagjá sehen. Diese Schichten heißen **Fließeinheiten** (◼ Abb. 5.5 und 5.6). Ein einzelner dicker Pahoehoe-Lavastrom mag aus hunderten solcher Fließeinheiten bestehen (in ▶ Kap. 11 betrachten wir einen vertikalen Schnitt durch einen dicken Pahoehoe-Lavastrom). Wie in ▶ Kap. 2 erwähnt, bestehen Pahoehoe-Laven aus sehr heißem Magma (etwa 1300 °C). An der Oberfläche angekommen bildet das Magma eine fließfähige Lava mit einer Temperatur von etwa 1200 °C (die Lava an der Oberfläche ist ungefähr 100 °C kühler als das

Abb. 5.3 Almannagjá vom vierten Halt aus (siehe Abb. 5.1) mit Blick nach Nordosten. Die Oberfläche der östlichen (rechten) Wand der Störung ist etwa 11° nach Osten geneigt, die Oberfläche der westlichen (linken) Wand ist jedoch horizontal (siehe Abb. 5.8 und 5.9 für geometrische Details). Der Berg Ármannsfell sowie ein Teil des Lavaschildes Skjaldbreidur sind am Ende der Almannagjá zu sehen (siehe auch Abb. 6.4 für Ármannsfell und Abb. 6.6 für Skjaldbreidur)

Magma in der Magmakammer). Pahoehoe-Lava dieses Typs fließt sehr leicht, das heißt, sie hat eine vergleichbar niedrige Viskosität oder, genauer gesagt, eine Viskosität ähnlich wie Ketchup oder Senf. Jede Fließeinheit stammt normalerweise aus einer Art überdachter Rinne, einem **Lavatunnel.** Am Ende einer Eruption leeren sich diese Tunnel und bilden **Lavahöhlen,** die Längen von einigen Kilometern erreichen können.

Wenn Sie sich die Fließeinheiten genau anschauen – was Sie vermutlich am besten am Eingang der Almannagjá tun können, wo die Wände noch niedrig sind und nur geringe Gefahr eines Steinschlags besteht (▶ Abb. 5.4) – erkennen Sie eine Menge kleiner Hohlräume darin. Die meisten dieser Löcher sind entweder kreisförmig oder etwa elliptisch und haben einen Durchmesser von einem halben

bis ganzen Zentimeter. Die Löcher (von Geologen als **Blasen** bezeichnet) sind zunächst in der Lava gasgefüllte Hohlräume. Wenn das vulkanische Gas aus der heißen, erstarrenden Lava in die Luft entweicht, bleibt ein Hohlraum zurück. Die Form eines Hohlraums zeigt die Viskosität der Lava an – und damit deren Temperatur. Ist der Querschnitt kreisförmig oder etwa elliptisch, wie in den Wänden der Almannagjá, besaß der Lavastrom eine hohe Temperatur und damit niedrige Viskosität. Ist der Querschnitt des Hohlraums deutlich ausgelängt oder eckig, wies der Lavastrom eine vergleichsweise hohe Viskosität und niedrigere Temperatur auf. Die niedrigsten Temperaturen basaltischer Laven betragen etwa 1050 °C. Dies sind **Aa**-Lavaströme, die leicht zehnmal viskoser sind als die Lavaströme in den Wänden der Almannagjá. (In ▶ Kap. 13 erläutere ich Blasen

Abb. 5.4   „Eingang" der Almannagjá. Dieser Teil ist auf den Luftbildern (■ Abb. 5.2 und 5.8) als Ende eines Segments der Almannagjá zu erkennen. Am Ende der Segmente, wie hier, handelt es sich um reine Zugbrüche. Das bedeutet, die Wände auf beiden Seiten der Spalte befinden sich auf gleicher Höhe. Zugbrüche sind am besten auf ■ Abb. 5.11, 5.12 und 5.15 zu sehen

in basaltischen Gesteinen genauer und zeige Nahaufnahmen).

Der **sechste Halt (6)** ist am Standort Lögberg, wo die Parlamentssitzungen stattfanden, als das Parlament noch in Thingvellir zusammenkam (■ Abb. 5.1, 5.2 und 5.8). Der Grund für die Wahl dieses Ortes kurz nach der Besiedlung Islands war zum Teil, dass die westliche Wand der Almannagjá ideal geeignet ist, die Stimme eines Sprechers zu verstärken. Hier ist besonders deutlich, dass die Oberfläche der östlichen Wand der Almannagjá um etwa 11° nach Osten geneigt ist. Dies sieht man deutlich vom Boden aus (■ Abb. 5.7) sowie aus der Luft (■ Abb. 5.8). Wir können diese Neigung der östlichen Wand auch vom ersten Halt aus sehen (■ Abb. 5.3), aber vielleicht nicht so deutlich. Im Gegensatz dazu ist die Oberfläche der westlichen Wand vollkommen horizontal (■ Abb. 5.2 und 5.8).

Warum nun ist die östliche Wand geneigt und die westliche nicht? Der Hauptgrund liegt in der Reibung zwischen den Wänden in einer bestimmten Tiefe (■ Abb. 5.9). Almannagjá und andere Spalten in der Vulkanzone Islands klaffen nur bis in geringe Tiefe auf. In einer Tiefe von einigen Zehnermetern sind die Wände geschlossen, das heißt, sie berühren einander. Reibung ist hier ein Maß für den Widerstand gegen relative Bewegung der geschlossenen Wände der Almannagjá. Der Teil der östlichen Wand, der die westliche Wand nicht berührt, kann durch Biegen des Gesteins absinken (■ Abb. 5.9). Wo sich die Wände berühren, kann durch die hohe Reibung Bewegung nur dann stattfinden, wenn

Abb. 5.5   Bei dem Lavastrom, der die Wände der Almannagjá aufbaut, handelt es sich um einen Pahoehoe-Lavastrom. Solche Lavaströme sind basaltisch und bestehen aus zahlreichen Fließeinheiten (eine davon in hellerer Farbe hervorgehoben), gewöhnlich mit vertikalen Abkühlungs- oder Säulenklüften. Sie können mehrere hundert Meter Mächtigkeit („Dicke") erreichen – wie auch dieser Lavastrom. Für einen vertikalen Schnitt durch einen dicken Pahoehoe-Lavastrom, viel älter als der von Thingvellir, siehe ■ Abb. 11.23, 11.24 und 11.25

durch große Kräfte oder Spannungen Gleiten möglich wird. Und wenn solches Gleiten stattfindet, kommt es zu einem Erdbeben. Das Gleiten an den sich berührenden Wänden hängt daher normalerweise dem generellen Absinken des Thingvellir-Grabens hinterher, sodass es nur zur Neigung der östlichen Wand kommt.

Dass abruptes Gleiten und Erdbeben an der Almannagjá selten sind, ist aus der Aufzeichnung von Erdbeben bekannt und auch auf ■ Abb. 5.10 zu erkennen. Hier sehen wir einen Stein, der nur schlecht mit dem Rest der Wand verbunden ist. Dieser Stein liegt tatsächlich mindestens schon seit Jahrzehnten in genau derselben Position. Während eines mittelstarken bis starken Erdbebens würde der Stein höchstwahrscheinlich hinunterfallen. Doch während das ganze Thingvellir-Gebiet

sich ungefähr um einen Zentimeter pro Jahr auseinanderbewegt, sind seit Jahrzehnten keine solch großen Beben an der Almannagjá aufgetreten.

5.2 Peningagjá und Flosagjá

Wir gehen nun weiter zum **siebten Halt (7)**, der aus zwei Standorten besteht (siehe ■ Abb. 4.1 und 5.1). Entweder Sie gehen entlang des Pfades (■ Abb. 5.1 und 5.2) vom sechsten zum siebten Halt, oder Sie gehen durch die Almannagjá zurück und fahren zum siebten Halt. Dieser ist einer der beliebtesten Halte in Thingvellir, eine wassergefüllte Spalte namens **Peningagjá.** Dies bedeutet „Geldspalte", denn Touristen pflegen seit dem frühen zwanzigsten Jahrhundert Münzen

Abb. 5.6 Nahansicht von Fließeinheiten und Abkühlungsklüften aus ▪ Abb. 5.5. Hier sind drei Fließeinheiten zu sehen sowie ein Teil einer vierten oben links auf dem Foto. Die Abkühlungs- oder Säulenklüfte sind in der obersten Fließeinheit am besten ausgebildet. Vertikale Säulenklüfte sind typisch für horizontale Fließeinheiten und Lavaströme, sind jedoch in Intrusionen normalerweise wesentlich besser (und schöner) ausgebildet (siehe ▪ Abb. 11.8 und 11.12 für horizontale Säulenklüfte in einem Gang sowie ▪ Abb. 14.31 bis 14.34 für vertikale Säulenklüfte in einem Lagergang)

in diese Spalte zu werfen. Peningagjá ist Teil einer größeren Spalte namens **Nikulásargjá,** die wiederum Teil der größeren Spalte **Flosagjá** ist. Peningagjá und Nikulásargjá gehören zu den südlichsten Teilen bzw. Segmenten der Flosagjá (▪ Abb. 5.11).

Peningagjá und Nikulásargjá sind sehr beeindruckende Strukturen (▪ Abb. 5.12). Aber in mancher Hinsicht ist die Hauptspalte, Flosagjá, die spektakulärste von allen (▪ Abb. 5.13). Peningagjá/Nikulásargjá beziehungsweise Flosagjá sind die beiden Standorte, die hier als **siebter Halt (7)** gezählt werden. Flosagjá (▪ Abb. 5.13) ist zu Fuß entlang Peningagjá/Nikulásargjá erreichbar. Alternativ können Sie entlang der Straße 36 in den Thingvellir-Graben und dann Straße 52 in südliche Richtung zum Parkplatz nahe des

Wasserfalls **Öxarárfoss** (▪ Abb. 5.1) fahren. In ▸ Abschn. 5.3 erkläre ich, wie die Spalten gebildet werden, aber lassen Sie uns zunächst einen Blick auf das Wasser in den Spalten werfen.

Das Wasser ist sehr sauber und klar – ein vollkommenes Beispiel für sehr hochwertiges **Grundwasser.** Tatsächlich gehören die Lavafelder von Thingvellir und seiner Umgebung zu den größten Grundwasserleitersystemen in Island. Das Wasser stammt aus Niederschlag: Entweder direkt vom Regen und Schnee, der auf dieses Gebiet fällt, oder indirekt vom Schmelzwasser der Gletscher weiter nördlich – im Hochland Islands –, insbesondere vom Langjökull-Gletscher (einer Eiskappe). Das Grundwasser fließt aus dem Hochland in der Umgebung des Thingvellir-Grabens

Abb. 5.7 Die Oberfläche der östlichen (linken) Wand der Almannagjá ist etwa 11° nach Osten gekippt. Die Kippung erfolgte höchstwahrscheinlich aufgrund von Reibung entlang der Störung in der Tiefe (dargestellt auf Abb. 5.9). Die östliche Wand ist entlang des größten Teils der Almannagjá gekippt (Abb. 5.1 und 5.8)

durch Lavaströme, die als Sieb oder Filter wirken und das Wasser reinigen. Wenn das Wasser die Spalten erreicht, fließt es hinein und schließlich in den **See Thingvallavatn** (Abb. 5.1, 5.11 und 5.14). Ungefähr 90 % des Seewassers stammt aus Grundwasserquellen, der Rest aus Oberflächengewässern (Flüssen). Da ein Großteil des Wassers von weit her kommt, vom Langjökull und dem umgebenden Hochland, dauert es viele Jahre – sogar Jahrzehnte –, bis das Wasser den etwa 50 km weiten Weg von der Eiskappe bis zum See zurücklegt.

Die Höhe des Wassers im See variiert etwas, liegt aber etwa 100 m über dem Meeresspiegel (Abb. 5.14) und ungefähr auf der gleichen Höhe wie das Wasser in den Spalten (Abb. 5.11, 5.12 und 5.13). Auf diesem Niveau liegt auch die Oberfläche des Grundwassers in der Nähe des Sees, sodass die Oberfläche des Sees und die Oberfläche des Wassers in den Spalten nahe dem See auf gleicher Höhe liegen (Abb. 5.1 und 5.11), was als **Wasserspiegel** bezeichnet wird. Der See selbst existiert, weil das Tal beziehungsweise der Graben, den er füllt, tiefer reicht als der Wasserspiegel – ein häufiger Grund für die Bildung von Seen weltweit. Der See ist tatsächlich bis zu 114 m tief, sodass die tiefsten Bereiche unter dem Meeresspiegel liegen (14 m darunter, um genau zu sein). Die durchschnittliche Tiefe des Sees beträgt jedoch nur 34 m. Der See bedeckt eine Fläche von 84 m^2 (Quadratkilometern), was ihn zum größten natürlichen See Islands macht (Abb. 5.14).

Die Spalten (Abb. 5.11 und 5.12) wurden in keinster Weise durch den Druck des Wassers gebildet. Alle Spalten entstanden direkt durch plattentektonische Kräfte oder Spannungen (Abb. 5.11) und bilden nur Fließwege für das Grundwasser. Das Grundwasser fließt sehr

Abb. 5.8 Luftbild mit einigen mit der Almannagjá verbundenen Hauptstrukturen. Um Almannagjá selbst gibt es viele kleinere Strukturen. Diese umfassen kleine Zugbrüche (im Detail erläutert in Verbindung mit den Abb. 5.11, 5.12 und 5.15) und die geneigte östliche Wand der Störung (deren Oberfläche 11° nach Osten geneigt ist). Im Gegensatz dazu ist die westliche Wand der Störung vertikal. Wo Sie Almannagjá betreten und ihren Spaziergang hindurch beginnen, endet ein Segment oder Teil der Almannagjá lateral (als Zugbruch). Dann ist die Störung in Ost–West-Richtung abgesetzt (Beschriftung „Sprung"), und ein neues Segment übernimmt und setzt sich nach Südwesten fort. Während Almannagjá eine klaffende, offene Abschiebung ist, ist ihre Öffnung so groß (stellenweise mehr als 60 m), dass sie einem schmalen Graben ähnelt. Zum Vergleich der vertikale Schnitt auf Abb. 5.9

langsam durch das Gestein, bevor es die Spalten erreicht, die das Wasser in den See befördern. Grundwasser hat ganzjährig nahezu dieselbe Temperatur, nämlich eine nahe der Jahresdurchschnittstemperatur in diesem Gebiet. In den Spalten beträgt die Wassertemperatur meist 3–4 °C (Abb. 5.12 und 5.13). Das Wasser ist also sehr kalt, jedoch so warm, dass es nicht gefriert. Daher wird das Wasser nicht einmal mitten im Winter von Eis bedeckt.

Die Temperatur des Sees (Abb. 5.14) verändert sich jedoch im Lauf des Jahres. Sie ist in den Wintermonaten am niedrigsten und in den Sommermonaten am höchsten. In den Wintermonaten Januar bis März liegt die Durchschnittstemperatur bei weniger als 1 °C,

im Juli und August hingegen bei 9–10 °C. Die Durchschnittstemperatur des Oberflächenwassers im See selbst ist etwas höher als die des Wassers in den Spalten. In den Jahrzehnten vor der Jahrtausendwende, das heißt vor dem Jahr 2000, betrug die durchschnittliche Wassertemperatur im See zwischen 4 und 5 °C. Im jetzigen Jahrhundert, das heißt nach dem Jahr 2000, lag sie bisher über 5 °C. Dies hängt zumindest zum Teil mit der allgemeinen Erwärmung in Island (und anderswo) zusammen, die in den letzten beiden Jahrzehnten deutlicher bemerkbar wurde. Eis bildet sich während des Winters auf dem ganzen See, aber die Anzahl der Tage, an denen der See mit Eis bedeckt ist, hat in den letzten beiden

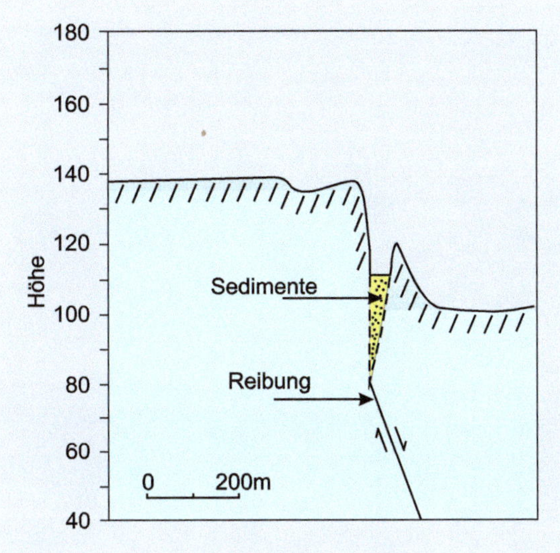

Abb. 5.9   Vertikaler Schnitt durch Almannagjá (ungefähr der Mittelteil, wie auf Abb. 5.2 zu sehen). Die Oberfläche der westlichen (linken) Wand der Störung befindet sich auf nahezu 140 m über dem Meeresspiegel, wohingegen die tiefstgelegene Oberfläche auf der östlichen (rechten) Wand auf etwa 100 m über dem Meeresspiegel liegt. Der maximale Vertikalversatz an der Almannagjá beträgt also etwa 40 m. Die Mächtigkeit („Dicke") der „Sedimente", die zerbrochenes Gestein von den Wänden der Störung und Kies umfassen, ist nicht bekannt. Wo die Wände der Störung in der Tiefe einander näherkommen, ändert sich die Störung von vertikal (ursprünglich einem Zugbruch) in eine Störung, an der sich die östliche Wand relativ zur westlichen Wand abwärts bewegt hat. An dieser Stelle ist die Reibung zwischen den Wänden vermutlich der Grund für die Kippung oder Neigung der östlichen Wand der Störung. Der vertikale Maßstab ist relativ zum horizontalen Maßstab etwa 8fach überhöht

Jahrzehnten deutlich abgenommen. In der Tat gab es in einigen Jahren des letzten Jahrzehnts überhaupt keine Tage, an denen die ganze Oberfläche des Sees zugefroren war.

5.3 Wie entstehen die Spalten?

Kommen wir zurück zu den wassergefüllten Spalten (Abb. 5.11 und 5.12). Wie entstehen diese? Sie entstehen, wenn die tektonischen Platten auf beiden Seiten des Thingvellir-Tales auseinandergezogen werden, was zu Spreizung führt (Abb. 4.5). Wie bereits erörtert wird Island quer zu den vulkanischen Riftzonen auseinandergezogen. In Thingvellir beträgt die Spreizungsrate, im Durchschnitt über Jahrtausende betrachtet, ungefähr 1 cm pro Jahr. Weit entfernt von den Vulkanzonen (Abb. 2.2), insbesondere von Thingvellir selbst, erfolgt die Spreizung kontinuierlich, aber

die Auswirkungen als Spaltenbildung innerhalb des Thingvellir-Grabens sind episodisch. Dies bedeutet, dass Jahrhunderte zwischen großen **Riftereignissen,** bei denen in Thingvellir Spalten gebildet oder verbreitert werden, vergehen können. Denken Sie daran, dass das letzte große Riftereignis in Thingvellir 1789 war, also mehr als zweihundert Jahre her ist.

Warum also erfolgt das Rifting oder Aufbrechen in einzelnen Ereignissen? Warum ist es nicht kontinuierlich wie die Spreizung oder die Plattenbewegungen selbst? Die Antwort auf beide Fragen ist, dass die plattentektonischen Kräfte erst ausreichend hohe Spannungen in der Kruste aufbauen müssen, damit die Gesteine zerbrechen. Der Thingvellir-Graben wird durch die Auseinanderbewegung der Platten allmählich gedehnt, und die Gesteine werden immer höheren Spannungen ausgesetzt. Wie Sie es vom Zerreißen einer Seite Papier her kennen, wird dies durch einen

Abb. 5.10   Blick nach Westen am obersten Teil der westlichen Wand der Störung in der Almannagjá an Halt 6 (▪ Abb. 5.1). Der kleine Stein war mindestens jahrzehntelang in dieser Position. Dies zeigt, dass sich trotz gradueller langsamer Krustenbewegungen in Thingvellir, wie sie durch geodätische Messinstrumente nachgewiesen sind, seit Jahrzehnten keine mäßigen bis starken Erdbeben an Almannagjá ereignet haben, wahrscheinlich sogar seit 1789

existierenden Riss einfacher. Dies kommt daher, dass die Spannung an den Enden des Risses größer wird, bis dieser sich bis zum Rand der Seite ausbreiten kann. Auf ähnliche Weise vergrößern beziehungsweise konzentrieren existierende Risse oder Spalten (▪ Abb. 5.11, 5.12 und 5.13) die plattentektonischen Spannungen an ihren lateralen Enden (Spitzen) immer weiter, bis sich diese Brüche verlängern, wenn die Spannung für ein Riftereignis ausreicht. Das bedeutet, dass während Riftereignissen existierende Brüche größer, das heißt länger und auch tiefer werden (▪ Abb. 5.11). Während fortgesetzter Riftereignisse breiten sich kleine versetzte Brüche aus und verbinden sich zu größeren Brüchen (▪ Abb. 5.15 und 5.16).

Flosagjá (wie auch Nikulásargjá und Peningagjá) unterscheidet sich deutlich von Almannagjá dahin gehend, dass sich die Wände der Spalte Flosagjá auf beiden Seiten auf gleicher Höhe befinden (▪ Abb. 5.11, 5.12 und 5.13). Im Gegensatz dazu ist die östliche Wand der Almannagjá um bis zu 40 m relativ zur westlichen Wand abgesunken (▪ Abb. 5.1, 5.2, 5.7, 5.8 und 5.9). In geologischer Hinsicht ist Almannagjá eine **Störung,** genauer gesagt eine **Abschiebung,** wohingegen Flosagjá (sowie Nikulásargjá und Peningagjá) ein **Zugbruch** ist. Bei einer Störung erfolgt ein Großteil der Bewegung des Gesteins auf beiden Seiten des Bruchs parallel zur Bruchfläche, entweder auf- oder abwärts (vertikal) oder seitwärts (horizontal). Die meisten **Erdbeben** hängen mit plötzlichen Bewegungen der Wände von Störungen, Gleiten, zusammen. Alle großen Erdbeben werden durch solche Bewegungen ausgelöst. An einem Zugbruch

Abb. 5.11   Luftansicht der Zugbrüche Peningagjá, Nikulásargjá, Flosagjá und Silfra sowie der Abschiebung Almannagjá mit Blick nach Südwesten. Die plattentektonischen Kräfte, schematisch angedeutet durch orangefarbene Pfeile an der Flosagjá, ziehen die Kruste auseinander, zerreißen sie und bilden Zugbrüche sowie Abschiebungen. Nahe der Straße, am östlichen (linken) Rand des Bildausschnitts, sind Abschiebungen zu sehen

ist die Bewegung im Gegensatz dazu einfache Öffnung, das Auseinanderziehen der Bruchwände (Abb. 5.11). Es gibt also keine bruchparallele Bewegung während der Bildung eines Zugbruchs und daher keine Reibung zwischen den Bruchwänden (Abb. 5.9). Bei der Öffnung eines Zugbruchs treten, wenn überhaupt, nur kleine Erdbeben auf.

Wie viel Spannung muss also aufgebaut werden, bis es zu einem erneuten Riftereignis in Thingvellir kommt? Dies kann recht einfach berechnet werden: Es sind ungefähr 3 Mio. Pascal. Dies klingt sehr groß. Allerdings ist die Einheit Pascal (Pa), die Spannung oder Druck als die auf eine Fläche wirkende Kraft angibt – Kraft pro Flächeneinheit (Newton pro Quadratmeter) – winzig. Ein Pascal entspricht dem Fluiddruck eines Wasserfilms von etwa einem Zehntelmillimeter Dicke. Am Boden eines 2 m tiefen Schwimmbeckens beträgt der Druck durch das Wasser ungefähr

20.000 Pa. Am Grund des Sees Thingvallavatn, in 114 m Tiefe, ist der Wasserdruck etwas mehr als 1 Mio. Pascal. Die Spannung, die zur Bildung von Flosagjá und anderen Zugbrüchen in Thingvellir (und allgemein in Riftzonen und ozeanischen Rücken weltweit) nötig ist, ist also in der gleichen Größenordnung wie der Druck in etwa 300 m Tiefe in einem See oder dem Meer. Anders ausgedrückt liegt sie in der gleichen Größenordnung wie die vertikale Druckspannung (durch das Gewicht der Gesteine) in 120–130 m Tiefe im Thingvellir-Lavastrom, den man in Almannagjá sehen kann (Abb. 5.5). Gleiche Größenordnung sage ich deswegen, weil Druck oder Druckspannung Gegenstände zusammendrückt, wohingegen Zugspannung, die für Bruchbildung wie in den Gesteinen an der Oberfläche in Thingvellir verantwortlich ist, Gegenstände dehnt oder streckt. Beide können die gleiche Größenordnung erreichen,

Abb. 5.12   Peningagjá, die wassergefüllte Spalte mit zahlreichen Münzen auf dem Grund, ist Teil eines Zugbruchs namens Nikulásargjá, von der hier der größte Teil zu sehen ist

haben jedoch gegensätzliche Vorzeichen. Was die Vorzeichen angeht, wird in der Geologie Zugspannung normalerweise negativ (Minus –) und Druckspannung positiv (Plus +) angegeben, in der Physik oder den Ingenieurwissenschaften ist die Vorzeichenkonvention gerade umgekehrt.

Die Zugspannung, die zur Bildung der Zugbrüche nötig ist, ist also hoch, jedoch nicht sehr hoch im Vergleich zur Druckspannung, die allgemein in der Erdkruste herrscht. Die Druckspannung steigt mit der Tiefe in der Kruste an. Zum Beispiel beträgt die vertikale Spannung im Dach vieler oberflächennaher Magmakammern in Island (▶ Kap. 4), in Tiefen von 1–3 km, zwischen ungefähr 24 Mio. und 90 Mio. Pascal. Die Größenordnung vertikaler Spannungen in den Dächern oberflächennaher Magmakammern ist also 8- bis 30-mal so groß wie die Zugspannung, die für das Auseinanderreißen der Kruste und der Bildung von Zugbrüchen in Thingvellir nötig ist.

5.4 Wie tief reichen die Brüche?

Wir kennen nun also die Spannungen, die zur Bildung der beeindruckenden Zugbrüche nötig sind (ähnliche Spannungen sind für die großen Störungen wie Almannagjá nötig). Die nächste Frage ist nun, wie tief diese Brüche reichen. Dies sind eigentlich zwei Fragen. Die erste Frage ist: Wie tief reichen die sichtbaren Spalten, das heißt der Teil des Bruchs, der meist mit Grundwasser gefüllt ist? Die zweite Frage ist: Wie tief reicht der Bruch als schmaler Riss in der Kruste? Zur ersten Frage: Flosagjá erreicht eine maximale sichtbare Tiefe von etwa 25 m (▶ Abb. 5.11 und 5.13). Es gibt andere Zugbrüche in der Nähe, die noch größere sichtbare Tiefen erreichen. Die bekannteste ist **Silfra**, deren maximale Tiefe ungefähr 60 m beträgt. Silfra liegt an der Nordküste des Thingvallavatn und reicht in den See hinein, ein paar hundert Meter südlich der Peningagjá (▶ Abb. 5.11). Silfra ist zum Tauchen beliebt.

◘ Abb. 5.13 Peningagjá und Nikulásargjá (◘ Abb. 5.11) sind Teil eines größeren Zugbruchs namens Flosagjá, von dem hier ein Teil zu sehen ist (Blick nach Nordwesten). Die maximale Öffnung („Breite") der Spalte beträgt etwa 15 m. Zugbrüche entstehen durch reine Öffnung, wobei die Öffnung verursachende Kräfte oder Spannungen direkt mit plattentektonischen Kräften zusammenhängen. Flosagjá sowie Nikulásargjá und Peningagjá sind auf ◘ Abb. 5.11 aus der Luft zu sehen

Die zweite Frage ist, bis zu welcher Tiefe in der Kruste die Zugbrüche tatsächlich reichen. Dabei meine ich nicht die Tiefe als weit offene Spalten, die an der Oberfläche zu sehen sind, oder in die man tauchen kann, sondern eher die Tiefe, in die die Brüche in die Kruste hinunterreichen. Sie fragen sich vielleicht, wie es möglich ist, diese Tiefe zu bestimmen. Die Antwort ist, dass alle großen Zugbrüche wie Flosagjá, Nikulásargjá, Peningagjá und Silfra nur eine bestimmte maximale Tiefe erreichen können. Wenn diese während eines Riftereignisses „versuchen", diese maximale Tiefe zu überschreiten, verändern sie sich automatisch in Abschiebungen. Dies bedeutet, dass eine der Bruchwände relativ zur anderen Wand absinken wird – genau wie dies bei Almannagjá und anderen Abschiebungen in Thingvellir der Fall ist. Mit dieser Information sowie allgemeinen Kenntnissen darüber, wie Brüche entstehen (dem wissenschaftlichen Fachgebiet der **Bruchmechanik**), kann berechnet werden, dass Zugbrüche wie Flosagjá und Silfra maximal in Tiefen zwischen 300 und 400 m reichen. Sie liegen also höchstwahrscheinlich vollständig innerhalb des dicken Pahoehoe-Lavastroms, der den obersten Teil des Thingvellir Graben bedeckt, dem Thingvellir-Lavastrom.

Dann ist natürlich die nächste Frage: Wie tief ist Almannagjá? Die Antwort ist, dass es keine einfachen Methoden gibt, die maximale Tiefe großer Abschiebungen wie Almannagjá präzise zu berechnen. Wenn Almannagjá stark seismisch aktiv wäre – sich zahlreiche kleine Erdbeben ereigneten – würden deren Tiefen die Tiefe der Störung anzeigen. Almannagjá weist jedoch nur sehr wenig seismische

5

Abb. 5.14   Der größte Teil des Sees Thingvallavatn. Dieses Luftbild zeigt den See aus südwestlicher Richtung. Der Großteil des Wassers im See entspringt aus Grundwasserquellen. Die Oberfläche des Sees liegt etwa 100 m über den Meeresspiegel, während sein tiefster Teil eine Tiefe von 114 m erreicht, das heißt der See reicht bis unter den Meeresspiegel. Der See Thingvallavatn ist mit einer Fläche von 84 m^2 der größte natürliche See Islands. Für eine Erläuterung der Berge nördlich des Sees (Ármannsfell, Skjaldbreidur und Hrafnabjörg) siehe ▶ Kap. 6 und für Botnsúlur siehe ▶ Kap. 4. Die größten Störungen in Thingvellir sind beschriftet (Almannagjá, Hrafnagjá, Gildruholtsgjá und Heidargjá), sie werden in ▶ Kap. 5 und 6 erläutert. Der Lavastrom Nesjahraun an der Südküste des Sees und die Insel Sandey entstanden vor etwa 2000 Jahren und werden in ▶ Kap. 12 erörtert

Aktivität auf. Ein grober Anhaltspunkt für die Tiefe eines Bruchs, auch für Störungen wie Almannagjá, ist seine Länge an der Oberfläche: Längere Brüche reichen meist tiefer als kürzere Brüche.

Almannagjá ist der längste zusammenhängende Bruch des Thingvellir-Grabens. Mit „zusammenhängendem Bruch" meine ich alle Bruchsegmente oder -teile, die physikalisch verbunden sind – sich also zwischen ihren benachbarten Enden kein Streifen Land befindet. Almannagjás Gesamtlänge als zusammenhängender Bruch beträgt ungefähr 7,7 km. Im Vergleich dazu ist der kürzeste Bruch im Thingvellir-Graben etwa 60 m lang, die durchschnittliche Länge aller Brüche beträgt ungefähr 620 m. Die längeren Brüche sind im Allgemeinen Abschiebungen und lösen Erdbeben aus, wenn sie sich bewegen. Hingegen sind die kürzeren Brüche eher Zugbrüche mit geringer Erdbebenaktivität während ihres Wachstums.

Almannagjá besteht jedoch, wie alle größeren Brüche, aus Teilen oder Segmenten. Von diesen hängen viele, selbst wenn sie vergleichsweise nahe beieinanderliegen, nicht physikalisch zusammenhängen – sie sind nicht zusammenhängend und versetzt (**⚬** Abb. 5.8, 5.15 und 5.16). Wir wissen, dass sich bei Erdbeben nicht zusammenhängende Störungen wie einzelne Störungen verhalten. Dies trifft auch für alle Segmente der Almannagjá während mäßig starker Erdbeben zu (Almannagjá kann keine wirklich

Abb. 5.15 Der südwestliche Teil von Almannagjá ist stark segmentiert, das heißt in viele kleinere Brüche unterteilt. Dies liegt zum Teil daran, dass die alte Störung, die die Lage der Brüche an der Oberfläche kontrolliert, unterhalb des Lavastroms nicht mehr senkrecht zur hauptsächlichen plattentektonischen Kraft orientiert ist (siehe **Abb. 5.14**). Im lokalen Maßstab wie hier schwankt die Richtung der plattentektonischen Kraft beziehungsweise des Spreizungsvektors etwas, sodass ein Bruch, der ursprünglich im rechten Winkel zum Spreizungsvektor orientiert war, dies eine Zeit lang nicht mehr ist. Die Länge des Sprungs zeigt an, wie viel die Störung lateral abgesetzt ist, wenn man von einem Segment zum nächsten kommt

großen [schweren] Beben der Magnitude 7 oder mehr auslösen). Wenn alle Segmente der Almannagjá gezählt werden, beträgt ihre Länge innerhalb von Thingvellir mindestens 15 km. Ähnliche Segmente setzen sich in die Hyaloklastit-Berge nördlich von Thingvellir (Ármannsfell) fort, genauso wie nach Südwesten entlang des Sees Thingvallavatn und in Richtung des Hengill-Vulkans (▶ Kap. 12). Wenn all diese Segmente als Teile der Almannagjá angesehen werden, beträgt ihre Gesamtlänge leicht 30–40 km. Ähnliche Längen würde man auch für einige andere große Störungen in diesem Gebiet erhalten; deren Längen können mehrere Zehner Kilometer erreichen, wenn man alle Segmente, auch in den älteren Gesteinen, als Teile der gleichen Störungen ansieht.

Kommen wir zurück zur Frage: Wie tief in die Kruste reichen Almannagjá und die anderen großen Störungen in Thingvellir? Die Antwort ist: mindestens 10 km, wahrscheinlicher sind etwa 20 km. Warum nicht mehr als 20 km? Weil sich in ungefähr dieser Tiefe Magma unter der Westlichen Vulkanzone befindet (**Abb. 2.2**), von der der Thingvellir-Graben ein Teil ist. Die großen Störungen des Thingvellir-Grabens und ihre Verlängerungen nach Südwesten und Nordosten entlang der Westlichen Vulkanzone erreichen höchstwahrscheinlich die Unterseite der Erdkruste, bis in die Dächer der tief liegenden und sehr großen Magmareservoire (**Abb. 5.17**).

Wenn dies der Fall ist, warum kommt dann das Magma nicht entlang der Störungen hinauf? Gründe sind die Neigung

Abb. 5.16 Nahe ihres Südendes, gerade bevor sie den See Thingvallavatn erreicht, verändert sich Almannagjá in eine Schar von Zugbrüchen. Diese Schar ist hier mit Blick nach Südwesten zu sehen. Die Öffnung des Bruches rechts (im Westen) des weißen Fahrzeugs beträgt 12 m. Die stufenartige Anordnung der Brüche hier wird in der Geologie mit dem französischen Begriff *en échelon* bezeichnet

der Störungen und ungünstige Spannungen, die zeitweise im Graben nach Bewegung während eines Erdbebens herrschen (**Abb. 5.17**). In einer vulkanischen Riftzone wie in Thingvellir bewegt sich das Magma nahezu immer durch vertikale magmagefüllte Brüche, das heißt **Gänge** (▸ Kap. 11), zur Oberfläche. Das Magma benutzt nur sehr selten existierende geneigte Brüche wie Abschiebungen. Dies hat folgenden einfachen Grund: Es ist viel mehr Energie nötig, die geneigten Bruchwände auseinanderzuschieben, um Platz für das Magma, den Gang, zu schaffen, als die zahlreichen vertikalen Abkühlungsklüfte bzw. Säulenklüfte (**Abb. 5.5, 5.6 und 5.10**) zu verwenden, um einen Weg an die Oberfläche zu bahnen. Dies folgt aus den horizontalen Plattenbewegungen. Es ist einfacher für das Magma, die Kruste horizontal wegzudrücken als in

einer geneigten Richtung. Zusätzlich wirkt sich das Absinken des Thingvellir-Grabens entlang der Hauptstörungen Almannagjá und Hrafnagjá (Hrafnagjá wird in ▸ Kap. 6 erläutert) aus, indem Magmabewegung zur Oberfläche blockiert wird. Wenn der keilförmige Krustenblock des Grabens abrupt absinkt, wird er in eine nach unten schmaler werdende „Lücke" in der Kruste gezwängt (**Abb. 4.14 und 5.17**). Der Effekt ist mechanisch ähnlich wie einen Korken in einen Flaschenhals zu drücken, nämlich temporär horizontale Kompression. Diese Kompression führt zu Druckspannungen, die dazu neigen, die vertikale Ausbreitung eines Ganges zu verhindern; die Gänge werden entweder zu horizontalen Lagergängen umgelenkt oder ganz aufgehalten (**Abb. 5.17**). In beiden Fällen ist der Gang nicht in der Lage, die Oberfläche zu erreichen und zu eruptieren.

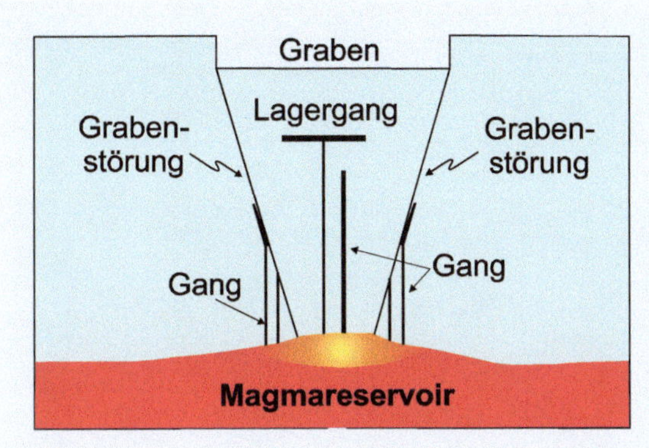

◻ Abb. 5.17   Gräben sind häufig in vulkanischen Riftzonen wie in Island. Gräben können oft, zumindest zeitweise, als Barrieren für die Ausbreitung von Gängen zur Oberfläche wirken und damit Spalteneruptionen verhindern. Ein Graben wirkt als Barriere für vertikale Gänge, wenn (1) die Grabenrandstörungen die Gänge aufhalten und (2) zeitweilige Kompression innerhalb des Grabenkeils Gänge aufhält oder sie zu Lagergängen umlenkt. Wenn der Grabenkeil absinkt, erreicht er sozusagen eine schmalere „Lücke" und kann dadurch zeitweilig horizontaler Kompression ausgesetzt sein. Horizontale Kompression hält viele vertikale Gänge auf oder lenkt sie zu Lagergängen um; in beiden Fällen wird der Gang vom Erreichen der Oberfläche und Speisung eines Vulkanausbruchs abgehalten

5.5 Wann ist der nächste Vulkanausbruch?

Wann ist der nächste Vulkanausbruch im Thingvellir-Gebiet zu erwarten? Die letzte Eruption im Gebiet ereignete sich nicht im Thingvellir-Graben selbst, sondern eher am Südende des Sees (◻ Abb. 5.14), nahe dem Hengill-Vulkan (◻ Abb. 5.2, ► Kap. 12). Dieser Vulkanausbruch war vor ungefähr 2000 Jahren. Währenddessen bildeten sich ein Lavastrom sowie die Insel Sandey (◻ Abb. 5.14, ► Kap. 12). Seither hat es in diesem Teil der Vulkanzone keine Eruption mehr gegeben. Der nächste Ausbruch wird tatsächlich eher im Hengill-Vulkan stattfinden (► Kap. 12) als im Thingvellir-Graben. Dies folgt aus reiner Statistik. Wie wir im ► Kap. 4 erörtert haben, gibt es außerhalb der Zentralvulkane (wie Hengill) an jedem gegebenen Ort (wie Thingvellir) alle paar tausend Jahre einen neuen Lavastrom – und gelegentlich vergehen Jahrzehntausende zwischen zwei Lavaströmen.

In Anbetracht dessen jedoch, dass der Hauptlavastrom im Thingvellir-Graben ungefähr 9000 Jahre alt ist (von Skjaldbreidur, ► Kap. 6), können wir einen neuen Lavastrom in geologisch naher Zukunft erwarten. In aktiven Gebieten wie Thingvellir bedeutet diese „nahe Zukunft" allerdings gemeinhin Jahrzehnte oder Jahrhunderte, gar Jahrtausende ab heute. Ob diese Eruption im Tal selbst erfolgt oder wie die Eruptionen, die die derzeitigen Lavaströme innerhalb des Grabens bildeten, außerhalb des Grabens, wissen wir nicht. Aber wenn dieser Vulkanausbruch stattfindet, ist er wahrscheinlich viel größer als die kürzlichen kleinen Ausbrüche in Zentralvulkanen wie Grímsvötn, Hekla und Eyjafjallajökull (► Kap. 14). Tatsächlich liegt ein Vulkanausbruch im Thingvellir-Gebiet, wenn er denn erfolgt, wahrscheinlich in der Größenordnung von mehreren Kubikkilometern.

Von Thingvellir (Þingvellir) nach Geysir

© Springer-Verlag GmbH Deutschland 2018
Á. Gudmundsson, *Die faszinierende Geologie von Islands Südwesten*,
https://doi.org/10.1007/978-3-662-56025-9_6

Sie können diesen Teil der Reise von verschiedenen Stellen in Thingvellir aus beginnen, aber am besten folgen Sie Straße 36 nach Osten durch den Graben. Der **achte Halt (8)**, siehe Abb. 4.1, ist dann auf einem Parkplatz nahe einer der beiden Hauptstörungen an der Ostseite des Tales, nämlich **Hrafnagjá** („Rabenspalte"). Während der Fahrt auf Straße 36 vom Westteil des Tales aus erkennen Sie mehrere große Hügel in der Lava. Dies sind **Tumuli**, wie in ▸ Kap. 2 beschrieben (Abb. 2.8). Die beachtlichsten Strukturen von der Straße aus sind jedoch die Berge, von Westen nach Osten **Ármannsfell** („Ármanns Berg", ein Männername), **Skjaldbreidur (Skjaldbreiður, „Breiter Schild")** und **Hrafnabjörg** („Rabenberg"). Einige oder alle diese Berge sind von überall im Thingvellir-Gebiet aus zu sehen (Abb. 5.3, 5.14, 6.1 und 6.2). Sie haben sie zweifelsohne während ihrer Tour durch Thingvellir bereits erblickt. Es lohnt sich jedoch anzuhalten, wenn Sie den Thingvellir-Graben verlassen (Abb. 6.2), und diese Berge zu betrachten, um ihre Entstehung zu verstehen. Aber zuerst wenden wir uns kurz der Hauptstörung zu, die man hier bemerken kann und die die Straße quert: nämlich Hrafnagjá.

6.1 Hrafnagjá

Hrafnagjá ist eine der beiden großen Grabenrandstörungen (Abb. 4.14 und 5.17) auf der Ostseite des Thingvellir-Grabens (Abb. 5.14

 Abb. 6.1   Überblick über die Berge nördlich des Thingvellir-Grabens (siehe auch Abb. 5.14 für eine Luftansicht dieser Berge) mit Blick nach Nordosten vom vierten Halt aus. Ármannsfell ist in der oberen linken (westlichen) Ecke, ostwärts gefolgt von Skjaldbreidur und schließlich Hrafnabjörg in der oberen rechten (östlichen) Ecke. Der längliche Berg mit gezackter Oberseite zwischen Skaldbreidur und Hrafnabjörg ist ein Hyaloklastit-Rücken namens Tindaskagi

Abb. 6.2 Luftansicht des Thingvellir-Grabens (schneebedeckt im Winter) mit Blick nach Nordosten. Die hauptsächlichen Grabenrandstörungen sind als „Störungen" bezeichnet, nämlich Almannagjá (Westen, beziehungsweise links) und Hrafnagjá (Osten, beziehungsweise rechts). Der größte Berg links im Bild, der klar von Störungen geschnitten wird, ist Ármannsfell. Skjaldbreidur (beschriftet) ist teilweise von Wolken bedeckt

und 6.2). Es gibt jedoch auch Störungen östlich der Hrafnagjá, die als die östlichsten Störungen des aktiven Grabens angesehen werden können (Abb. 5.14): Gildruholtsgjá und Heidargjá (Heiðargjá).

Hrafnagjá besteht aus Segmenten (Abb. 5.3), wie Sie vom achten Halt aus deutlich erkennen können. Die Wände der Störung sind weniger scharf als die der Almannagjá und der Gesamteindruck ist der eines Bruchs von „talartigen", versetzten Segmenten. Einer dieser Sprünge ist quer zur Straße am Parkplatz. Hrafnagjá setzt sich in den See Thingvallavatn fort und dann in Richtung Nordosten, mit einer Gesamtlänge von etwa 11–12 km. Das maximale Absinken, beziehungsweise der Vertikalversatz, beträgt nur ungefähr 12 m, aber die Öffnung bis zu 68 m. Hrafnagjá hat also eine größere Öffnung, ist „breiter", aber einen kleineren Vertikalversatz (Absinken) quer dazu als Almannagjá. Die Breite des

Thingvellir-Grabens zwischen Almannagjá und Hrafnagjá beträgt etwa 5 km, aber die Gesamtbreite bis zur östlichsten Störung, Heidargjá (Abb. 5.14) ist ungefähr 7 km. Dieses gesamte Gebiet, 7 km breit, sank in den letzten 9000–10.000 Jahren bis zu einem Maximum von 70 m ab. Dadurch ergibt sich eine durchschnittliche Absinkrate für den gesamten Graben von bis zu 7 mm pro Jahr. Dies ist ähnlich der Spreizungs- oder Dehnungsrate des gesamten Grabens im gleichen Zeitraum.

6.2 Botnsúlur und Ármannsfell

Zurück zu den Bergen. Wir haben **Ármannsfell** bereits auf den Abb. 5.3, 5.12, 5.13, 6.2 und 6.3 betrachtet. Nun fügen wir eine Nahaufnahme hinzu (Abb. 6.4). Ármannsfell ist ein typischer Hyaloklastit-Berg, ähnlich denen, die wir auf dem Weg nach Thingvellir

Abb. 6.3 Luftansicht zweier Segmente der Hrafnagjá mit Blick nach Südosten. Die Segmente sind abgesetzt, wo der Fußweg den Bruch überquert, und bilden einen Teil eines en-échelon-Systems, ähnlich dem am Südwestende der Almannagjá (◘ Abb. 5.16), aber viel größer. Die Gesamtlänge der hier sichtbaren Hrafnagjá beträgt etwa einen Kilometer. Die Straße in der linken oberen Bildecke ist Straße 36

(▶ Kap. 4) und auf dem Weg nach Reykjavík (▶ Kap. 2) gesehen haben. Ármannsfell entstand höchstwahrscheinlich bei subglazialen Eruptionen (Eruptionen unter dem Eisschild, das Island zu dieser Zeit bedeckte) während der vorletzten Kaltzeit und könnte ungefähr 150.000 Jahre alt sein. Der Berg ist damit erheblich jünger als der nahe gelegene Hyaloklastit-Berg Botnsúlur (◘ Abb. 5.14), den ich in ▶ Kap. 4 kurz erläutert habe (◘ Abb. 4.11 und 4.12). **Botnsúlur** entstand wahrscheinlich während einer subglazialen Eruption in der drittletzten Kaltzeit (Vereisungsperiode) und ist wohl rund 250.000 Jahre alt.

Viele Brüche bzw. Störungen schneiden Ármannsfell (◘ Abb. 5.13, 5.14 und 6.4). Dies sind im Allgemeinen die gleichen Störungen wie im Thingvellir-Graben. Die Störungen im Ármannsfell weisen meist größere Vertikalversätze auf als die in Thingvellir, einfach

weil sie im Ármannsfell mehr Zeit für ihre Entwicklung hatten. Wenn Bewegung an einer Störung alle paar Jahrhunderte bei Erdbeben erfolgt, dann weist eine Störung in einem 9000 Jahre alten Lavastrom wie in Thingvellir vielleicht 10 bis 20 Bewegungsereignisse auf. Im Gegensatz dazu können sich an einer Störung, die 150.000 Jahre alte Gesteine wie in Ármannsfell schneidet, 150 bis 300 Bewegungen ereignet haben. Wenn alles andere gleich ist, wird die Letztere normalerweise einen größeren Versatz aufweisen.

6.3 Tafelberg Hrafnabjörg

Der jüngste der Hyaloklastit-Berge hier ist Hrafnabjörg (◘ Abb. 6.5), der aus der letzten Kaltzeit stammt und wahrscheinlich ungefähr 20.000 Jahre alt ist. Hrafnabjörg ist ein

Abb. 6.4 Ármannsfell (Blick nach Norden) wird von vielen Störungen durchzogen (von denen hier nur wenige eingetragen sind). Dies sind alles Abschiebungen ähnlich der Almannagjá, und manche sind Fortsetzungen der Almannagjá. Auf allen hier eingetragenen Störungen ist der Versatz abwärts nach Westen, das heißt im Bild abwärts nach links. Bei anderen den Berg durchziehenden Störungen ist jedoch das Absinken wie bei Almannagjá nach Osten (rechts) gerichtet

klassischer Hyaloklastit-Berg vom Typ **Tafelberg.** Die Entstehung sowie der allgemeine Aufbau eines Tafelbergs sind auf **Abb. 6.6** dargestellt. Wie andere Hyaloklastit-Berge entstehen Tafelberge meist unter Eis, manche unter Wasser (im Meer oder in tiefen Seen). Die meisten Hyaloklastit-Berge in Island bildeten sich unter Eis während der Kaltzeiten (Vereisungsperioden) der Eiszeit, das heißt vor Zehntausenden oder Hunderttausenden von Jahren. Hyaloklastit-Berge entstehen jedoch auch heute noch während vieler Eruptionen in den Eisschilden Islands und im Meer. Insbesondere trugen die Eruptionen von **Surtsey** (▶ Kap. 14), einer Insel vor der Südküste Islands (entstanden 1963–1967), **Gjálp** im Vatnajökull-Gletscher 1996 (▶ Kap. 1) sowie viele Ausbrüche des Vulkans Grímsvötn – der durchschnittlich alle

10 Jahre ausbricht –, ebenso unter Vatnajökull (**Abb. 2.2**), zum Verständnis subglazialer Eruptionen und der Entstehung von Hyaloklastit-Bergen bei.

Während einer solchen Eruption schmilzt das aufsteigende Magma allmählich das Eis und bildet einen See (**Abb. 6.6**). Während sich das Wasser ansammelt und tiefer wird, beginnt das Magma einen Stapel kissenartig aussehender Strukturen zu bilden. Es ist wohl keine Überraschung, dass diese **Kissenlava** genannt werden. Wir sehen ein wunderschönes Beispiel für Kissenlava am neunten Halt, wo wir auch deren Bildung im Detail erörtern. Wenn der Kissenstapel wächst, erreicht dessen oberer Bereich allmählich immer geringere Wassertiefen. Nahe der Oberfläche entstehen dann keine Kissen mehr, sondern eher fragmentierte Gesteine, die **Brekzien** genannt werden.

6

■ Abb. 6.5 Blick nach Osten auf den Tafelberg Hrafnabjörg. Die Lavaströme sind im oberen Teil des Berges deutlich als auf dicken Schichten von Hyaloklastit ruhend erkennbar. Dieses Foto wurde von der Straße nahe Ármannsfell aus aufgenommen. Vergleiche ■ Abb. 11.22 und 11.23

Die Brekzien existieren aufgrund von Explosionen, wenn der Förderschlot der Eruption der Seeoberfläche im Eisschild nahegekommen ist. Wenn sich schließlich die Brekzie bis zur Bildung einer Insel im See aufgeschichtet hat, können sich Eruptionen auf dem trockenen Land (der Insel) ereignen. In diesem Fall enden die Explosionen und die Bildung der Brekzien und normale Lava beginnt auszufließen. Die Lava ist normalerweise eine typische Pahoehoe-Lava mit denselben Eigenschaften, wie wir sie in den Wänden der Almannagjá erkennen (■ Abb. 5.4, 5.5, 5.6 und 5.7). Die Lavaströme bilden die Spitze des Tafelbergs – die Kappe (■ Abb. 6.5 und 6.6).

Die Gesteinstypen, die die Tafelberge aufbauen, erläutere ich genauer am neunten Halt, wo diese im Detail betrachtet werden können. Wie erwähnt ist die beste derzeitige Analogie zur Entstehung von Tafelbergen die Eruption, durch die die Insel Surtsey vor der Südküste Islands entstand, das heißt die südlichste Insel der Inselgruppe Vestmannaeyjar (■ Abb. 14.12c; Kap. 14). Eine andere Analogie – etwas weniger ähnlich, weil sich die Eruption insgesamt auf trockenem Land ereignete – ist der Ausbruch Bárdarbunga-Holuhraun 2014–2015 nördlich des Vatnajökull-Gletschers (der Gletscher ist auf ■ Abb. 2.2 zu sehen). Diese Eruption erfolgte zwar auf trockenem Land, jedoch nur wenige Kilometer nördlich des Nordrandes der größten Eiskappe Islands, dem Vatnajökull. Hätte sich der Ausbruch 15 oder 20 km weiter südlich ereignet, wäre er mitten in der Eiskappe gewesen, was zu einer subglazialen Eruption geführt hätte. Zu Beginn der Eruption, die fast ein halbes Jahr andauerte, trat fast die gesamte Lava an einer Stelle aus, nämlich dem Hauptkrater. Wäre dasselbe in einer ansonsten ähnlichen subglazialen Eruption passiert, wie es durchaus wahrscheinlich ist, wäre bei

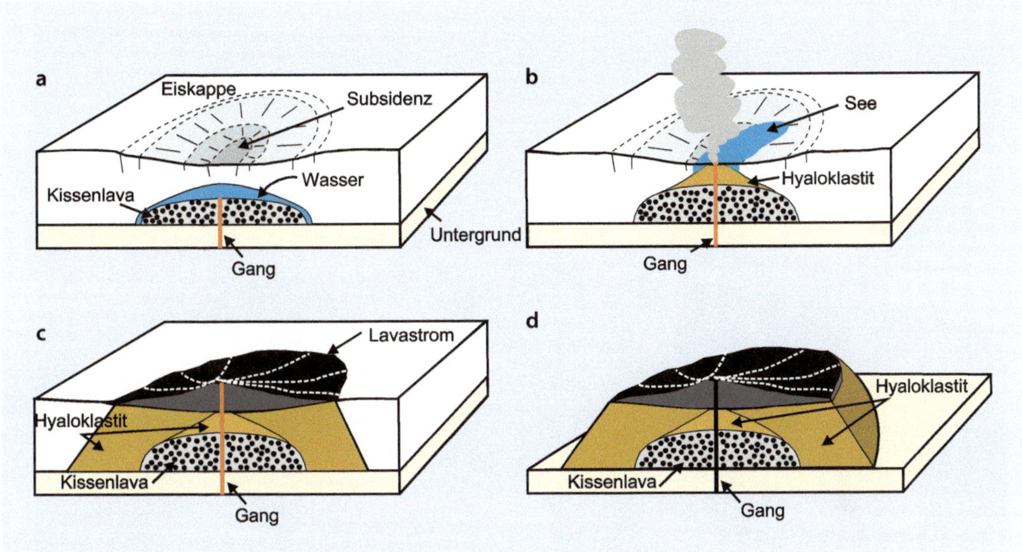

Abb. 6.6 Schemazeichnungen der Bildung eines Tafelbergs während eines Vulkanausbruchs unter einem Gletscher. **a** Die Eruption beginnt unter einer Eisdecke oder Eiskappe. Schmelzendes Eis bildet einen See unter dem Eis und führt zur Subsidenz (Absinken) der Eisoberfläche. Das eruptierte Magma bildet Kissenlava. **b** Wenn die Kissenlava aufgestapelt wird, nimmt der Wasserdruck ab und die Eruption verändert sich, zunächst zu Kissenbrekzie (zerbrochenen Kissen) und dann zu Hyaloklastit. Schließlich ist das Eis durchgeschmolzen und der See ist in der Senke an der Oberfläche sichtbar. **c** Wenn der Förderkanal der Eruption und der Krater über den See reichen, beginnt Lava auszufließen, meist Pahoehoe-Lava. Die Lavaströme bilden einen Lavaschild auf dem Stapel aus Hyaloklastit und Kissenlava. Die Form des Berges wird großteils durch das Eis bestimmt, insbesondere seine steilen Hänge. **d** Wenn die Eisdecke/-kappe geschmolzen ist, wie beispielsweise am Ende einer Kaltzeit (Vereisungsperiode), steht der Tafelberg aus der Umgebung heraus, wobei die Unterseite des Lavaschildes am Gipfel ungefähr mit der Oberfläche des Eises zur Zeit der Entstehung des Berges zusammenfällt. Daraus folgt, dass der Höhenunterschied zwischen dem Kontakt zum Lavaschild und der Unterseite des Hyaloklastits in etwa die Mächtigkeit („Dicke") der Eisdecke/-kappe anzeigt

der Dauer der Eruption und dem eruptierten Magmavolumen (von fast 2 km^3) ein klassischer Tafelberg (Abb. 6.5, 6.6, 11.22 und 11.23) entstanden.

6.4 Lavaschild Skjaldbreidur (Skjaldbreiður)

Der dritte große Berg hier ist **Skjaldbreidur (Skjaldbreiður).** Dieser formschöne Vulkan ist von vielen Halten in Thingvellir aus zu sehen, wie auch aus der Luft (Abb. 5.3, 5.14, 6.1 und 6.2). Hier fügen wir eine Nahaufnahme von etwas nördlich des Thingvellir-Grabens hinzu (Abb. 6.7). Skjaldbreidur ist der jüngste der Vulkane, die ich an diesem

Halt erörtere, weniger als 9000 Jahre alt. Er ist vom Typ **Lavaschild.** Diese haben im Allgemeinen die gleiche Form wie **Schildvulkane.** Dies sind die typischen Vulkane der Hawaii-Inseln (Mauna Loa, Mauna Kea, Kilauea), Galapagos-Inseln und vieler anderer berühmter Vulkangebiete. Während die Form im Grunde dieselbe ist – die eines Schildes mit sanft abfallenden Seiten (normalerweise 3–6°) – gibt es einen wesentlichen Unterschied zwischen Lavaschilden und Schildvulkanen. Lavaschilde wie Skjaldbreidur entstehen normalerweise in einer einzigen Eruption (selten gibt es Anzeichen für mehr als eine Eruption) und haben keine oberflächennahe Magmakammer. Im Gegensatz dazu bilden sich Schildvulkane wie Mauna Loa im Lauf von

Abb. 6.7   Blick nach Osten auf den Lavaschild Skjaldbreidur (Skjaldbreiður) von der Straße nördlich des Ármannsfell aus. Der Lavaschild ist jünger als 9000 Jahre. Die Hänge fallen durchschnittlich 5–6° ab

Jahrhunderttausenden in zahlreichen Eruptionen, von denen viele aus einer oberflächennahen Magmakammer gespeist werden, und sind viel größer als Lavaschilde.

Wie lange dauert also die Entstehung eines Lavaschildes wie Skjaldbreidur? Mindestens einige Jahre, wahrscheinlich Jahrzehnte. Dies folgt daraus, dass das Volumen an Magma, welches pro Zeit durch den Förderschlot eines Lavaschildes heraufkommt (die Ausflussrate) recht klein ist. Es dauert also eine Weile, vielleicht einige Jahrzehnte, um einen Vulkan der Größe von Skjaldbreidur zu bilden. Dessen geschätztes Volumen beträgt etwa 17 km³ (Kubikkilometer). Im Gegensatz dazu hat Mauna Loa wohl ein Volumen von bis zu 75.000 km³ und eruptiert seit rund 700.000 Jahren. Die Lavaströme in den Wänden der Almannagjá stammen nicht vom Skjaldbreidur, sondern eher aus einer Spalte östlich des Thingvellir-Grabens und sind 9000–10.000 Jahre alt. Im nordöstlichen Teil des Thingvellir-Grabens liegen die Lavaströme des Skjaldbreidur auf den Lavaströmen in der Wand der Almannagjá.

Es gibt in Island dutzende junge Lavaschilde. Mit „jung" meine ich hier Schilde, die in den vergangenen 11.000–12.000 Jahren entstanden, das heißt nach dem Abschmelzen des Eises der letzten Kaltzeit. Die meisten dieser Schilde sind viel kleiner als Skjaldbreidur, im Allgemeinen ungefähr 1 km³ oder weniger. Skjaldbreidur ist der zweitgrößte oder gar der größte junge Lavaschild in Island (der Konkurrent ist der Lavaschild **Trölladyngja** im zentralen Hochland). Sie sahen bereits einige Schilde während der Fahrt von Keflavík nach Reykjavík (▶ Kap. 2) und Sie können weitere sehen, wenn Sie die Tour in ▶ Kap. 13 machen. Zusätzlich gibt es viele früher gebildete Lavaschilde, die im Lavastapel in den älteren Teilen Islands begraben sind. Einige davon werden in ▶ Kap. 11 beschrieben.

6.5 Laugarvatnshellar und Hyaloklastite

Wir setzen nun unsere Tour von Hrafnagjá nach Osten auf Straße 36 fort, bis sie auf Straße 365 trifft, die nach Osten über ein ebenes Feld führt. Dieses ebene und fast flache Feld ist Teil eines weiteren Lavaschildes, nämlich **Lyngdalsheidi (Lyngdalsheiði).** Dies ist ein außergewöhnlich sanft abfallender Lavaschild (■ Abb. 6.8), viel älter als Skjaldbreidur und möglicherweise während der letzten Warmzeit (Interglazial, eisfreie Periode) vor rund 120.000 Jahren entstanden. Wir fahren auf Straße 365 weiter, bis sie auf eine Straße trifft, die mit **Laugarvatnshellar** markiert ist. Diese führt uns weiter nördlich der Straße 365 zu berühmten kleinen Höhlen und Kissenlaven, die unseren **neunten Halt (9)** darstellen (siehe ■ Abb. 4.1).

Die Höhlen (■ Abb. 6.9) sind vor allem berühmt, weil hier im frühen 20. Jahrhundert einige Jahre lang eine Familie lebte. In der Tat wurden in diesen Höhlen zwei Kinder geboren. Dies wird im Detail auf den Informationstafeln bei den Höhlen beschrieben. Unser Augenmerk gilt jedoch den Gesteinen um die Höhlen herum. Bei dem Gestein, in dem sich die Höhlen befinden, handelt es sich um Hyaloklastit, das heißt basaltische Brekzie. Solcher bildet sich während Explosionen im Förderschlot eines Vulkans, wenn die Öffnung des Schlots sich in vergleichsweise geringer Wassertiefe im Schmelzsee innerhalb eines Gletschers befindet (■ Abb. 6.6). Die Explosionen dauern noch an, auch wenn der Hyaloklastit-Berg sich bis zur Oberfläche des Sees aufgebaut hat, solange das Wasser in den Förderschlot, das heißt den eruptierenden Krater, gelangen kann. Jede Explosion

■ **Abb. 6.8** Lavaschild Lyngdalsheidi (Lyngdalsheiði), ein Lavaschild aus der letzten Warmzeit (Interglazial; Zeit zwischen zwei Vereisungsperioden) vor etwa 120.000 Jahren. Dieser Schild fällt außergewöhnlich flach ab, durchschnittlich 2–3°

6

Abb. 6.9   Haupteingang in die Höhlen von Laugarvatnshellar. Die Höhlen liegen innerhalb eines typischen Hyaloklastits, bräunlicher Brekzie

im Krater bildet eine Schicht. Die Schichten sind im Gestein leicht erkennbar (■ Abb. 6.9, 6.10). Einige Schichten bestehen aus kleineren Bruchstücken oder Partikeln als andere. Gewöhnlicherweise entstehen diejenigen mit größeren Partikeln in kräftigeren Explosionen, obwohl auch andere Faktoren die Größenverteilung der Bruchstücke beeinflussen können.

Gemeinhin sind größere Gesteinsbruchstücke von feinerkörnigen Schichten umgeben (■ Abb. 6.11). Dies ist in Übereinstimmung mit der Größenverteilung – wie sich Dinge selbst nach der Größe anordnen – vieler natürlicher und menschlicher Prozesse und Aktivitäten. Diese folgen alle derselben generellen Verteilung: Die große Mehrheit der Objekte oder Merkmale (hier Bruchstücke) sind nämlich vergleichsweise klein, während wenige sehr groß sind, mit einer stetigen

Größenänderung zwischen sehr klein und sehr groß (■ Abb. 6.12). Solche Verteilungen werden als „endlastig" bezeichnet. Von diesen ist die Unterklasse der **Potenzgesetze** die wichtigste und häufigste. Sie werden als Potenzgesetze bezeichnet, weil die Anzahl der Objekte einer gegebenen Größe von deren Größe, potenziert mit einem bestimmten Exponenten, abhängt. Potenzgesetze gelten für die Größenverteilungen der Explosionen, die die Schichten hier gebildet haben (■ Abb. 6.10 und 6.11). Genauer gesagt waren die meisten Explosionen vergleichsweise klein, ein paar wenige (im Vergleich dazu) sehr groß. In ähnlicher Weise sind die meisten Bruchstücke vergleichsweise klein, aber ein paar wenige (■ Abb. 6.11) sind (wie immer im Vergleich gesehen) sehr groß.

◘ Abb. 6.10   Schichtung im Hyaloklastit der Höhlen von Laugarvatnshellar. Jede Schicht entspricht normalerweise einer Explosion im Krater während der Eruption. Die Korngröße hängt von der Kraft der Explosion ab

6.6 Die Bedeutung von Potenzgesetzen in natürlichen (und menschengemachten) Prozessen

Da wir Potenzgesetze angesprochen haben, ist es vielleicht angemessen, einige der natürlichen und menschlichen Prozesse und Objekte oder Strukturen anzusprechen, die Potenzgesetzen folgen (◘ Abb. 6.12). Diese beinhalten:

— **Größen von Eruptionen.** Die meisten Vulkanausbrüche sind sehr klein, nur wenige sind sehr groß. Dies gilt sowohl für das Volumen des eruptierten Materials (Lavaströme, Asche oder pyroklastisches Material) als auch für die durch die Eruption frei werdende beziehungsweise umgewandelte Energie. Zum Beispiel war die Eruption des Eyjafjallajökull 2010 in Südisland eine kleine Eruption. Das Gesamtvolumen betrug nur etwa 0,1 km³ Magma. Im Gegensatz dazu wurden während der Entstehung des Skjaldbreidur, wie oben erwähnt, ungefähr 17 km³ Magma eruptiert. Und in den größten Eruptionen auf der Erde, in Nordamerika und Südostasien, wurden rund 5000 km³ eruptiert. Solche gigantischen Vulkanausbrüche, auch Supereruptionen genannt, ereignen sich nur sehr selten, zum Glück für die Menschheit nur alle paar Jahrhunderttausende.

— **Volumen der Gesteinsschichten.** Die meisten Gesteinsschichten und -einheiten sind vergleichsweise klein, nur wenige sehr groß. Dies gilt für alle Arten von Gesteinsschichten. Zum Beispiel für die Volumina von Lavaströmen, die von den Größen der oben erwähnten Vulkanausbrüche abhängen, sowie die Volumina von Intrusionen (Gänge, Lagergänge). Dieser Zusammenhang spiegelt sich auch in den Mächtigkeiten (der Dicke) dieser Strukturen wider. Wenn Sie die Mächtigkeiten von

6

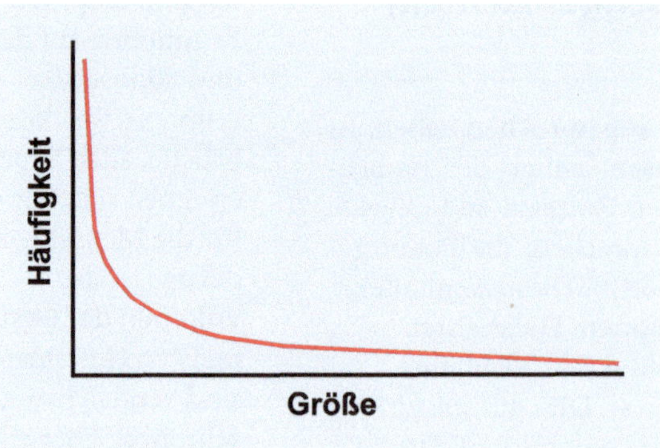

Abb. 6.11 Die Partikel („Körner") in den Hyaloklastit-Schichten sind im Allgemeinen sehr klein (das Gestein wird als Tuff bezeichnet), jedoch leicht variierend. Zusätzlich gibt es einige wenige viel größere Körner. Diese sind meist Fragmente von Kissen (siehe ◾ Abb. 6.14 bis 6.18). Statistische Verteilungen, bei denen Objekte geringer Größe (hier die Körner) sehr häufig sind, jedoch auch sehr große Objekte (immer im Vergleich mit den kleinen Objekten derselben Verteilung betrachtet) auftreten, werden als endlastig bezeichnet. Die häufigsten solchen Verteilungen folgen Potenzgesetzen – es handelt sich um Potenzverteilungen

Abb. 6.12 Potenzgesetze werden durch die sehr große Häufigkeit kleiner Objekte oder Ereignisse (zum Beispiel Volumina von Lavaströmen) und sehr geringe Häufigkeit großer Objekte oder Ereignisse der gleichen Art und in derselben Verteilung charakterisiert. Klein und groß sind immer relativ und beziehen sich auf die jeweilige Verteilung. Potenzgesetze werden auch als „maßstabsunabhängig" bezeichnet, was bedeutet, dass es keine Größe von Objekten oder Ereignissen gibt, die typisch für die Verteilung wäre. Zum Beispiel ist der Mittelwert der Volumina von Vulkanausbrüchen oder von Erdbebenstärken nicht der typische, im Sinne von häufigste, Wert für diese Prozesse und Produkte. Nicht alle endlastigen Verteilungen folgen Potenzgesetzen, aber es gibt Methoden zu bestimmen, welche dies tun. Die größten Ereignisse oder Objekte sind von größter Bedeutung in Potenzgesetzen – beispielsweise die größten Erdbeben, Vulkanausbrüche, Überschwemmungen, Meteoritenimpakte, wirtschaftlichen Rezessionen und so weiter – und sind bisher unmöglich verlässlich vorherzusagen

vielen Gängen oder Lavaströmen messen, werden Sie normalerweise eine Potenzverteilung erhalten.

- **Größen von Vulkanbauten.** Wenn man die Volumina von Vulkanbauten schätzt, weisen auch diese Potenzverteilungen auf. Die meisten Vulkane sind also sehr klein, was für viele Vulkane in Island gilt, während ein paar wenige sehr groß sind.
- **Stärken von Erdbeben.** In Island gibt es jeden Tag Erdbeben und dasselbe gilt für alle Plattengrenzen auf der Erde. Aber die große Mehrheit dieser Beben sind so klein (weniger als Magnitude 2), dass wir sie nicht spüren. Es gibt weltweit jedes Jahr rund 15 Erdbeben mit Magnituden größer als 7, aber nur eines größer als Magnitude 8. Gleichermaßen ereignen sich die stärksten Erdbeben, mit Magnitude 9 oder mehr, im Durchschnitt nur wenige Male in einem Jahrhundert. Im Gegensatz dazu werden jedes Jahr mehr als eine halbe Million Erdbeben, die meisten mit sehr kleinen Magnituden, mit Messinstrumenten aufgezeichnet.
- **Brüche.** Erdbebenmagnituden stehen in direkter Beziehung zur Größe des Bruchs, der Störung, die das Erdbeben hervorruft. Es ist daher nicht überraschend, dass auch die Größen der Brüche Potenzgesetzen folgen. Zum Beispiel wurden die wichtigsten Brüche in Thingvellir vermessen. Die längsten zusammenhängenden Brüche sind etwa 8 km lang, wohingegen die meisten Brüche kürzer als 200 m sind. Wenn wir auch die kleinen Brüche, die Säulenklüfte wie in den Wänden der Almannagjá (Abb. 5.5 und 5.10), berücksichtigen, dann hätte der Großteil der Brüche Längen von weniger als einem Meter.

Es gibt zahlreiche andere geologische Prozesse, die Potenzverteilungen produzieren. Diese umfassen **Erdrutsche, Hochwasser, Meteoriteneinschläge,** wobei bei allen die meisten Strukturen klein sind und sehr wenige sehr groß sind.

Potenzgesetze sind nicht auf natürliche Prozesse und Objekte beschränkt. Viele menschengemachte Prozesse und Strukturen folgen Potenzgesetzen. Zum Beispiel weisen die Größen von **Städten** (sowohl in Bezug auf deren Fläche, auf Bevölkerung oder beidem), die Größen von **Gebäuden**, die Längen von **Straßen,** die Anzahl der Besuche von **Websites** oder auch **komplexe Netzwerke** verschiedener Art (sozial, biologisch, Computernetze oder technologische Netzwerke) und **ökonomische Rezessionen** Potenzverteilungen auf. Die Liste ließe sich fortsetzen. Die Frage ist nun: Wie entstehen diese Potenzgesetze?

Warum sind diese Verteilungen keine **Normalverteilungen** (Abb. 6.13)? Wir wissen, dass Normalverteilungen auftreten, wenn die Größen der Ereignisse, Objekte oder Strukturen unabhängig voneinander sind. Zum Beispiel sind die Größe oder das Gewicht von Menschen in einer Stadt oder einem Land normal verteilt, weil die jeweiligen Werte völlig unabhängig von denen anderer Menschen sind. Im Gegensatz dazu entstehen Potenzgesetze bekanntermaßen, wenn die Größen der Ereignisse oder Objekte voneinander abhängen. Zum Beispiel entstehen lange Brüche dadurch, dass sich viele kleinere Brüche unter günstigen Bedingungen miteinander verbinden.

Große Vulkanausbrüche, Erdbeben, Hochwasser, Erdrutsche und Meteoriteneinschläge sind von großer Bedeutung für die Gesellschaft. In der Tat sind die größten Vulkanausbrüche und Meteoritenausbrüche die einzigen Naturkatastrophen mit dem Potenzial, verheerende Auswirkungen auf die gesamte Menschheit zu haben. Es ist daher von fundamentaler Bedeutung, die zugrunde liegenden Prozesse dafür und Potenzgesetze im Allgemeinen zu verstehen. Derzeit gibt es einiges an Forschung zu Potenzgesetzen, insbesondere in Bezug auf natürliche oder menschengemachte komplexe Netzwerke verschiedener Art. Es gibt verschiedene Vorstellungen zu Mechanismen für Potenzgesetze. Es ist jedoch festzustellen, dass bisher keine davon wirklich erklärt, warum bestimmte Prozesse und Dinge Potenzverteilungen folgen und andere nicht. Kurzum, während Potenzgesetze äußerst weit verbreitet und bedeutsam sind, sowohl für

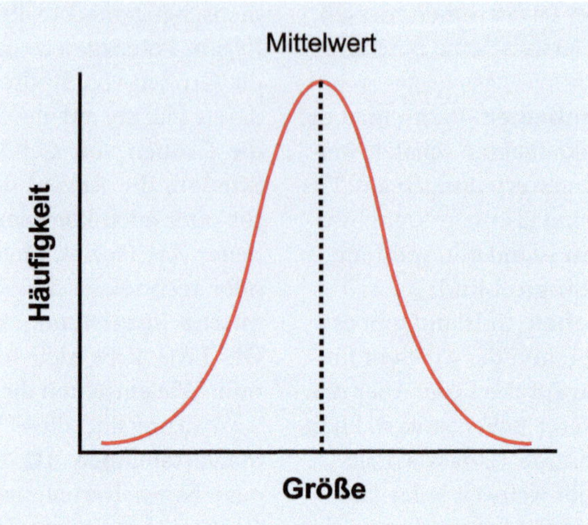

Abb. 6.13   Im Gegensatz zu Potenzverteilungen weisen Normalverteilungen (auch Gaußsche Glockenkurven genannt) einen Mittelwert auf, der die Verteilung charakterisiert. Genauer gesagt ist der Mittelwert (Durchschnitt) auch der häufigste Wert (Modus) und damit der typische Wert – wie hier eingetragen. Der Mittelwert ist sehr hilfreich, um eine Normalverteilung zu charakterisieren, sagt aber über eine Potenzverteilung (vgl. Abb. 6.12) recht wenig aus, bei der die größten möglichen Werte von höchstem Interesse und Belang für die Gesellschaft sind

natürliche als auch für menschengemachte Prozesse, können wir sie derzeit nicht erklären. Dies ist einer der Gründe dafür, dass wir derzeit große Vulkanausbrüche und Erdbeben nicht vorhersagen können.

6.7 Kissenlaven

Verlassen wir Potenzgesetze für eine Weile und gehen in eine kleine Senke hinunter, ein (normalerweise) trockenes Bachbett rechts der Höhlen. Während wir die Senke entlanggehen, entdecken wir zuerst geschichteten, bräunlichen Hyaloklastit auf der linken Seite (Abb. 6.11). Die braune Farbe, die wir auch an den Gesteinen der Höhlen gesehen haben (Abb. 6.9 und 6.10), kommt von der Zersetzung des Glases in der Asche. Durch chemische Reaktionen wird das schwarze Glas allmählich bräunlich – dies ist die gewöhnliche Farbe der Brekzien oder Aschenschichten in allen Hyaloklastit-Bergen.

Nachdem wir die Senke einige Zehnermeter hinuntergegangen sind, sehen wir einen außergewöhnlich schönen Anschnitt („Aufschluss") von **Kissenlava** (Abb. 6.14). Hier können Sie leicht erkennen, warum dies Kissenlava heißt: Die kissenförmigen Strukturen sind besonders deutlich. Auf der Nahaufnahme (Abb. 6.15) erkennen Sie, dass, während einige Kissen fast kugelförmig sind (mit kreisförmigem Querschnitt, erkennbar an angebrochenen Kissen, Abb. 6.16), viele vergleichsweise flach sind (mit elliptischem Querschnitt angebrochener Kissen). Die flachen Kissen werden korrekt als „oblate Ellipsoide" bezeichnet und erhalten ihre flache Form zum Teil wegen des Gewichts des eruptierten Materials darüber. Das Gewicht zerdrückt sie und lässt sie in der Tat mehr wie gewöhnliche Kissen aussehen – was bei den Kugelförmigen nicht der Fall ist.

Weiterhin bemerkenswert, insbesondere in dem kugelförmigen Kissen in der Mitte von Abb. 6.16, sind Risse oder Brüche, die strahlenförmig vom Inneren zum Rand oder

◘ Abb. 6.14 Kissenlava. Viele Kissen sind länglich und elliptisch im Querschnitt, andere jedoch nahezu kreisförmig. Das gelbe Notizbuch dient als Maßstab für die Größe der Kissen, die meist Durchmesser von 20–80 cm aufweisen. Das flache und deutlich längliche Kissen gerade oberhalb des Notizbuchs hat jedoch einen Durchmesser von etwa 1,5 m

der Oberfläche des Kissens wegführen. Diese **radialen Brüche** entstehen genau auf die gleiche Weise wie diejenigen in den Wänden der Almannagjá (◘ Abb. 5.5, 5.6 und 5.10), nämlich wenn das sehr heiße Magma von 1200 °C auf wenige Zehnergrad abgekühlt ist. Bei der Abkühlung verwandelt sich das Magma in Festgestein. Dabei nimmt sein Volumen ab, es schrumpft, und dieses Schrumpfens führt zur Bildung der radialen Brüche. Sie sind radial, nicht vertikal wie in den Fließeinheiten in der Almannagjá, weil der abkühlende Körper kugelförmig (ein Kissen) ist, keine horizontale Schicht. Zusätzlich zu den radialen Brüchen gibt es kleine Löcher oder Hohlräume in den Kissen – wiederum vom gleichen Typ, wie wir sie in den Fließeinheiten der Almannagjá gesehen haben. Hier wie dort entstehen diese Hohlräume, als **Blasen** bezeichnet, wenn Gas aus der abkühlenden Lava entweicht.

Die Kissen entstehen normalerweise, wenn an der Eruptionsstelle hoher Wasserdruck herrscht. Daraus folgt, dass sie sich vor allem am unteren Teil der Hyaloklastit-Berge befinden, das heißt früh während der Eruption bildeten, wenn das Wasser im Gletschersee noch tief war (◘ Abb. 6.6). Es ist allerdings bekannt, dass sich ein gewöhnlicher Lavastrom unter bestimmten Bedingungen in Kissenlava verändern kann, wenn er das Meer oder einen See erreicht – wie dies an der Küste Hawaiis beobachtet wurde. In den Hyaloklastit-Bergen Islands bilden die Kissenlaven im Allgemeinen die unteren Teile der Berge und entstanden unter hohem Wasserdruck. Wenn sich die Kissen aufstapeln und die Wasseroberfläche gleich bleibt, nimmt die Wassertiefe von der Oberseite des Kissenstapels zur Wasseroberfläche hin allmählich ab (◘ Abb. 6.6).

Abb. 6.15   Nahaufnahme der Kissenlava auf Abb. 6.14. Hier gibt es Kissen mit nahezu kreisförmigem Querschnitt (ein paar davon hervorgehoben). Beachten Sie, dass die Abkühlungsklüfte (manche eingetragen) überall senkrecht zur nächstgelegenen Oberfläche des Kissens ausgebildet sind (ein Thema, das in ▶ Kap. 11 und 14 eingehender erläutert wird)

Durch die Abnahme des Wasserdrucks auf die sich gerade bildenden Kissen neigt das Gas im Inneren der Kissen zur Ausdehnung und reißt die Kissen auf. Dadurch ändert sich die Kissenlava allmählich zu einer Mischung von Kissen und Brekzien (zerbrochenem Gestein), wie wir auf Abb. 6.17 erkennen können. Durch die weitere Aufstapelung eruptierten Materials nimmt die Wassertiefe des Sees ab und explosive Aktivität beginnt mit der Bildung reiner **Brekzie** (siehe Abb. 6.9, 6.10 und 6.11). Diese Brekzie liegt auf der Kissenbrekzie (also auch auf der Kissenlava) und ist nach Osten geneigt, das heißt das Bachbett hinunter, wie vom Kontakt zwischen Kissenlava und Brekzie auf Abb. 6.15 und 6.16 klar ist.

Obwohl Kissenlava in den unteren Teilen aller Hyaloklastit-Berge vorkommt, gibt es nicht allzu viele leicht zugängliche Stellen, wo dies so deutlich zu bemerken ist -insbesondere wo der Kontakt zwischen Kissenlava und Brekzie darüber so deutlich ist wie hier (Abb. 6.17 und 6.18). Alle Hyaloklastit-Berge in Island haben denselben Aufbau: Der unterste Teil ist Kissenlava, darauf Kissenbrekzien, dann Brekzie (Abb. 6.6). Erreicht der Berggipfel (sowie der Eruptionskanal und Krater) nicht die Oberfläche des Sees, das heißt, endet die Eruption in diesem Stadium, ist das Ergebnis bei kreisförmigem Förderschlot ein **Hyaloklastit-Kegel** (Abb. 2.7) oder bei einer langen Spalte als Förderkanal ein **Hyaloklastit-Rücken** (▶ Kap. 12). Wenn jedoch der Förderschlot und seine Öffnung, der Krater, schließlich die Oberfläche des Sees erreichen und kein Wasser mehr in den Krater hineinfließt, beginnt gewöhnliche Lava zu fließen. Das Ergebnis ist ein Tafelberg (Abb. 6.5, 6.6, 11.22 und 11.23).

▫ Abb. 6.16   Nahezu kugelförmiges Kissen mit kreisförmigem Anschnitt, das radiale Abkühlungsklüfte (Säulenklüfte) zeigt. Die Klüfte sind senkrecht zur Abkühlungsfläche, der Oberfläche einer Kugel, und daher radial angeordnet

Von diesem zweiten Halt aus fahren wir zurück zur Hauptstraße, Straße 365, und setzen unsere Reise nach Geysir fort. Es gibt viele schöne Gegenden unterwegs, einschließlich dem See **Laugarvatn,** einem beliebten Fremdenverkehrsgebiet, insbesondere weil geothermisches Wasser in den kalten See hineinfließt und Schwimmen ermöglicht. Es gibt dort auch viele touristische Einrichtungen. Alle Berge um Laugarvatn herum und den gesamten Weg bis Geysir entlang sind Hyaloklastit-Berge. Aber sie zeigen uns nichts Neues mehr, sodass wir nach Geysir weiterfahren (▫ Abb. 6.18).

◘ **Abb. 6.17**   Der Kontakt zwischen Kissenlava und Kissenbrekzie ist angedeutet, ebenso der graduelle Übergang von Kissenbrekzie zu Hyaloklastit

◘ **Abb. 6.18**   Nahaufnahme eines Teils des Kontakts auf ◘ Abb. 6.17

Geysir

© Springer-Verlag GmbH Deutschland 2018
Á. Gudmundsson, *Die faszinierende Geologie von Islands Südwesten*,
https://doi.org/10.1007/978-3-662-56025-9_7

Der (Große) Geysir ist wohl der berühmteste Geysir der Welt und unser **zehnter Halt (10)**, siehe ▫ Abb. 4.1. Die Lage des Geysir-Gebiets ist auf ▫ Abb. 2.2 dargestellt. Geysir ist Namensgeber für alle heißen Springquellen. Der **Große Geysir** und der nahe **Strokkur** (und gelegentlich ein paar andere heiße Quellen desselben Gebiets) sind die einzigen eruptierenden heißen Quellen, also Springquellen, in Europa. Der Große Geysir ist heute kaum aktiv; er eruptiert sehr selten – nur wenige male im Jahr. Die Höhe der Fontäne (Wassersäule) während einer Eruption beträgt meist weniger als 10 m. Dies ist deutlich weniger, sowohl was die Höhe der Fontäne und, vor allem, die Häufigkeit von Eruptionen angeht, als beim nahe gelegenen Strokkur.

Strokkur eruptiert derzeit durchschnittlich alle 5 bis 10 min. Wenn Sie also eine Weile in dem Geothermalfeld bleiben, können Sie ihn sicherlich eruptieren sehen (▫ Abb. 6.1). Die Eruptionen sind kurz, sie dauern nur wenige Minuten, und die Höhe der Wassersäule variiert sehr. Gelegentlich werden die Fontänen bis zu 30–35 m hoch, meist jedoch nur 10–20 m (▫ Abb. 7.1, 7.2, 7.3 und 7.4). Im Gegensatz dazu gibt es Berichte aus dem ausgehenden 19. Jahrhundert, dass die Fontäne des Strokkur gelegentlich eine Höhe von 60 m erreichte.

Die Fontänen des Großen Geysirs konnten in früheren Zeiten jedoch größere Höhen erreichen. Mitte des 19. Jahrhunderts sollen sie gelegentlich bis zu 170 m hoch gewesen sein. Diese Schätzung kann jedoch zu hoch sein. Ungefähr zur gleichen Zeit belegen exakte Messungen des Wissenschaftlers Robert Bunsen, der als Erster überhaupt erklärte, wie Geysire eruptieren, nur eine maximale Höhe von etwa 54 m. Sicher ist jedoch, dass die Fontäne des Großen Geysirs im 20. Jahrhundert gewöhnlicherweise 60–70 m erreichte. Überdies wurde Geysir nach den Erdbeben in Südisland im Jahr 2000 reaktiviert und eruptierte laut Berichten bis zu Höhen von etwa 120 m (▶ Abschn. 7.2).

7.1 Eruptionsmechanismus

Daraus ergeben sich zwei Fragen. Erstens, warum ist die Aktivität in einem einzelnen Geysir zeitlich so veränderlich – insbesondere, warum hängt sie mit Erdbebenaktivität zusammen? Zweitens, was ist überhaupt der Grund für Geysireruptionen? Wir beginnen

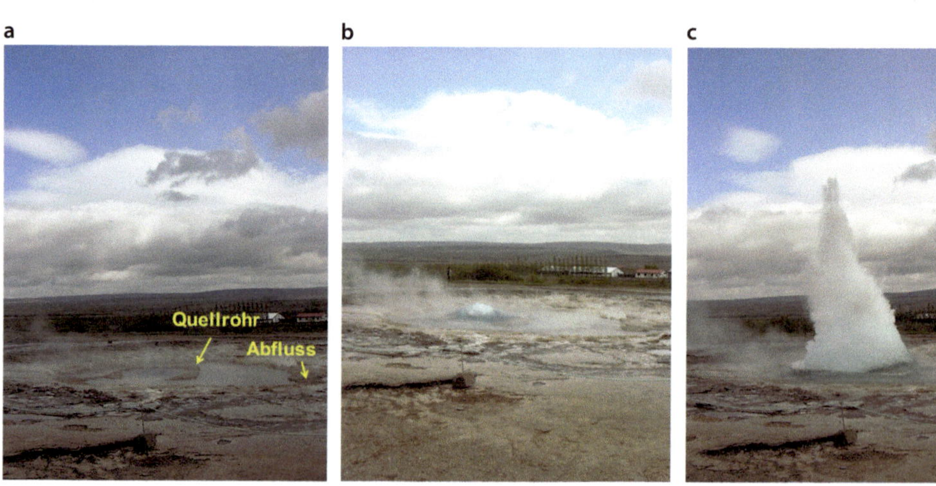

▫ **Abb. 7.1** Drei Stadien einer Eruption des Geysirs Strokkur. **a** Das Quellrohr (der „Geysirschlot") wird mit Wasser gefüllt. **b** Anschwellen der Wasseroberfläche, sodass sich eine Halbkugel über dem Quellrohr bildet, die den Beginn der Eruption anzeigt. **c** Die Eruption selbst

Abb. 7.2 Einige Eruptionen des Strokkur erreichen nicht die maximale Höhe und bleiben sehr klein. Hier ein Beispiel einer solchen „gescheiterten" Eruption

mit der zweiten Frage, die von Bunsen Mitte des 19. Jahrhunderts weitgehend beantwortet wurde.

Eruptionen in einem Geysir werden durch Sieden des Thermalwassers im Quellrohr („Geysirschlot") hervorgerufen (Abb. 7.5). Das Wasser hat überall eine Temperatur über 100 °C, und die Temperatur nimmt mit der Tiefe nach und nach zu. Allerdings steigt auch der Wasserdruck mit der Tiefe an, wie Sie es aus einem Schwimmbecken oder dem Meer kennen. Dadurch nimmt auch die Temperatur, bei der das Wasser kocht und sich in Dampf verwandelt **(Siedetemperatur)**, mit der Tiefe zu. Die Siedetemperatur liegt demnach am Grund des Quellrohrs bei weit über 100 °C. Zum Beispiel beträgt die normale Wassertemperatur in 20 m Tiefe im Großen

Abb. 7.3 Beispiel einer ziemlich großen Eruption des Strokkur. Der künstliche Abfluss (eingetragen) hilft, den Wasserspiegel im Quellrohr relativ niedrig zu halten, um Sieden und damit Eruptionen zu begünstigen

Geysir 120 °C, was aber nicht zum Sieden ausreicht. Um den Siedepunkt zu erreichen, muss das Thermalwasser überhitzt werden. Wenn dies geschieht, beispielsweise weil noch heißeres Wasser in passender Tiefe ins Quellrohr strömt, beginnt es zu kochen und es kommt normalerweise zu einer Eruption.

Im Detail ist der Ablauf dann folgendermaßen. Wenn das Wasser in einer bestimmten Tiefe im Quellrohr siedet (Abb. 7.5), wird das Wasser darüber etwas angehoben. Warum? Weil durch das Erhitzen das Wasservolumen vergrößert wird, während sich zur gleichen Zeit **Blasen** bilden und wachsen,

Abb. 7.4 Große Eruption des Strokkur

was zu weiterer Volumenzunahme des Wassers führt. Das Volumen des zylindrischen Quellrohrs bleibt im Prinzip immer gleich, sodass die einzige Weise, wie das zusätzliche Wasser- und Dampfvolumen aufgenommen werden kann, die **Anhebung der Wasseroberfläche** ist. Und genau dies sehen Sie während der Vorbereitung einer Eruption (Abb. 7.1a und b). Wenn die Oberflä-che sehr schnell abgekühlt wird, weil zum Beispiel ein starker, kalter Wind weht, reicht das Sieden möglicherweise nicht für eine Eruption aus. Normalerweise führt jedoch die Druckabnahme – durch Volumenzunahme und Wasserüberlauf an der Oberflä-che (Abb. 7.1b) – zu weiterem Kochen im oberen Teil des Quellrohrs. Dadurch kommt es zur Eruption (Abb. 7.1c).

7

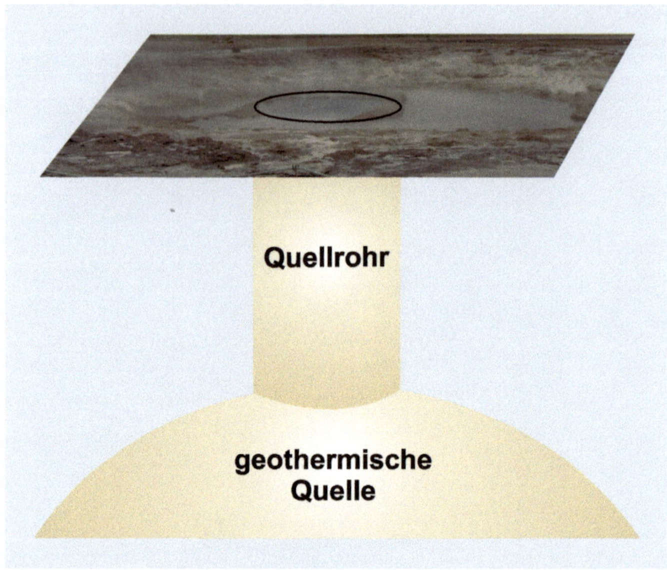

Abb. 7.5   Schematische Darstellung des Quellrohrs („Schlots") eines Geysirs. Das Quellrohr ist meist etwa ein Zylinder, in den heißes Wasser strömt. Hier verwende ich den Rand des Quellrohrs von Strokkur als Modell (Abb. 7.1a). Die Geothermalquelle ist verallgemeinert dargestellt. Wasser kann von allen Seiten ins Quellrohr strömen, nicht nur von unten, sondern auch durch die Wände des Quellrohrs, meist durch schmale Brüche. Ist das Quellrohr erhöhter Belastung ausgesetzt, wie bei einem Erdbeben, konzentrieren sich Spannungen, das heißt, sie nehmen rund ums Quellrohr zu. Dies zeigt sich als Öffnung oder Wiederöffnung von Brüchen, wodurch häufig der Zustrom von Thermalwasser ins Quellrohr in verschiedenen Tiefen zunimmt

Wenn die Eruption beginnt, verlässt Wasser das Quellrohr (nach oben in die Luft), was den Wasserdruck im Rohr weiter verringert. Dadurch setzt sich das Sieden weiter **hinab ins Quellrohr** fort, sodass sich mehr Dampf bildet und mehr Wasser in die Luft geschossen wird. Dadurch erfolgt eine Eruption gewöhnlich in mehreren Schüssen von Wasser in rascher Folge (Abb. 7.3 und 7.4). Nach diesen Schüssen ist das restliche Wasser im Quellrohr so überhitzt, dass es sich sofort in Dampf umwandelt. Die restliche Eruption ist daher primär eine lärmende Dampferuption. Nach der Eruption füllt sich das Quellrohr allmählich wieder, weil Thermalwasser ständig durch Brüche zum Quellrohr strömt, und das Ganze beginnt von vorne (Abb. 7.1). Ein Großteil des Wassers der Fontäne fällt zurück ins Quellrohr (Abb. 7.6), oder fließt aus der umgebenden Schüssel wieder zurück. Ein Teil jedoch fließt in einem kleinen Wasserlauf davon (Abb. 7.1b und 7.3).

Der klassische Ablauf der Ereignisse von einer großen Eruption bis zur nächsten ist wie eben beschrieben. Viele Faktoren können jedoch die Eruptionsszenarien beeinflussen. Viele Eruptionen sind daher klein und unvollständig (Abb. 7.2), und ihre Größenverteilung folgt vermutlich einem Potenzgesetz (► Kap. 6). Das Quellrohr wird dadurch nirgendwo annähernd geleert, sodass die Zeit bis zur Auffüllung und Bereitschaft zur nächsten Eruption oft sehr kurz ist. Es gibt noch einige andere Faktoren, die die Größe und Häufigkeit von Eruptionen beeinflussen. Ein bereits genannter ist das Wasser. Schnelle Abkühlung des Oberflächenwassers durch Wind kann eine Eruption für eine Weile verhindern. Ein anderer Faktor ist die Zuflussrate von Wasser ins Quellrohr (Abb. 7.5). Diese ist variabel, wie

◘ Abb. 7.6 Ein Großteil des Wassers einer Fontäne des Strokkur fällt zurück in die Schüssel um das Quellrohr, wie hier zu sehen ist. Ein relativ kleiner Teil des Wassers fließt vom Geysir weg, vor allem durch einen künstlichen Abfluss (◘ Abb. 7.1a und 7.3)

auch die Wassertemperatur. Generell verändern sich Geothermalfelder wie das Geysir-Gebiet (mit dem formellen Namen **Haukadalur,** „Haukar-Tal") ständig. Zum Beispiel hängt das Zuströmen von Wasser zum Quellrohr von der Öffnungsweite der Brüche ab, durch die das Wasser fließt. Die Öffnungsweiten ändern sich mit der Zeit durch Mineralisierung. Dies bedeutet, dass Partikel beziehungsweise aus dem Thermalwasser ausgefallene Minerale allmählich die Brüche füllen und versiegeln. Dadurch werden die Brüche verengt und teilweise verschlossen. Selbst eine kleine Veränderung der Öffnungsweite eines Bruchs hat großen Einfluss auf seine Fähigkeit, Wasser zu leiten. Womit wir zu der Frage kommen: Warum überhaupt gibt es in Island und insbesondere in Haukadalur Geothermalfelder?

7.2 Geothermalfelder

Alle Geothermalfelder, ob mit oder ohne Geysiren, hängen mit Regen (in Island auch Schnee) zusammen, der bis in große Tiefen in der Kruste vordringt, erhitzt wird, und dann als heißes Wasser zur Oberfläche aufsteigt. Der Überbegriff für Sprühnebel, Regen, Graupel, Schnee und Hagel –kondensiertes Atmosphärenwasser, das auf die Erdoberfläche fällt – ist **Niederschlag (Präzipitation).** Ein Teil des Niederschlags fließt in Bächen und Flüssen davon, aber ein Teil versickert im Boden und dringt ins Gestein darunter vor (es „migriert"). Das Wasser, das im Boden und den obersten Zehnermetern Festgestein verbleibt, wird als Grundwasser bezeichnet. Dieses sehen wir in den offenen Spalten und dem See in Thingvellir (▶ Kap. 5). Etwas Wasser gelangt jedoch in noch größere Tiefen und wird in Gebieten mit vulkanischer Aktivität, aktivem Vulkanismus, in großer Tiefe zu Thermalwasser.

Wie migriert das Wasser in große Tiefen? Zum Teil durch Abkühlungsklüfte (Säulenklüfte) oder Blasen (Hohlräume durch Gasentweichung), die wir in der Lava der Wände der Almannagjá (◘ Abb. 5.5 und 5.6, Kap. 5) und den Kissenlaven (◘ Abb. 6.14 bis 6.18, Kap. 6) gesehen haben. Ein Großteil des Wassers migriert durch Erdbebenbrüche, also Störungen, in große Tiefen. Dies ist also der Zusammenhang zwischen Erdbeben und Geysiren, wie er im Geysir-Gebiet deutlich wird. Erdbeben bilden oder erweitern Brüche, die den Zufluss von Thermalwasser zu den Geysiren verstärken. Nicht nur das. Neue oder wiedergeöffnete Brüche treten sehr wahrscheinlich gerade direkt an den Geysiren auf. Warum? Weil diese durch zylinderförmigen Quellrohre gespeist werden (◘ Abb. 7.1a und 7.5) und alle derartigen Hohlräume dazu neigen, **Spannungen zu verstärken,** das heißt Spannungen zu konzentrieren. Während der Erdbeben werden also Spannungen an den Quellrohren der Geysire konzentriert (◘ Abb. 7.5), sodass neue Brüche an den Quellrohren und in deren Umgebung entstehen oder alte dort wiedergeöffnet werden.

Es spielt dabei auch keine Rolle, ob die Erdbebenbrüche selbst das Geysir-Gebiet erreichen. Bei allen Erdbeben sind Spannungen (und Verformungen) beteiligt und diese werden an den Quellrohren der Geysire verstärkt. Die neuen sowie die wiedergeöffneten oder reaktivierten Brüche an und um die Quellrohre tragen zur Aktivität der Geysire auf zweierlei Weise bei. Erstens ermöglichen sie normalerweise (jedoch nicht immer) mehr Zufluss von Thermalwasser in die Quellrohre, sodass diese schneller gefüllt werden. Zweitens verändern sie die Zuflusswege und ermöglichen es heißerem Wasser, das Quellrohr in geringerer Tiefe zu erreichen. Dadurch begünstigen sie Eruptionen in der bereits erörterten Weise (▶ Abschn. 7.1). Die Brüche, die Wasser in die Quellrohre eruptierender Geysire und allgemein in heiße Quellen befördern, sind normalerweise winzig. Zum Beispiel beträgt der Volumenstrom des Großen Geysir (anders ausgedrückt: das Volumen des Thermalwassers, das aus dem Großen Geysir fließt) ungefähr 1,5 l/s. Ein **einzelner Bruch** mit einer Länge von wenigen Dezimetern und einer Öffnung von etwa einem Millimeter würde theoretisch ausreichen, das gesamte Wasser für die Aktivität des Großen Geysirs zu liefern.

Die Reaktivierung von Brüchen führt normalerweise zu vermehrter Aktivität der Geysire, jedoch nicht immer. Während die Reaktivierung im Allgemeinen dazu führt, dass Fluide leichter durch das Gestein strömen können, das heißt die **Permeabilität** zunimmt, verändern sich auch die Fließwege. Dies bedeutet, dass auch kühleres Wasser als vorher ins Quellrohr gespritzt wird. Andererseits kann es sein, dass das heiße Wasser, das zur Eruption führte, nicht mehr in derjenigen Tiefe ins Quellrohr gelangt, wo es Sieden verursachen und eine Eruption auslösen kann. Vielmehr strömt es in einer größeren Tiefe zu, wo der Druck so hoch ist, dass das Wasser bei dieser Temperatur nicht kochen kann. Auch in anderen Szenarien können Erdbeben die Situation in und um die Geysire so verändern, dass sie Eruptionen eher behindern als sie zu begünstigen. In den meisten Fällen jedoch erhöhen Erdbeben die Wahrscheinlichkeit für eine Eruption in Geysiren, wie Sie dem folgenden Bericht entnehmen können.

7.3 Geysire und Erdbeben

Der Zusammenhang zwischen Erdbeben und der Aktivität von Springquellen im Geysir-Geothermalfeld ist unbestritten. Schriftlichen Berichten zufolge scheint der Große Geysir nach großen Erdbeben in Südisland **im Jahr 1294 aktiv** geworden zu sein. Er kann natürlich bereits viel früher aktiv gewesen sein, doch dies sind die ältesten schriftlichen Berichte in den Annalen davon. Selbst wenn er früher aktiv war, mag er für lange Zeit vor den Erdbeben 1294 geschlummert haben und wurde daher nicht in den Annalen erwähnt.

Später haben starke Erdbeben die Aktivität des Großen Geysirs beeinflusst. Zum Beispiel war der Große Geysir vor den großen Erdbeben in Südisland 1896 im Grunde untätig, doch nach diesen Erdbeben gab es jeden Tag viele lang andauernde Eruptionen. Die Aktivität nahm in den nächsten Jahrzehnten ab. Abflussrinnen (um den Wasserspiegel im Quellrohr abzusenken) und das Hinzufügen von Schmierseife ins Wasser des Quellrohrs (um die Wasseroberfläche leichter aufreißen zu lassen) führten weiterhin zu Eruptionen. Geysir war jedoch im Grunde Jahrzehntelang vor den Erdbeben im Jahr 2000 in Südisland untätig (▶ Kap. 14), als er wieder eine Zeit lang sehr aktiv wurde. Messungen zeigen, dass in den Tagen nach den Erdbeben im Juni 2000 die Fontänen mehr als 120 m hoch wurden. Die Aktivität nahm jedoch schnell wieder ab. Wie oben erwähnt sind die Eruptionen derzeit sehr selten und klein.

Eine ähnliche Geschichte gilt für Strokkur. Wie beim Großen Geysir ist unbekannt, wann seine Aktivität begann. Nach starken Erdbeben im Jahr 1789 jedoch – den größten historischen Erdbeben in Südisland – traten nach einer beträchtlichen Zeit der Ruhe wieder merkliche Eruptionen auf. Nach diesen Erdbeben eruptierte Strokkur häufig und mit starker Kraft; in der Tat waren seine Eruptionen zu jener Zeit spektakulärer als die des Großen Geysir. Die Erdbeben 1896, die die Aktivität des Großen Geysir erneuerten, hatten auf Strokkur jedoch die gegenteilige Auswirkung: Er wurde untätig. Strokkur blieb überwiegend untätig, bis 1963 ein Zehnermeter tiefes Loch bis zum Grund seines Quellrohrs gebohrt wurde. Seither eruptiert Strokkur durchschnittlich alle 5 bis 10 min.

7.4 Die Wärmequellen

Wie entsteht das Thermalwasser überhaupt – warum wird das Wasser heiß? Einfach gesagt **steigt** die **Temperatur** der Gesteine in der Erdkruste überall **mit der Tiefe.** Im weltweiten Durchschnitt nimmt die Temperatur etwa 25 °C pro Kilometer zu. Die Temperaturzunahme mit der Tiefe in der Kruste erfolgt in aktiven Vulkangebieten (sowie allgemein an Plattengrenzen) jedoch viel schneller. Zum Beispiel steigt die Temperatur im Oberrheingraben in Südwestdeutschland, der vulkanisch aktiv ist (obwohl nicht mehr viel) und eine relativ dünne Erdkruste aufweist, um bis zu mehr als 50 °C pro Kilometer Tiefe an. In Gebieten mit starker vulkanischer Aktivität wie Island beträgt die Temperatur in einem Kilometer Tiefe in den Vulkanzonen gewöhnlicherweise 200 °C oder mehr. Tatsächlich ist dies die Definition eines **Hochtemperatur-Geothermalfelds** in Island: Die Wassertemperatur in einer Tiefe von 1000 m ist höher als 200 °C. Im Gegensatz dazu wird ein Geothermalfeld als **Niedrigtemperatur-Geothermalfeld** bezeichnet, wenn die Temperatur in einer Tiefe von 1000 m weniger als 150 °C beträgt. Über ganz Island verteilt gibt es mehr als 250 Niedrigtemperaturgebiete, jedoch nur 32 eindeutige Hochtemperaturgebiete – eines davon das Geysir-Gebiet.

Warum nun wird die Erde in der Tiefe heißer – was sind die Wärmequellen? Für die Erde als Ganzes ist die Wärmequelle vor allem **radioaktiver Zerfall** von Elementen, die angehäuft wurden, als die Erde entstand. Wärme entsteht in der Kruste durch radioaktiven Zerfall, strömt jedoch auch aus dem **äußeren Erdkern,** welcher geschmolzen ist, durch den Erdmantel (teilweise als **Manteldiapire,** zylinderförmige Körper teilweise geschmolzenen Materials, von denen einer Island bildet) und die Erdkruste an die Oberfläche. In Vulkangebieten wie Island gibt es lokale Wärmequellen, vor allem oberflächennahe Magmakammern und dazugehörige Intrusionen des Typs, den wir in Stardalur in Esja in ▶ Kap. 4 gesehen haben. Daher liegen die meisten Hochtemperaturgebiete in oder nahe von aktiven **Zentralvulkanen**, mit denen sie in Bezug stehen – ein hervorragendes Beispiel dafür ist Hengill (▶ Kap. 12).

Das Hochtemperatur-Geothermalfeld Geysir oder Haukadalur ist dahingehend recht besonders, dass in den letzten 10.000 Jahren in diesem Gebiet kein Vulkanausbruch erfolgte und es daher nicht als vulkanisch aktiv angesehen wird. Es liegt eher am **Rand** der aktiven Vulkanzone (◘ Abb. 2.2). Es war vermutlich ein aktiver Vulkan vor Jahrzehntausenden, scheint jedoch heute untätig oder völlig erloschen zu sein. Freilich mögen in der Tiefe unter dem Geysir-Gebiet einige Intrusionen, also abkühlende Magmakörper, liegen, selbst wenn es in den letzten 10.000 Jahren keinen Vulkanausbruch gab. Es ist bekannt, dass die meisten magmagefüllten Brüche bzw. Gänge (▶ Kap. 11) niemals die Oberfläche erreichen und Magma für Vulkanausbrüche liefern, und

manche mögen sich unter dem Geysir-Gebiet ausgebreitet haben, ohne auszubrechen. Es ist jedoch wahrscheinlicher, dass das Wasser im Geysir-Gebiet durch die Zirkulation durch tiefreichende Brüche aufgeheizt wird, von denen viele mit Erdbeben zusammenhängen. Das Wasser kann durch solche Brüche Tiefen von einigen Kilometern erreichen (◘ Abb. 4.5 und 5.17) und dann zur Oberfläche migrieren, wo es heiße Quellen und Springquellen bzw. Geysire, speist. Wenn das Wasser schließlich in den heißen Quellen und Geysiren an die Oberfläche gelangt, ist es lange Zeit durch die Gesteine geströmt. Einige Thermalwässer Islands zirkulieren **Jahrtausende** lang durch die Kruste, andere nur Jahrzehnte oder Jahrhunderte, bevor sie als heiße Quellen zur Oberfläche kommen.

Abschließend möchte ich erneut betonen, dass die Bruchnetzwerke, welche das Thermalwasser in den meisten Geothermalfeldern weltweit durch Gesteine strömen lassen, **durch Erdbeben aufrechterhalten** werden. Wenn sich in einem Geothermalfeld eine Zeit lang keine Erdbeben ereignen, füllen sich Brüche oder andere Hohlräume leicht mit Sekundärmineralen (Zeolithen, Kalzit, Quarz usw.), die das Strömen von Wasser hemmen. Um also die Fluidströmung in einem Geothermalfeld aufrechtzuerhalten, die Permeabilität konstant zu halten, sind von Zeit zu Zeit Erdbeben nötig, und genau dies ist seit Jahrhunderten im Geysir-Gebiet zu beobachten.

Gullfoss

© Springer-Verlag GmbH Deutschland 2018
Á. Gudmundsson, *Die faszinierende Geologie von Islands Südwesten*,
https://doi.org/10.1007/978-3-662-56025-9_8

Die Fahrt von Geysir zum Wasserfall Gullfoss auf Straße 35 ist kurz. Der Wasserfall bildet den **elften Halt (11)** (siehe ◧ Abb. 8.1). Die wichtigsten Strukturen auf dem Weg sind die Hyaloklastit-Berge nördlich von Geysir und, bei guter Sicht, der südliche Teil des **Langjökull** („langer Gletscher"). Um jedoch die Gletscher oder Eiskappen wirklich zu genießen, muss man nah herangehen, was die jetzige Tour sprengen würde. Wir fahren also weiter zum Gullfoss, dem berühmtesten Wasserfall Islands.

8.1 Warum hat Gullfoss zwei schräge Stufen?

Gullfoss („Goldwasserfall") liegt im Gletscherfluss **Hvítá** („Weißer Fluss"). Die Schönheit des Gullfoss kommt insbesondere von den **zwei** den Wasserfall aufbauenden **Stufen** mit einer Gesamthöhe von 32 m. Diese Stufen bilden miteinander einen kleineren (spitzen) Winkel von etwa 60° – und somit einen größeren (stumpfen) Winkel von ungefähr 120° (◧ Abb. 8.2). Genauer gesagt hat der obere Wasserfall, also die obere Stufe, eine Richtung (ein „Streichen") von etwa 75° (der Winkel wird immer in Bezug zu geographisch Nord angegeben), hingegen der untere Wasserfall, die untere Stufe (hinunter in das hauptsächliche Flussbett, die Hauptschlucht), eine Richtung von ungefähr 15°. Das hauptsächliche Flussbett südwestlich des Gullfoss weist eine durchschnittliche Streichrichtung von etwa 40° auf. Alle diese Bruchrichtungen sind auf ◧ Abb. 8.2 schematisch dargestellt.

Dieselben Hauptrichtungen sind auch an anderen Stellen im Südwesten entlang des Flussbettes zu sehen. Dies bedeutet, das Flussbett selbst streicht ungefähr 40° und wird von Brüchen mit den anderen beiden Richtungen

◧ **Abb. 8.1**   Überblick über den Wasserfall Gullfoss mit Blick nach Osten. Der Wasserfall im Fluss Hvítá (◧ Abb. 8.2) besteht aus zwei Hauptstufen mit einer Gesamthöhe von 32 m

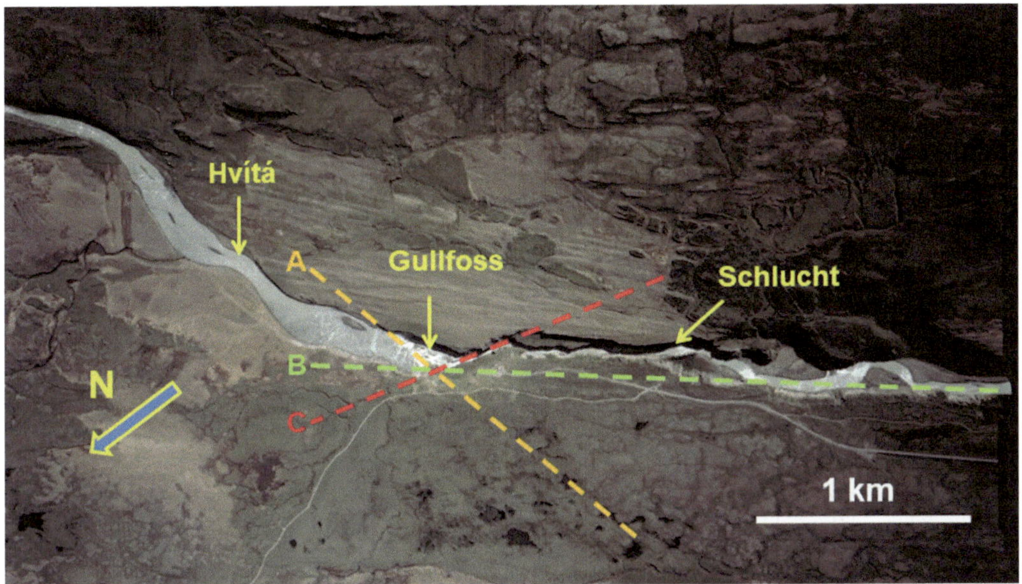

◻ Abb. 8.2   Luftbild der Schlucht des Flusses Hvítá, Hvítárgljúfur und Gullfoss. Die Richtungen der beiden Hauptstufen, die Gullfoss aufbauen, sind sehr unterschiedlich und unterscheiden sich auch von der Richtung der Hauptschlucht selbst. Alle drei Richtungen hängen mit Erdbebenbrüchen, also Störungen, zusammen. Die Hauptschlucht, parallel zur grünen Strichellinie B, hängt mit einer Störung zusammen, einer Abschiebung, vielleicht ursprünglich ähnlich der Almannagjá (▶ Kap. 5), und streicht etwa 40°. Die obere Stufe, in etwa parallel zur orangefarbenen Strichellinie A, hängt wie auch die untere Stufe, parallel zur roten Strichellinie C, mit einer Störung zusammen. Alle drei Störungensrichtungen, A, B, und C, sind typisch für Südisland. A wird als sinistrale oder links-laterale Blattverschiebung bezeichnet, C als dextrale oder rechts-laterale Blattverschiebung. Mit diesen geowissenschaftlichen Einzelheiten müssen Sie sich hier nicht befassen. Sie sind jedoch erwähnt, falls Sie das Störungsmuster – hier und in späteren Kapiteln – detaillierter kennenlernen möchten. Die geographische Nordrichtung (N) ist als blauer Pfeil eingetragen sowie ein Maßstab, das heißt die Länge eines Kilometers (1 km)

geschnitten – eine von etwa 15° und die andere von 75°. Diese Bruchrichtungen sind auch in einigen benachbarten Flussbetten sowie überall in Südisland erkennbar. Diese Richtungen zeigen klar Systeme oder Scharen von Erdbebenbrüchen an und sind einfach zu erklären. Brüche mit einer Streichrichtung von ungefähr 40°, das heißt Nordost–Südwest streichend, charakterisieren alle Vulkansysteme in der Südhälfte Islands, wie auch die Westliche und die Östliche Vulkanzone (◻ Abb. 2.2). Wie Sie bereits von der Reykjanes-Halbinsel und Thingvellir wissen (▶ Kap. 2, 5 und 6), sind die größeren Brüche mit dieser Streichrichtung meist **Abschiebungen.** Dies gilt auch für den Bruch, der die Hauptschlucht des Flusses südwestlich des Gullfoss bildet (auf ◻ Abb. 8.2 mit B bezeichnet). Dies bedeutet, dass sich die Hauptschlucht vermutlich entlang einer Abschiebung entwickelte, die auch Zugbrüche beinhaltet, die ursprünglich teilweise ähnlich der Almannagjá waren (◻ Abb. 5.1, 5.2 und 5.8).

Die beiden anderen Richtungen, 15° (auf ◻ Abb. 8.2 mit C bezeichnet) und 75° (A auf ◻ Abb. 8.2) fallen mit wohlbekannten Bruchsystemen zusammen, die in ganz Südisland zu Erdbeben führen. Diese Bruchsysteme sind Störungen, die im gleichen Spannungsfeld entstehen (oder sich bewegen), welches die derzeit aktive **Südisländische Seismische Zone** bestimmt (▶ Kap. 9 und 14). Überall in Südisland gibt es Störungen mit diesen beiden Richtungen: Eine ist Nordnordost–Südsüdwest (etwa 15° am Gullfoss, leicht variierend), die andere Ostnordost–Westsüdwest (ungefähr 75° am Gullfoss, aber ebenso etwas variierend). Im Gegensatz zu den Abschiebungen in Thingvellir wie der Almannagjá, wo die Bewegung der Wände der Störung in erster Linie vertikal erfolgt (die Störungsfläche hinauf beziehungsweise hinunter; ◘ Abb. 4.14 und 5.9), sind die Bewegungen der Störungen, die die Südisländische Seismische Zone charakterisieren, überwiegend horizontal. Solche Störungen werden als **Blattverschiebungen** bezeichnet. Die San-Andreas-Störung in Kalifornien (in den Vereinigten Staaten von Amerika) gehört zu den berühmtesten Beispielen für solche Störungen. Wunderschöne Beispiele dieses Störungstyps sind in einigen der Hyaloklastit-Berge in Südisland zu sehen. Vielleicht das beste Beispiel ist **Vördufell**, den ich am zwölften Halt dieser Tour erläutern werde.

Die Erdbebenbrüche bieten also Schwächezonen im Gestein. Diese kann das Wasser des Flusses Hvítá leicht erodieren und eine große Schlucht bilden (◘ Abb. 8.2, 8.3, 8.4, 8.5). Die Hauptschlucht (◘ Abb. 8.2) folgt der stärker durch Brüche zerlegten und daher leichter erodierbaren Abschiebung. Sie wird nach dem Flussnamen als **Hvítárgljúfur** („Schlucht des Weißen Flusses") bezeichnet und hat eine maximale Tiefe von etwa 70 m sowie eine Länge von ungefähr 2500 m. Die ZickZack-Geometrie des Flussbettes (◘ Abb. 8.2), insbesondere nahe des Gullfoss, folgt, wie erwähnt, den beiden anderen Richtungen der wichtigsten Erdbebenstörungen (Blattverschiebungen; A und C auf ◘ Abb. 8.2). Diese sorgen für durch Brüche zerlegte Gesteine und leichte Erosion.

◘ **Abb. 8.3**   Details des Gullfoss mit Blick nach Osten. Die obere Hauptstufe besteht aus mehreren kleineren Gesteinsstufen (die eine Folge von Kaskaden bilden). Im Gegensatz dazu ist die untere Hauptstufe eine einzelne Stufe. Die obere Stufe ist insgesamt etwa 11 m hoch, die untere etwa 21 m. Ebenso eingetragen sind grob die Richtungen der beiden Störungen, die zur Bildung der schrägen Stufen beitragen (◘ Abb. 8.2)

■ **Abb. 8.4**   Der Teil der Schlucht parallel zur Blattverschiebung (eingetragen als rote Strichellinie auf
■ Abb. 8.2 und 8.3) mit Blick nach Süden. An ihrem Südende trifft dieser Teil der Schlucht mit einem spitzen
Winkel von etwa 35° auf die Hauptschlucht

8.2 Wie entwickelte sich die Schlucht?

Wie leicht der Fluss die Gesteine **erodiert** und die Schlucht verlängert, hängt von den Eigenschaften der Gesteinsschichten selbst ab (■ Abb. 8.1, 8.3 und 8.6). Die untere Stufe des Wasserfalls und die dazugehörige Schlucht bestehen vor allem aus einem dicken Basaltlavastrom mit zahlreichen Abkühlungs- oder Säulenklüften (■ Abb. 8.4 und 8.5). Die obere Stufe besteht jedoch aus verschiedenen Gesteinsschichten. Diese Schichten sind hauptsächlich zweierlei: Basaltlavaströme mit Säulenklüften und Sedimentgesteine. Die **Lavaströme** entstanden während warmzeitlicher (interglazialer, eisfreier) Zeiträume, während die Sedimentgesteine (Gesteine, die durch Erosion und Transport von Gesteinspartikeln gebildet werden) vor allem während Kaltzeiten (glazial) der vergangenen Jahrhunderttausende abgelagert wurden (▶ Kap. 3 und 4).

Wie die Gesteinsschichten auf das fließende Wasser und seinen Druck reagieren, hängt von vielen Faktoren ab und ist nicht immer leicht vorherzusagen. Man könnte meinen, dass die „harten" Basaltlavaströme der Erosion gut widerstehen, aber dies ist nicht notwendigerweise so. Der Grund ist, dass die vertikalen Abkühlungsklüfte, **Säulenklüfte,** die Lavaströme in Hinblick auf Wasserdruck von oben schwächen. Die Widerstandsfähigkeit eines Lavastroms gegen Erosion hängt auch von dessen Schichtmächtigkeit („Dicke") ab: Dünne Schichten mit zahlreichen vertikalen Klüften werden im

Abb. 8.5 Der gleiche Teil der Schlucht wie auf ◘ Abb. 8.4, aber eine andere Ansicht. Die Schlucht besteht vor allem aus Basaltlavaströmen (eingetragen) mit zahlreichen vertikalen Abkühlungs- oder Säulenklüften. Dies sind Aa-Lavaströme, die also als eine Einheit entstanden, im Gegensatz zu den Pahoehoe-Lavaströmen, zu sehen in den Wänden der Almannagjá, die aus vielen dünnen Fließeinheiten bestehen (◘ Abb. 5.5 und 5.6). Die Abkühlungsklüfte sind in diesen Lavaströmen sehr gut ausgebildet und machen es dem Fluss leicht, diese zu erodieren

Allgemeinen leichter von fließendem Wasser erodiert als dicke Schichten.

Manche Sedimentgesteine sind verhältnismäßig hart, andere hingegen weich; die Härte hängt von deren Korngröße und anderen Eigenschaften ab. Hier sehen wir, dass der Lavastrom ganz oben größtenteils erodiert wurde. Hingegen ist die oberste Sedimentgesteinsschicht (auf der in ◘ Abb. 8.6 Menschen stehen) vergleichsweise hart – und bildet daher einen Überhang. Die Sedimentgesteinsschicht darunter wird leicht erodiert, wohingegen die unterste Sedimentgesteinsschicht vergleichsweise hart ist. Unter dieser Schicht ist wiederum ein Lavastrom, der gegen Erosion vergleichsweise widerstandsfähig ist. Diese Schichtung der oberen Gesteine spiegelt sich in der Geometrie des Wasserfalls selbst wider. Durch die Schichtung ist die obere Stufe keine einzelne Stufe, sondern besteht vielmehr aus vier bis fünf kleinen Gesteinsstufen, Kaskaden (◘ Abb. 8.1 und 8.3), die jeweils einer der Schichten auf ◘ Abb. 8.6 entsprechen.

Allmählich werden die Schichten jedoch erodiert und die Schluchten werden länger. Die Hauptschlucht Hvítárgljúfur (◘ Abb. 8.4 und 8.5) sowie auch alle Strukturen, die zum heutigen Gullfoss selbst gehören, müssen seit dem Verschwinden der Eiskappen der letzten Kaltzeit entstanden sein. Dies folgt daraus, dass Gletscher immer dazu neigen, schmale Flusstäler in größere, U-förmige Täler zu verwandeln. Dies ist nicht geschehen – die Wände der Schlucht sind offenbar vertikal (◘ Abb. 8.4 und 8.5). Die Schlucht und die gesamte zugehörige Landschaft müssen also jünger sein als die letzten Gletscher in diesem

◘ Abb. 8.6   Gullfoss bewegt sich durch die Erosion der Stufen, die den Wasserfall aufbauen, nach und nach landeinwärts. Die obere Stufe, hier mit Blick nach Osten zu sehen, besteht aus Gesteinsschichten unterschiedlicher Zusammensetzung und Härte. „Härte" bedeutet hier Widerstandsfähigkeit gegen Erosion. Die Lavaströme sind nur mittelmäßig widerstandsfähig gegenüber der Erosion durch den Fluss, da sie zahlreiche Brüche bzw. Abkühlungsklüfte enthalten (◘ Abb. 8.5), die die Gesteine leichter erodierbar („weicher") machen. Es gibt verschiedene Arten von Sedimentgesteinen hier. Abhängig von der Korngröße und anderen Faktoren sind manche Schichten vergleichsweise hart oder widerstandsfähig gegenüber der Erosion durch den Fluss, andere jedoch weicher oder weniger widerstandsfähig gegenüber der Erosion, wie eingetragen. Die unterschiedlichen Schichten spiegeln sich in den kleinen Gesteinsstufen wider, die die obere Stufe charakterisieren (◘ Abb. 8.3)

Gebiet. Dieser Teil Islands ist seit ungefähr 8000–9000 Jahren dauerhaft eisfrei. Wenn die gesamte 2500 m lange Hvítárgljúfur in den letzten 8000–9000 Jahren entstand, was wahrscheinlich ist, dann muss die Wachstums- oder Verlängerungsrate der Schlucht im Durchschnitt etwa 30 cm pro Jahr betragen haben. Dies ist dieselbe Rate, mit der Gullfoss selbst die Schlucht hinauf wandert. Im Durchschnitt bewegt sich der Wasserfall also ungefähr 30 cm jährlich weiter in Richtung Nordosten, das heißt weiter landeinwärts.

Gullfoss-Kerid (Kerið)-Reykjavík

© Springer-Verlag GmbH Deutschland 2018
Á. Gudmundsson, *Die faszinierende Geologie von Islands Südwesten*,
https://doi.org/10.1007/978-3-662-56025-9_9

Wir fahren nun weiter Richtung Reykjavík. Es gibt mehrere Straßen dorthin, aber am besten bleiben Sie auf Straße 35. Das heißt, Sie fahren zurück nach Geysir und folgen anschließend der Straße 35 (◻ Abb. 4.1). Auf dem Weg kommen Sie durch einige der wichtigsten landwirtschaftlichen Gebiete Islands und insbesondere durch mehrere Geothermalfelder. Diese Felder werden derzeit nicht mehr erkundet, aber das Thermalwasser wird zum Heizen verwendet – generell für Gebäude und besonders für Treibhäuser. Fast alle dieser Geothermalfelder hängen mit Erdbebenbrüchen zusammen. Viele Reisende besuchen **Skálholt** – ein Kathedralenstandort, der im Mittelalter einer der beiden Bischofssitze Islands war (der andere war Hólar in Nordisland) und eine Schule sowie verschiedene Betriebe umfasst. Skálholt liegt am Gletscherfluss Hvítá, dem Fluss des Gullfoss.

Ob Sie nach Skálholt fahren oder nicht, in jedem Fall ist es wert, den **zwölften Halt (12)** irgendwo in dieser Gegend einzulegen (nahe der Straße 31, die nach Skálholt führt), um einen Blick auf zwei herausstehende wenngleich nicht sehr große Berge zu werfen. Der Berg nördlich der Straße ist ein kleiner Hyaloklastit-Berg mit Namen **Mosfell** (◻ Abb. 4.1 und 9.1). Dieser Berg ähnelt denen, die wir in Thingvellir und auf dem Weg von Thingvellir nach Geysir gesehen haben. Mosfell ist mehrere Hunderttausend Jahre alt. Der Berg südlich der Straße sowie südlich von Skálholt ist viel größer und einer der deutlicher herausstehenden Berge Südislands. Sein Name ist **Vördufell** (**Vörðufell,** siehe ◻ Abb. 4.1). Vördufell ist deutlich älter als Mosfell. Genauer gesagt ist Vördufell mindestens 800.000 Jahre und vielleicht ein paar Millionen Jahre alt. Der Berg besteht zum Teil aus Hyaloklastiten, zum Teil aus Lavaströmen (◻ Abb. 9.1 und 9.2).

◻ **Abb. 9.1**   Luftansicht der Berge Vördufell und Mosfell sowie des Flusses Hvítá dazwischen mit Blick nach Norden. Die Berge sind überwiegend Hyaloklastit-Berge, die großteils von Erdbebenstörungen geformt werden, die Schwächezonen für einfache Gletschererosion darstellen

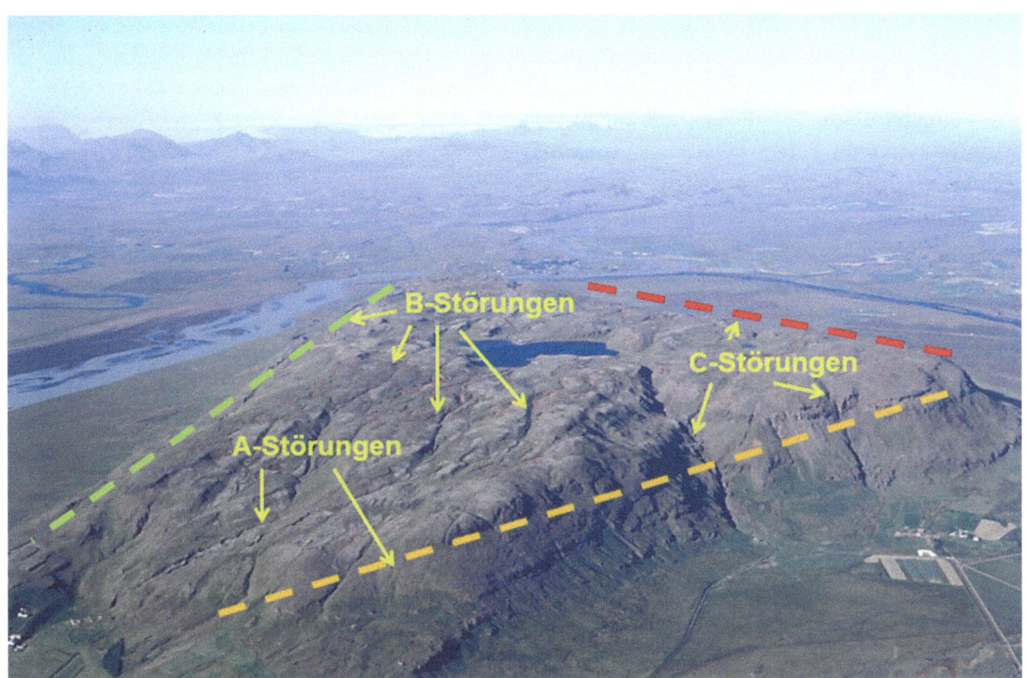

Abb. 9.2 Luftansicht des Vördufell (Blick nach Norden) mit einigen der wichtigsten Erdbebenstörungen, die den Berg geformt haben. Die Berghänge fallen grob mit den drei Hauptrichtungen von Störungen zusammen, die zusammen mit Gletschererosion dem Berg seine Dreiecks- beziehungsweise Herzform gegeben haben. Die A-Störungen sind Ostnordost–Westsüdwest verlaufende Blattverschiebungen, B-Störungen sind Nordost–Südwest verlaufende Abschiebungen und C-Störungen sind Nord–Süd verlaufende Blattverschiebungen. Dieselben Störungen treten überall in Südisland auf. Die hier für die Störungsrichtungen verwendeten Buchstaben sind dieselben wie für ähnliche Störungen am Gullfoss (siehe Abb. 8.2). Die A- und C-Störungen sind die beiden Hauptstörungsscharen, die die Südisländische Seismische Zone (siehe Abb. 2.2) bilden, und waren kürzlich während starker Erdbeben in dieser Zone aktiv (in den Jahren 2000 und 2008)

9.1 Erdbebenstörungen und Bergformen

Warum sind diese Berge von Interesse? Sie werden von genau der gleichen Art von Brüchen bzw. Erdbebenstörungen durchzogen, die auch die Geometrie des Gullfoss und den dazugehörigen Schluchten bestimmen. Wie oben erwähnt ist eine Schar von Störungen Abschiebungen von der Art, wie wir sie in Thingvellir gesehen haben. Die anderen beiden Scharen unterscheiden sich von denen in Thingvellir auf eine grundlegende Art und Weise: Die Bewegungen der Störungswände erfolgen nicht vertikal (auf und ab entlang der Störung), sondern eher horizontal und werden fachsprachlich als **Blattverschiebungen** bezeichnet. Für eine bestimmte Bewegung an einer Störungswand, dem **Gleiten,** ist das erzeugte Erdbeben (seine Magnitude) auf einer Blattverschiebung normalerweise größer als die Bewegung oder das Gleiten auf Abschiebungen wie in Thingvellir. Tatsächlich treten die **größten Erdbeben** in Island alle auf Blattverschiebungen auf. Viele ereignen sich in der Südisländischen Seismischen Zone, hauptsächlich im Gebiet südlich des Vördufell.

Die Berge werden nicht nur von Erdbebenstörungen durchzogen, die Störungen bestimmen auch weitgehend die Form der Berge. Dies ist besonders deutlich für Vördufell. Der Berg hat die Form eines Dreiecks, oder vielleicht treffender die eines Herzsymbols. Dies ist auf Abb. 9.1 und 9.2 sowie

Abb. 4.2 zu sehen. Diese Form ist in erster Linie das Ergebnis des Zusammenspiels der wichtigsten Störungsrichtungen in Südisland. Vereinfacht gesagt sind dies dieselben, die Gullfoss geformt haben (Abb. 8.2 und 8.3). Ich habe diese Hauptrichtungen schematisch auf Abb. 9.2 angedeutet. Wie beim Gullfoss bezeichne ich Ostnordost–Westsüdwest streichende Störungen mit A, Nordost–Südwest streichende Störungen mit B und Nord–Süd streichende Störungen mit C. Die Störungen bilden Schwächezonen, die durch die nachfolgende **Gletschererosion** (während der Eiszeit) leicht erodiert wurden.

Die genaue Richtung dieser Störungen variiert etwas. Zum Beispiel haben die Nordost–Südwest streichenden Störungen B am Vördufell (und dem nahen **Hestfjall**, siehe Abb. 4.1) eine Richtung von 30°, aber von 40° am Gullfoss. Dies liegt daran, dass am Vördufell die Richtung eher vom Spannungsfeld der Westlichen Vulkanzone bestimmt wird, sodass die Richtung mit Störungen in Thingvellir zusammenfällt (etwa 30°), als von dem der Östlichen Vulkanzone (40–45° am Gullfoss). Gleichermaßen können die Nord–Süd verlaufenden Störungen von etwa 15° wie am Gullfoss bis 0° (genau nach Norden) oder sogar mehrere Grad westlich der Nordrichtung, wie einige der C-Störungen am Vördufell, variieren. Die A-Störungen variieren meist zwischen 60° und 70°. Es gibt zusätzlich Nordwest–Südost verlaufende Brüche in Vördufell und in Südisland im Allgemeinen, aber wir betrachten diese an dieser Stelle nicht (sie werden in ▶ Kap. 14 erläutert und abgebildet). Die gleichen Bruchscharen treten in Mosfell auf, sind aber auf Abb. 9.1 nicht zu sehen. Andere Berge in der Nähe des Vördufell, deren Geometrie von Erdbebenstörungen bestimmt wird, umfassen Hestfjall und Ingólfsfjall (Abb. 4.1). Wir besprechen Ingólfsfjall später auf der heutigen Tour genauer.

Die Nordnordost–Südsüdwest und die Ostnordost–Westsüdwest verlaufenden Blattverschiebungen sind in großen Teilen der Südisländischen Seismischen Zone die Hauptrichtungen von Erdbebenbrüchen in den jungen Lavaströmen (siehe Abb. 2.2). Die Seismische Zone erörtere ich vor allem in ▶ Kap. 14, aber hier können wir uns fragen, wie stark Erdbeben auf den Störungen in Vördufell und den umliegenden Gebieten in Südisland werden können. Beruhend auf den Längen der Störungen (Erdbebenmagnituden nehmen normalerweise mit der Länge der Störung zu), Bewegungsmessungen und Beschreibungen von Erdbeben in den historischen Aufzeichnungen (Annalen) können sie **Magnitude 7** (M7, wobei M für Magnitude steht) übertreffen. Erdbeben, die M7 und mehr erreichen, werden als **große oder schwere Erdbeben** bezeichnet. Ungefähr 20 solche Erdbeben ereignen sich jedes Jahr auf der Erde. Aber es sind keine starken Erdbeben möglich, bei denen die Magnitude 8 und mehr beträgt. Starke Erdbeben verursachen den größten Schaden sowie Verlust von Menschenleben und Sachwerten, aber ereignen sich glücklicherweise nur alle 5–10 Jahre auf der Erde als Ganzes. Die seismischen Zonen in Island sind vermutlich zu klein, um starke Erdbeben hervorrufen zu können.

Erdbeben der Magnitude 7 verursachen im Allgemeinen große Schäden an Gebäuden und kosten Menschenleben. Bei vielen Erdbeben in Südisland kam es in historischer Zeit (den letzten 1100 Jahren) zum Einsturz von Gebäuden und dem Verlust von Menschenleben. Da wir die Kathedrale in Skálholt vor uns haben, ist es erwähnenswert, dass Gebäude in Skálholt bei Erdbeben beschädigt wurden und einstürzten. Bei vielen dieser Erdbeben waren einige der Störungen im Vördufell (Abb. 9.2) aktiv und verursachten die Schäden. In der Tat richteten die Erdbeben 1784, die laut Schätzung M7,1 erreichten, so großen Schaden in Skálholt und Umgebung an, dass der offizielle Bischofssitz von Skálholt nach Reykjavík verlegt wurde. Wir kommen in ▶ Kap. 14 zur Erdbebenzone in Südisland zurück.

9.2 Einsturzkrater

Wir fahren nun auf Straße 34 Richtung Westen, bis wir zum **dreizehnten Halt (13)** kommen, nämlich zum Krater **Kerid (Kerið).** Kerid ist ein besonders schöner Krater (■ Abb. 9.3 und 9.4) aus Schlacke und Lavafetzen, den beiden Materialien, die am häufigsten Vulkankrater aufbauen. Das Gestein ist Basalt. **Schlacke** besteht aus zerbrochenen, steifen Lavafragmenten, meist Millimeter bis Zentimeter im Durchmesser. Diese entstammen der „Gischt" der **Lavafontänen** von Spalteneruptionen wie derjenigen, die Kerid bildete. Wenn Schlackenfragmente den Boden erreichen, sind sie bereits fest und steif. Auch **Lavafetzen** kommen aus der Gischt der Lavafontäne, der Unterschied ist jedoch, dass die Klumpen noch heiß und plastisch sind, wenn sie auf den Boden fallen. Dadurch kleben die Lavaklumpen oft zu größeren abgeflachten „pfannkuchenartigen" Massen zusammen – die schließlich noch eine Weile fließfähig sind. Schlacke ist entweder schwarz oder rot (■ Abb. 9.3 und 9.4), am häufigsten schwarz. Die rote Farbe entsteht durch Oxidation, wobei sich Sauerstoff aus der Atmosphäre mit Eisen des Gesteins verbindet und die Farbe zu Rot verändert.

Da ein Kraterkegel ziemlich schnell durch den Regen aus Schlacke und Lavafetzen aus den Lavafontänen aufgebaut wird, wird ein Großteil der Hitze (aus den Lavafetzen und der Schlacke) im Inneren des Kegels eingeschlossen. Wärmeleitung in Gesteinen ist sehr langsam, sodass die Hitze nicht schnell entweichen kann, die Temperatur steigt und lokal die Schmelztemperatur des Gesteins erreichen kann. Wenn die Schmelztemperatur erreicht ist, kann ein Teil der Lavafetzen und der Schlacke wieder aufschmelzen und wie Lava, oder eher wie eine Intrusion, im Kraterkegel

■ **Abb. 9.3** Einsturzkrater Kerid. Rote Schlacke, schwarze Lavafetzen und eine verschweißte Schicht sind eingetragen. Die Tiefe des Sees (Grundwasser) beträgt etwa 10 m. Personen in der rechten unteren Ecke dienen als Maßstab

■ **Abb. 9.4**   Kerid und seine Umgebung mit Blick nach Nordosten. Kerids Querschnitt ist in der Draufsicht ellip-tisch. Die lange Achse des elliptischen Kraters mit etwa 300 m verläuft in Nordost–Südwest-Richtung, während die kurze Achse etwa 170 m und die Tiefe rund 50 m betragen

fließen. Dieser Vorgang wird als **Verschwei-ßung** bezeichnet und resultiert in lavaartigen (oder intrusionsartigen, lagergangartigen) verschweißten Schichten im Inneren des Kraterkegels. Viele verschweißte Schichten sind in Kerid zu sehen (■ Abb. 9.3 und 9.4).

Kerid ist Teil eines größeren (aber noch sehr kleinen) Vulkanfelds, dem **Grímsnes-Vulkanfeld.** Einige der Kraterkegel dieses Feldes sind als kleine Hügel auf ■ Abb. 9.4 zu erkennen. Das gesamte Feld entstand in vielen Eruptionen vor rund 8000–9000 Jahren. Alle Kraterkegel wurden durch Spalteneruptionen gebildet. Wie es für monogene Kraterkegel (aus einer Einzeleruption) gewöhnlich ist, sind die Spalten, die das Magma zu den Eruptio-nen lieferte, vergleichsweise kurz. Die längste Spalte ist ungefähr einen Kilometer lang, die meisten haben Längen von mehreren hundert

Metern. Manche Kraterkegel sind groß und stehen einige Zehnermeter aus der Umgebung heraus, im Gegensatz zu Kerid, der in erster Linie eine Senke ist und während einer Erup-tion vor rund 9000 Jahren entstand. Kerid wurde zusammen mit mehreren nahe gelege-nen Kraterkegeln aus einer rund 900 m langen Nordnordost–Südsüdwest verlaufenden Vul-kanspalte mit Magma gespeist. Diese Spalte hat die gleiche Richtung (genau 29°) wie viele der Vulkanspalten im nahe gelegenen Hengill-Vulkansystem. Dieses System erläutere ich in ▶ Kap. 12 eingehender.

Wie entstand nun Kerid? Warum unter-scheidet er sich so deutlich von vielen Krater der Umgebung? Lassen Sie mich zunächst sagen, was er **nicht** ist. Kerid ist mit Sicher-heit kein Explosionskrater, das heißt eine Senke, die durch eine Explosion entstand, als heißes Magma in Kontakt mit Grundwasser geriet. Explosionskrater dieses Typs werden auch **Maare** genannt. Sie produzieren jedoch wenig bis gar kein eruptives Material (was Kerid allerdings tat) und haben insgesamt eine andere Form als Kerid. Maare sind häufig in Island; wir werden gute Beispiele in ▶ Kap. 13 sehen. Kerid ist auch mit Sicherheit keine **Einsturzcaldera,** wofür er gewöhnlich gehalten wird. Einsturzcalderen sind sehr häufig in Island, ich habe sie bereits in ▶ Kap. 4 erörtert. Die meisten Einsturzcalderen sind kreisförmig bis etwa elliptisch in der Draufsicht. Laut Definition muss der Durchmesser der Senke mindestens einen Kilometer betragen, um als Einsturzcaldera bezeichnet zu werden. Calderen hängen bekanntermaßen auch mit Druckänderungen in oberflächennahen Magmakammern zusammen (▶ Kap. 4). Im Gegensatz dazu ist Kerid elliptisch in der Draufsicht, mit einer langen Ellipsenachse von ungefähr 300 m, einer kurzen Achse von etwa 170 m und einer Tiefe von ungefähr 50 m. Es gibt sicherlich keinen Hinweis darauf, dass Kerid zu einer oberflächennahen Magmakammer gehört. Kerid wurde jedoch eindeutig durch eine Vulkanspalte und ihrem Fördergang (dem Gang, der die Eruption gespeist hat) gebildet, und die Entstehung des Kerid hängt mit Ereignissen im Fördergang zusammen.

Wie? Während der Endstadien einer Eruption nimmt der magmatische Überdruck (der Druck, der das Magma zur Oberfläche treibt) im Fördergang normalerweise ab. Dies folgt, weil weniger Magma aus der Quelle kommt (hier einem tiefen Reservoir, Abb. 2.4). Wenn der Überdruck im Fördergang allmählich abnimmt, passiert nicht viel, und dies ist die häufigste Art einer Spalteneruption. Die Kraterkegel beenden ihre eruptive Aktivität einer nach dem andern, bis schließlich einer übrig ist, der schließlich auch erlischt. Wenn der Überdruck jedoch abrupt abnimmt, können einer oder mehrere der Kraterkegel **einstürzen**. Eine abrupte Abnahme des Überdrucks kann auftreten, wenn das Magma einen neuen Weg findet, meist zu einem Krater in geringerer Höhe an der Oberfläche. Eine abrupte Abnahme kann auch erfolgen, wenn die Verbindung des Ganges mit dem Magmareservoir in der Tiefe verschlossen wird. In beiden Fällen führt die abrupte Abnahme des magmatischen Überdrucks zu einem plötzlichen Absinken der Magmasäule unter dem Krater. Dies ist höchstwahrscheinlich der Grund für die Senke, die Kerid charakterisiert (Abb. 9.3 und 9.4).

Genauer gesagt lieferte vermutlich eine stehende Magmasäule im Förderschlot Magma zu Kerid. Solch eine stehende Magmasäule wird, wenn sie klein ist, als **Lavateich,** wenn sie größer ist, als **Lavasee** bezeichnet. Als der Überdruck im Fördergang der Magmasäule im Krater plötzlich abfiel, trocknete der Teich sozusagen aus und hinterließ die Senke, die wir als Kerid kennen. Der Prozess ist also im Grunde genommen die Bildung eines **Einsturzkraters,** einer sehr häufigen Struktur an Vulkanspalten. Weil die Senke bis unter den **Wasserspiegel** reicht (dem Niveau, unterhalb dessen das Gestein mit Grundwasser gesättigt ist, s. ▶ Kap. 5), ist der untere Teil der Senke mit Grundwasser gefüllt (Abb. 9.3 und 9.4). Der Wasserspiegel schwankt etwas, aber der See ist normalerweise ungefähr 10 m tief (schwankend zwischen 7 und 14 m). Der Grund für das Vorhandensein des Sees innerhalb von Kerid ist also im Prinzip derselbe, wie für die wassergefüllten Brüche in Thingvellir und für den See Thingvallavatn selbst (▶ Kap. 5): Der Wasserstand in beiden zeigt den Wasserspiegel, die Oberfläche des Grundwassers, an.

9.3 Felsstürze und Erdbeben

Von Kerid setzen wir unsere Fahrt auf Straße 35 zum Berg **Ingólfsfjall** fort (siehe Abb. 4.1). Dies ist ein Hyaloklastit-Berg (Abb. 9.5), im Grunde ein Tafelberg ähnlich dem Hrafnabjörg, den ich in ▶ Kap. 6 beschrieben habe. Es gibt jedoch Anzeichen, dass ein Teil von Ingólfsfjall eher während einer Eruption im Meer entstand als unter einer Eiskappe. Sein Alter beträgt mehrere

Abb. 9.5 Blick nach Norden auf die südlichen Hänge des Berges Ingólfsfjall (siehe ▪ Abb. 4.1). Der Berg besteht überwiegend aus Hyaloklastit mit zahlreichen Intrusionen wie Lagergängen. Ingólfsfjall wird von Erdbebenstörungen durchzogen, insbesondere Nord–Süd verlaufenden Störungen, von denen zwei eingetragen sind

Hunderttausend Jahre. Am auffallendsten auf den östlichen Hängen des Berges ist eine riesige Menge von Steinen, das heißt **Felsblöcken** verschiedener Größe (ein kleines Ferienhaus befindet sich zwischen einigen der größten Blöcke). Der östliche Hang selbst, der grob gesagt Nord–Süd streicht (▪ Abb. 4.1), wird zum Teil von einer **Erdbebenstörung** vom C-Typ bestimmt (▪ Abb. 9.2).

Viele – vielleicht die meisten – dieser Felsblöcke sind die Folgen von **Felsstürzen und Rutschungen,** die während Erdbeben erzeugt wurden. Viele große Erdbeben in Südisland traten nahe des Ingólfsfjall auf. Tatsächlich wird die Form beziehungsweise Geometrie des Berges von Störungen bestimmt. Daher fällt nicht nur der östliche, sondern auch der westliche Hang des Berges mit Nord–Süd verlaufenden **C-Störungen** zusammen (▪ Abb. 4.1). C-Störungen haben sich auch durch den

Berg hindurch ausgebreitet; zwei davon sind auf ▪ Abb. 9.5 angedeutet. Auch die beiden anderen Haupttypen von Erdbebenstörungen (A und B) schneiden Ingólfsfjall und weisen ähnliche Richtungen wie in Vördufell und anderswo in Südisland auf. Die jüngsten Erdbeben, die im Ingólfsfjall Felsstürze verursachten, waren die M6,5-Erdbeben im Juni 2000 (▸ Kap. 14) und das M6,3-Erdbeben im Mai 2008. Beide ereigneten sich vor allem auf C-Störungen, aber es gab auch ein Aufreißen entlang von A-Störungen. In der Tat streichen der Nord- und der Südhang des Ingólfsfjall Ostnordost–Westsüdwest und beide werden zum Teil durch **A-Störungen** bestimmt. Erdbeben treten auch häufig im nahe gelegenen Vulkan Hengill auf (siehe ▸ Kap. 12).

Wir fahren nun auf Straße 35 nach Süden, bis sie auf Straße 1 trifft, die Ringstraße, der wir bis Reykjavík folgen. In den Südhängen des Ingólfsfjall gibt es viele Senken und kleine Rinnen, die ursprünglich Erdbebenstörungen waren. Einige C-Störungen sind oberhalb des Steinbruchs zu sehen (◌ Abb. 9.5). Der Steinbruch zeigt auch die Internstruktur des Berges, der hauptsächlich aus Hyaloklastit (Tuff) besteht, aber auch aus einigen Intrusionen wie Lagergängen. Während wir Straße 1 folgen, liegt bald die Stadt Hveragerdi (siehe ◌ Abb. 4.1) rechter Hand (nördlich der Straße). Hier gibt es viele Geothermalfelder, die zum Heizen von Treibhäusern genutzt werden. Hveragerdi ist wahrscheinlich auch die Stadt in Island, wo Erdbeben am häufigsten sind. Dies zum einen wegen ihrer Lage innerhalb der Südisländischen Seismischen Zone und zum anderen, weil Erdbeben im nahe gelegenen Vulkan Hengill so häufig sind.

9.4　Lava des Jahres 1000

Wo Straße 1 den Kambar hinaufführt, liegt der Hengill-Vulkan im Norden (siehe ◌ Abb. 4.1). Das Hochland, in das wir nun kommen, ist der Mittelteil der Westlichen Vulkanzone, genauer gesagt des Hengill-Vulkansystems (◌ Abb. 2.3) – des gleichen Systems, zu dem der Thingvellir-Graben gehört. Die Abschiebungen und Gräben erstrecken sich rund 60–70 km den gesamten Weg vom nördlichen Teil Thingvellirs bis nach Süden zur Straße 1 an dieser Stelle. Die Abschiebungen zu Ihrer Rechten (nördlich der Straße) gehören alle zum Hengill-Vulkansystem (◌ Abb. 2.3). Wir sehen diese und ähnliche Störungen jedoch viel besser, wenn wir Hengill selbst besuchen (▶ Kap. 12), sodass wir hier keinen eigenen Halt einlegen, um uns hier die Störungen anzuschauen. Das Hochland selbst heißt **Hellisheidi (Hellisheiði).** Dass es sich um ein Hochland handelt, liegt an der hohen vulkanischen Produktivität in diesem Teil des Hengill-Vulkansystems. Die meisten Lavaströme im Hochland sind mehrere Tausend Jahre alt und einige der Vulkanspalten sind gut auf der rechten Straßenseite, also nördlich der Straße, zu erkennen.

Auf der Fahrt vom Hochland Hellisheidi hinunter gibt es Geothermalfelder nördlich (rechts) der Straße. Da wir bereits das Geysir-Gebiet besucht haben und später größere Geothermalfelder sehen können (▶ Kap. 12 und 13) halten wir hier nicht an, um uns diese Felder anzuschauen. Vor uns liegt jedoch ein berühmtes Lavafeld mit einem sehr deutlichen Kontakt zwischen einem jüngeren Lavastrom und einem älteren darunter (◌ Abb. 9.6 und 9.7). Es lohnt sich, hier an einem geeigneten Parkplatz zu halten: unser **vierzehnter Halt (14).** Der ältere Lavastrom heißt **Svínahraun** („Schweinelava") und ist ungefähr 5200 Jahre alt (◌ Abb. 9.7). Er ist Teil eines größeren Lavastroms namens **Leitarhraun,** der den ganzen Weg bis Reykjavík hineinfloss (▶ Kap. 3) und den ich am letzten Halt vor Reykjavík noch einmal erörtern werde.

Der jüngere (obere) Lavastrom (◌ Abb. 9.6 und 9.7) hat zwei Namen und ist historisch berühmt. Er ist bekannt als **Svínahraunsbruni** („brennende Schweinelava") aber auch als **Kristnitökuhraun** (wörtlich „Lava entstanden während der Annahme des Christentums"). Island wurde offiziell im Jahr 1000 christianisiert. Vorher glaubten die Isländer an die nordischen (Skandinavischen) Götter wie Ódin (Óðinn) und Thór (Þór). Während im Parlament in Thingvellir debattiert wurde (sechster Halt, siehe ◌ Abb. 5.1, Kap. 5), ob das Christentum statt der alten Religion (auch als Asatru oder Odinismus bekannt) offizielle Staatsreligion werden sollte oder nicht, kam ein Mann nach Thingvellir gerannt, um den Menschen zu erzählen, dass es in Svínahraun einen Vulkanausbruch gab. Diejenigen, die das Christentum nicht annehmen wollten, argumentierten, dass die Eruption zeigte, dass die heidnischen Götter erzürnt waren über den Vorschlag, das Christentum zur offiziellen Religion zu erklären. Aber einer der Häuptlinge fragte: „Was erzürnte die Götter, als der Lavastrom entstand, auf dem wir stehen?" Er sprach dabei von dem 9000–10.000 Jahre alten Lavastrom, der Thingvellir-Lava (▶ Kap. 5). Bemerkenswert daran ist, dass die Isländer damals bereits verstanden hatten, dass alle

Abb. 9.6   Blick nach Westen auf die Stelle, wo Straße 1 den Lavastrom Svínahraunsbruni schneidet, der auch als Kristnitökuhraun bekannt ist. Der Rand des Aa-Lavastroms ist hier zu sehen. Die Lava eruptierte im Jahr 1000, zu der Zeit, als in Thingvellir entschieden wurde, dass das Christentum die offizielle Religion der Isländer werden sollte

diese vergleichsweise alten Gesteine Lavaströme waren, die in Eruptionen der gleichen Art entstanden, wie sie sie seit der Besiedlung im Jahr 874 gesehen hatten.

Das Argument, dass sich der Zorn der nordischen Götter in einem Vulkanausbruch widerspiegelte, wurde dadurch als ungültig betrachtet. Das Christentum wurde per Gesetz zur offiziellen Religion der Isländer. Svínahraunsbruni oder Kristnitökuhraun wurde auf das Jahr 1000 datiert. Dies ist den schriftlichen Aufzeichnungen zufolge genau das Jahr, als die Debatte über die Religionen in Thingvellir stattfand.

Wenn Sie sich für die Nutzung geothermischer Energie interessieren, lohnt sich der kurze Weg auf Straße 378 nach Norden zum **Geothermiekraftwerk Hellisheidi (Hellisheiði)**. Das Kraftwerk ist mit einer Leistung zur Stromproduktion von etwa 300 MW (Megawatt) eines der größten seiner Art weltweit. Das Kraftwerk ist für Besucher geöffnet. Es gibt kostenlose Videos und Präsentationen über das Kraftwerk selbst, seine Funktionsweise, über geothermische Energie und zur Geologie von Island.

9.5   Der jüngste Lavastrom, der bis Reykjavík floss

Zurück auf Straße 1 fahren wir weiter nach Reykjavík. Die Straße durchquert die 1000 Jahre alte Svínahraunsbruni/Kristnitökuhraun mit Hyaloklastit-Bergen südlich der Straße und dem alten Lavaschild Mosfellsheidi (Mosfellsheiði) – den wir auf unserer Fahrt nach Thingvellir früher auf dieser Tour überquert haben – weit entfernt im Norden. Weiter nördlich befindet sich der Berg Esja, im Detail beschrieben in ▶ Kap. 4. Straße 1 liegt nur für kurze Zeit innerhalb der jungen

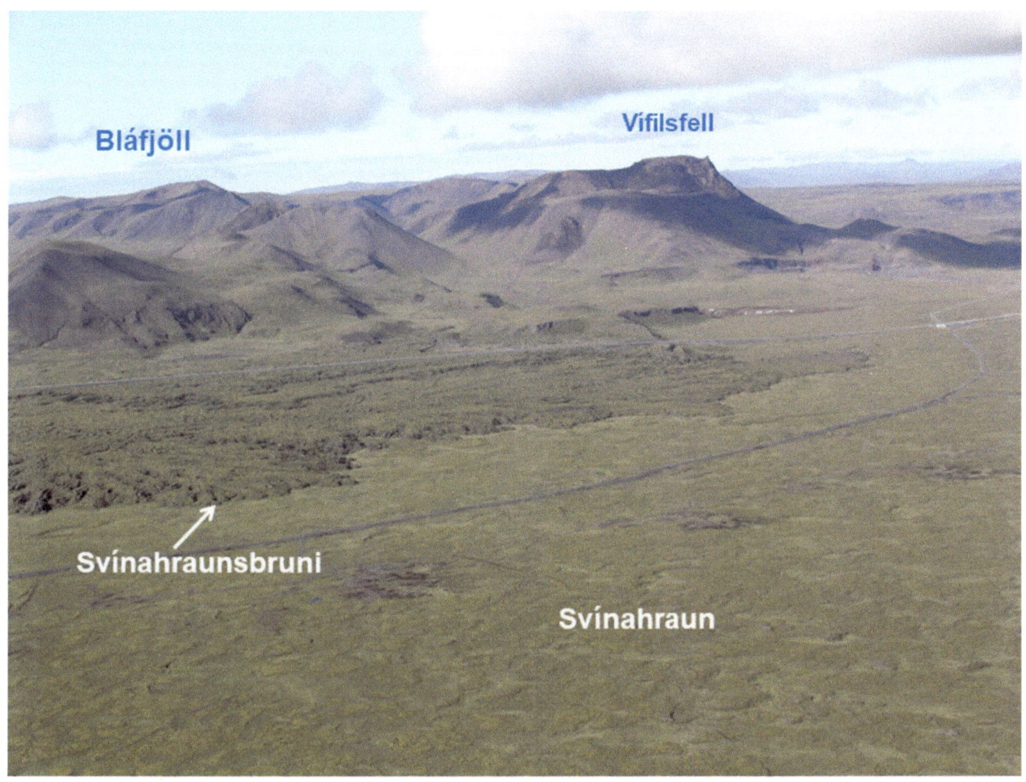

Abb. 9.7 Luftansicht eines Teils von Svínahraunsbruni, auch bekannt als Kristnitökuhraun, zum Teil den älteren Lavastrom Svínahraun bedeckend, mit Blick nach Südwesten. Straße 1 befindet sich nahe der Berge mit dem gemeinsamen Namen Bláfjöll, von denen ein Teil der Berg Vifilsfell ist

Svínahraunsbruni/Kristnitökuhraun und für den Rest der Fahrt bis zum letzten Halt vor Reykjavík führt die Straße entlang des sehr schmalen **Leitarhraun-Lavastroms.** Ein sehr schmaler Lavastrom, meist 500–1000 m, stellenweise sogar nur 100 m breit, floss vor ungefähr 5200 Jahren von Leitarhraun nach Nordwesten bis hinein nach Reykjavík (Ellidaárdalur; **Abb. 3.7, Kap. 3). In diesem Gebiet bildet dieser Lavastrom das Fundament der Straße 1 bis nach Reykjavík.

Der letzte Halt dieser Tour, der **fünfzehnte Halt (15),** ist an der Stelle, wo sich dieser schmale Lavastrom etwas verbreiterte, als er in einen flachen See oder eine Aue floss und die Kraterkegel **Raudhólar** (Rauðhólar, „Rote Hügelchen") bildete. Raudhólar (**Abb. 9.8 und 9.9) sind sogenannte **Pseudokrater** oder **wurzellose Krater.** Sie unterscheiden sich

von gewöhnlichen Kraterkegeln (Schlackenkegeln) dahin gehend, dass kein Magma aus ihnen austrat. Ihr Material stammt voll und ganz von dem Lavastrom, in dem sie auftreten. Genauer gesagt bildete sich beim Kontakt der Lava mit einer Temperatur von 1100–1200 °C mit dem kalten Wasser untermittelbar Dampf, der sich schnell ausdehnte und zu hydromagmatischen Explosionen führte. Die resultierenden Hügelchen sind die Pseudokrater, von denen Raudhólar schöne Beispiele sind. Wie wir im Zusammenhang mit Kerid gesehen haben, entsteht die rote Farbe, denen Raudhólar ihren Namen verdanken, durch **Oxidation,** der Verbindung von Sauerstoff aus der Atmosphäre mit Eisen im Gestein.

Mit der Ankunft in Reykjavík haben wir den klassischen „Goldenen Ring" beendet. Wir haben viele Erscheinungsformen der

Abb. 9.8   Blick nach Süden auf ein Teil des Feldes von Pseudokratern (wurzellosen Kratern), die als Raudhólar bekannt sind. Der Lavastrom, in dem sich die Krater befinden, ist etwa 5200 Jahre alt und floss ins heutige Reykjavík durch das Tal Ellidaárdalur (Abb. 3.7). Die Pferde dienen als Maßstab

geologischen Prozesse, die ständig in Island wirken, sowie die resultierenden Geländeformen und Strukturen betrachtet. Auf dem „Goldenen Ring" sowie der Fahrt von Keflavík nach Reykjavík und in Reykjavík selbst haben wir insbesondere folgende Geländeformen und Strukturen gesehen:

- Den internen Aufbau alter und tief erodierter Vulkane, inklusive der Dächer ihrer fossilen Magmakammern (Kap. 4).
- Vulkane, die bei Ausbrüchen unter Gletschern entstanden (Kap. 2, 4, 5 und 6).
- Junge Lavaströme, sowohl welche mit rauer Oberfläche (Aa) als auch welche mit glatterer Oberfläche (Pahoehoe) sowie Kissenlaven (Kap. 2, 3, 5, 6 und 7).
- Große Spalten und kleine Risse – Brüche – dort, wo die riesigen tektonischen Platten, die die Oberfläche der Erde aufbauen, auseinandergezogen werden (Kap. 2, 5 und 6).

- Eines der größten Grundwasserreservoire in Island (Kap. 5).
- Heiße Springquellen: Geysire (Kap. 7).
- Den zweitgewaltigsten Wasserfall Islands und seine Schlucht, deren Richtungen zum Teil durch Erdbebenbrüche bestimmt werden (Kap. 8).
- Berge, deren Geometrien weitgehend von Erdbebenbrüchen bestimmt werden (Kap. 9).
- Einen bemerkenswerten Einsturzkrater mit einem See darin (Kap. 9).
- Pseudokrater oder wurzellose Krater (Kap. 9).

Der „Goldene Ring" weist eine solche Fülle wunderschöner geologischer Strukturen auf, die die Naturkräfte und physikalischen Prozesse widerspiegeln, dass er vielleicht genug Geologie für Ihren Island-Aufenthalt beinhaltet. Für kurze Besuche Reykjavíks ist der

◼ **Abb. 9.9**   Blick nach Westen auf einen der Pseudokrater von Raudhólar. Rote Schlacke und verschweißte Schichten charakterisieren den Krater. Die Schlacke wird seit vielen Jahren für Straßenfundamente verwendet, auch die aus diesem Krater. Sie sehen also nur, was von dem ursprünglichen Krater übrig blieb

„Goldene Ring" die ideale Tour, um geologische Prozesse und Geländeformen zu entdecken. Der Ring wird normalerweise an einem Tag gefahren, wie ich auch hier angenommen habe. Wenn Sie jedoch länger im Land bleiben oder Reykjavík öfter besuchen und weitere geologische und landschaftliche Schönheiten entdecken möchten, gibt es viele zusätzliche Tagestouren von Reykjavík aus. Diese Touren zeigen beeindruckende Strukturen und geologische Prozesse und bieten hervorragende Fotomotive.

Andere geologische Tagestouren von Reykjavík aus

© Springer-Verlag GmbH Deutschland 2018
Á. Gudmundsson, *Die faszinierende Geologie von Islands Südwesten*,
https://doi.org/10.1007/978-3-662-56025-9_10

Zusätzlich zu denen des „Goldenen Rings" gibt es viele weitere geologische und landschaftliche Wunder und Schönheiten in der Nähe von Reykjavík zu entdecken. Wenn Sie schöne Berge und tiefe Täler sehen oder wandern gehen möchten, ist der Fjord **Hvalfjördur (Hvalfjörður)** direkt nördlich von Reykjavík ideal. Wenn Sie exotische Landschaften aus engen Tälern und Rücken mit jungen Lavaströmen und Kraterkegeln (von denen manche Inseln in einem See bilden) ergründen möchten, sollte der Vulkan **Hengill** östlich von Reykjavík interessant sein. Wenn Sie Seen, Geothermalfelder, Explosionskrater, Lavafelder und Küstenkliffe mögen, hat Ihnen der See **Kleifarvatn** und seine Umgebung sowie **Reykjanestá,** die Südwestspitze der Reykjanes-Halbinsel, einiges zu bieten. Und wenn Sie die berühmtesten Vulkane sowie die schönsten Basaltsäulen Islands sehen möchten, weist genau dies eine Tour zum **Eyjafjallajökull** und Reynisfjara auf.

Ich habe vier Touren ausgewählt, um einen Eindruck der Landschaften und geologischen Prozesse und Phänomene in der Nähe von Reykjavík zu ermöglichen, die die oben genannten Themen abdecken und sicherlich einen Besuch wert sind (■ Abb. 10.1). Einige der Höhepunkte dieser Touren sind auf ■ Abb. 1.6 dargestellt. Es handelt sich jeweils um Tagestouren. Manche können auch an einem halben Tag gefahren werden, je nachdem, wie viel Sie sehen und entdecken möchten und wie oft Sie anhalten. Wie oben erwähnt, decken diese Touren eine Vielfalt geologischer Prozesse, Strukturen und Landschaftsformen und -phänomene ab. Die beschriebenen Touren sind folgende:

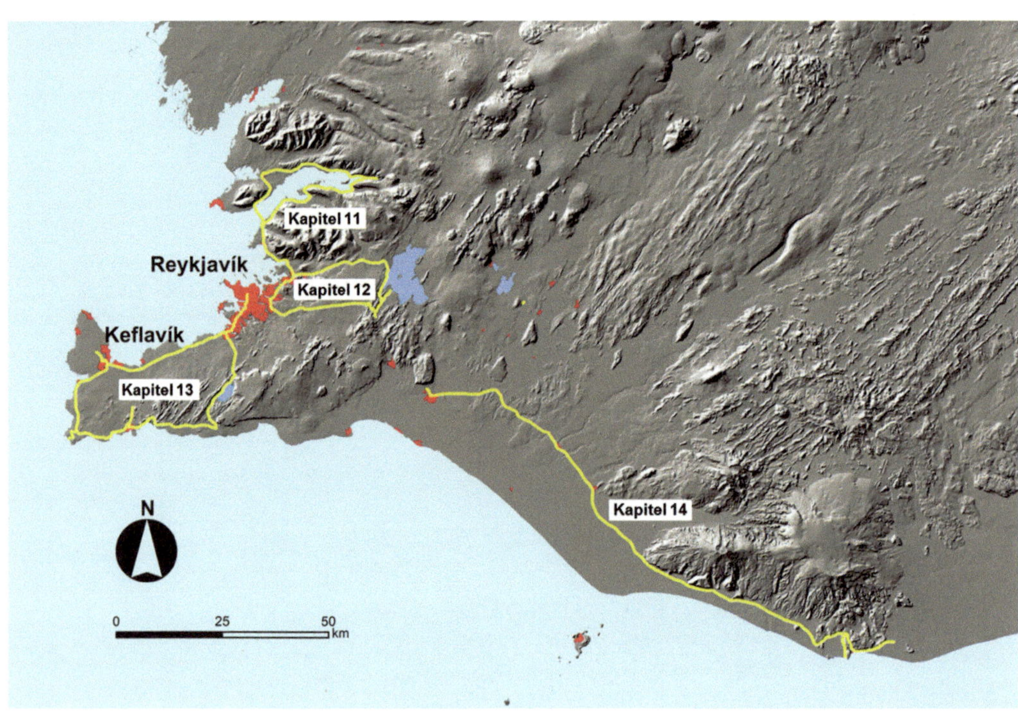

■ **Abb. 10.1**   Vier Touren zusätzlich zum „Goldenen Ring" (*„Golden Circle"*) werden in den ▶ Kap. 11 bis 14 erläutert und sind in diese Karte eingetragen. Sie führen zum Hvalfjördur (▶ Kap. 11), Hengill (▶ Kap. 12), Kleifarvatn und Reykjanestá (▶ Kap. 13) sowie Eyjafjallajökull und Reynisfjara (▶ Kap. 14)

- Reykjavík-Hvalfjördur
- Reykjavík-Hengill
- Reykjavík-Kleifarvatn-Reykjanes
- Reykjavík-Eyjafjallajökull-Reynisfjara

Ich werde nun einige der wichtigsten geologischen Strukturen, Geländeformen und Prozesse beschreiben, die auf den Touren zu sehen sind. Alle Touren sind wesentlich weniger befahren als der „Goldene Ring". Insbesondere Hvalfjördur und Hengill erhalten nicht annähernd die gleichen Besucherzahlen wie der „Goldene Ring". Daher bieten diese Orte, besonders Hvalfjördur, die Gelegenheit, einige der Schönheiten von Islands Natur in einer Ruhe zu erleben, die nur abseits der Hauptverkehrswege möglich ist. Es bleibt zu erwähnen, dass ▶ Kap. 11 und 13, das heißt Reykjavík-Hvalfjördur und Reykjavík-Kleifarvatn-Reykjanes etwas **„geologischer"** sind als andere Kapitel dieses Buches. Dies liegt daran, dass ich einige geologische Prozesse detaillierter erörtere und daher mehr Fachbegriffe und geologische Konzepte nötig sind als in den anderen Kapiteln.

Reykjavík-Hvalfjördur (Hvalfjörður)

© Springer-Verlag GmbH Deutschland 2018
Á. Gudmundsson, *Die faszinierende Geologie von Islands Südwesten*,
https://doi.org/10.1007/978-3-662-56025-9_11

Zu Beginn der Tour fahren wir denselben Weg wie zu Beginn des „Goldenen Rings" (■ Abb. 11.1). Das heißt, wir fahren von Reykjavík aus durch die Stadt Mosfellsbaer (Mosfellsbær). An der Kreuzung von Straße 1 und Straße 36 (östlich von Thingvellir) setzen wir unsere Fahrt nach Norden entlang Straße 1 zum Berg Esja fort. Die wichtigsten geologischen und landschaftlichen Phänomene der südlichen Hänge Esjas habe ich bereits erörtert, einschließlich seines flachen Gipfels und dem deutlichen Bergsturz (■ Abb. 4.3 und 4.4). Die besten Ansichten der Hänge vor Ihnen sind auf ■ Abb. 4.3a und b. Eine Luftansicht des Teils der Straße 1, die Sie Richtung Esja fahren, sehen Sie auf ■ Abb. 4.2.

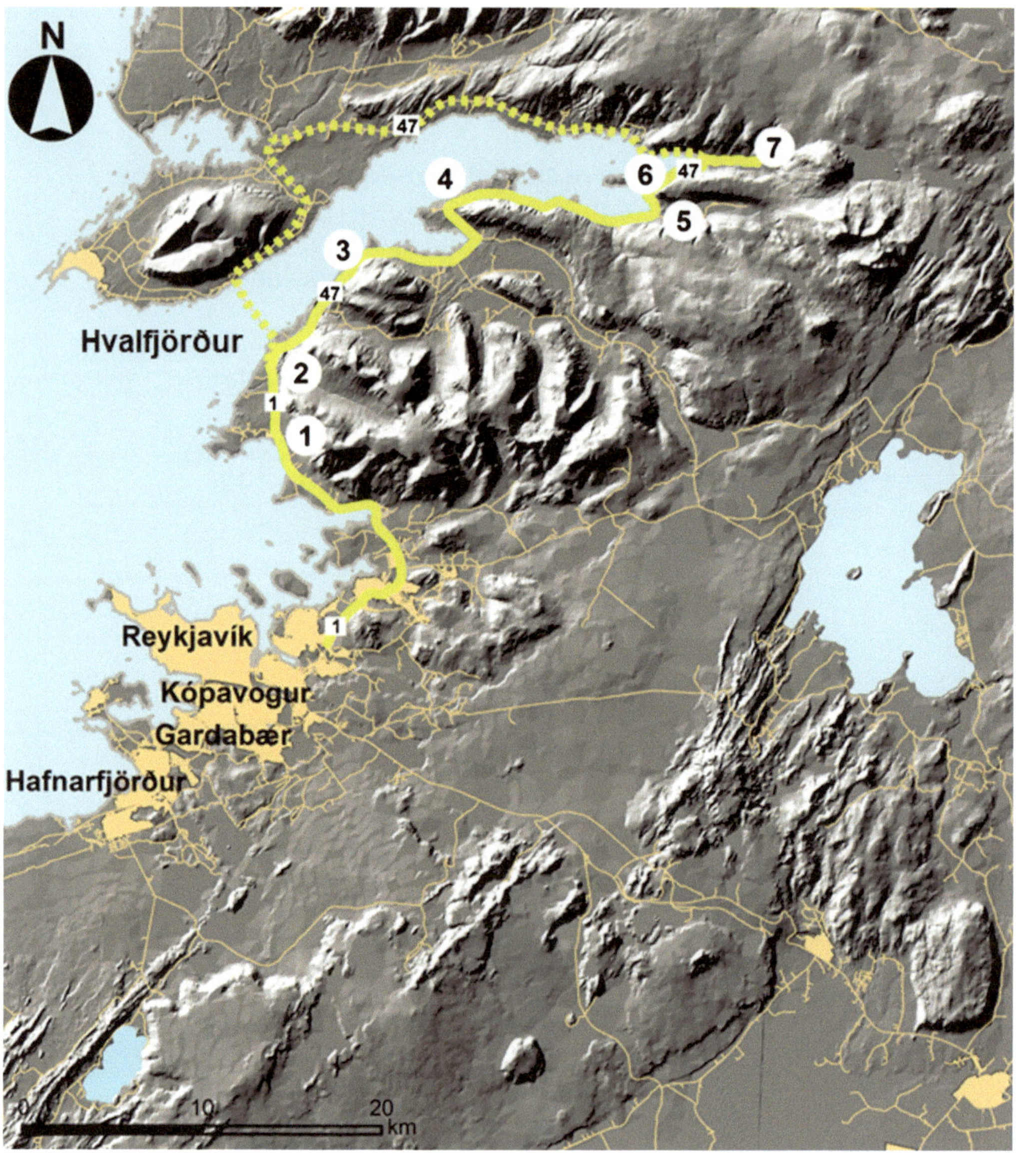

■ **Abb. 11.1**   Karte der Tour zum Fjord Hvalfjördur. Die vorgeschlagenen Halte sind durch eingekreiste Zahlen von 1 bis 7 gekennzeichnet

▣ Abb. 11.2 Lavaströme, Kegelgänge und geothermische (hydrothermale) Alteration auf den westlichen Hängen des Berges Esja mit Blick nach Osten. Die Gesteinsschichten hier sind Teil des Inneren eines erloschenen Zentralvulkans, der zur Entstehung von Esja beitrug

Wo die Straße nach Westen abbiegt (nahe des Forstwirtschaftlichen Forschungsinstituts), führt sie durch Gesteine mit verschiedenen Farben. Dies sind hauptsächlich Intrusivgesteine, das heißt Gesteine, die in großer Tiefe im **Videy-Vulkan (Viðey)** entstanden (vgl. ▶ Kap. 3), teilweise aus der fossilen oberflächennahen Magmakammer dieses Vulkans. (Beachten Sie, dass die Caldera auf ▣ Abb. 3.1 nur einen Teil des Vulkans umfasst – der Durchmesser des Vulkans war größer als der seiner Caldera.) Die Farbenvielfalt liegt zum Teil an der mit dem Vulkan verbundenen geothermischen Aktivität – eine Aktivität, deren Wärmequellen die oberflächennahe Magmakammer und zugehörige Gänge und Lagergänge waren. Das Thermalwasser führte zur Alteration des Gesteins, das heißt einer Änderung der Zusammensetzung und damit Änderung seiner Farbe. Eine ähnliche Alteration der Gesteinsfarben ist allgemein in Geothermalfeldern zu sehen (▶ Kap. 13), auch im Geysir-Geothermalfeld (▶ Kap. 7) sowie am ersten Halt dieser Tour (▣ Abb. 11.2). Da wir eine oberflächennahe Magmakammer und zugehörige Intrusionen bereits in ▶ Kap. 4 (Stardalshnjúkar) gesehen haben, fahren wir weiter nach Norden entlang den westlichen Hängen Esjas.

11.1 Magmatransport im Inneren eines Vulkans

Der **erste Halt (1)** soll zeigen, wie Magma innerhalb von Vulkanen transportiert wird. Die Art des Transports hier wird verglichen mit der, die an den nächsten beiden Halten zu sehen ist. Weil Sie die Straße überqueren müssen, um an einem sicheren Ort zu parken, können Sie auch gleich zum zweiten Halt fahren. Die Strukturen, die ich Ihnen hier zeigen möchte, sind ohnehin nur bei Sonnenschein gut zu sehen. Wenn Sie jedoch Zeit haben und die Sicht gut ist, sind diese Strukturen einen Blick wert (◘ Abb. 11.2).

In den Hängen Esjas sehen wir: 1) horizontale Schichten am Gipfel, 2) seltsame helle Gesteine (hellgrau und bläulich) zwischen den geneigten Schichten und schließlich 3) die geneigten Schichten innerhalb der hellen Gesteine selbst. Die Strukturen und Gesteine hier sind typisch für das Innere von Vulkanen. Genauer gesagt sehen wir an dieser Stelle den obersten Teil des alten Vulkans, der Esja gebildet hat. Lassen Sie mich nun also diese drei Dinge mit Verweis auf ◘ Abb. 11.2 erklären.

Erstens: Alle horizontalen Schichten am Gipfel sind Basaltlavaströme. Es handelt sich um denselben Typ von Lavaströmen, den wir an der Südseite Esjas aus der Entfernung gesehen haben (▶ Kap. 4). Sie sind nicht hunderte Meter mächtige („dicke") Pahoehoe-Lavaströme (mit glatten Oberflächen) wie die in Thingvellir, sondern eher wenige Meter bis maximal 10–20 m mächtige Aa-Lavaströme (mit rauer Oberfläche). Sie sind daher ähnlich dem Lavastrom in Svínahraunsbruni (◘ Abb. 9.6 und 9.7).

Zweitens: Die hellen Gesteine sind vor allem Hyaloklastite, ähnlichen denen, die wir bereits in mehreren Bergen gesehen haben. Insbesondere haben wir uns die Hyaloklastite in ▶ Kap. 6 bei den Höhlen aus der Nähe angesehen (◘ Abb. 6.9, 6.10 und 6.11). Warum also sind die Hyaloklastite hier nicht braun oder schwarz? Weil die Gesteine durch die Zirkulation von Thermalwasser „alteriert", das heißt chemisch verändert wurden. Wir sehen hier also das in der Tiefe, was wir an der Oberfläche im Geysir-Gebiet sehen (▶ Kap. 7) und noch genauer in Kleifarvatn (▶ Kap. 13). Das heiße Thermalwasser verändert nach und nach den Chemismus und damit die Farbe der Gesteine, durch die es zirkuliert. Die Wärmequellen des Thermalwassers sind teilweise die geneigten Schichten, denen wir uns jetzt zuwenden.

Drittens: Die geneigten Schichten sind keineswegs Lavaströme. Sie sind vielmehr Intrusionen, das heißt magmagefüllte Brüche, die anschließend fest wurden, also erstarrten oder

„gefroren", als das Magma abkühlte. Magmagefüllte Brüche oder schichtartige Intrusionen dieser Art gehören zu drei Grundtypen, beruhend auf ihrer Neigung (◘ Abb. 11.3):

- **Gänge,** meist vertikal oder nahezu vertikal (wie Sie gleich sehen werden),
- **Lagergänge,** meist horizontal oder nahezu horizontal,
- **Kegelgänge,** die weder vertikal noch horizontal, sondern geneigt sind (die Neigung variiert, beträgt aber meist 30–60°).

Die geneigten „Schichten", die Sie hier sehen, sind **Kegelgänge.** Sie sind meist dünn, häufig ungefähr einen Meter breit, also viel dünner als die horizontalen Lavaströme am Gipfel des Berges (aus der Ferne haben wir einen gesehen, siehe ◘ Abb. 4.4b). Bemerkenswert ist, dass diese Kegelgänge nur nahe oberflächennaher Magmakammern vorkommen (◘ Abb. 11.3). Der Grund ist, dass die oberflächennahe Magmakammer, die im Grunde ein mit heißem Magma gefüllter Hohlraum unter Druck ist, das normale Spannungsfeld verändert – das Spannungsfeld, das überall sonst in der Riftzone, in regionalen Gangschwärmen weit entfernt von Magmakammern, vorherrscht (◘ Abb. 11.3). Diese Veränderung ist recht einfach zu erklärten: Die Pfade, entlang derer sich die magmagefüllten Brüche ausbreiten, müssen in rechten Winkeln (90°-Winkeln) auf den Rand der Kammer treffen. Dies bedeutet, dass bei kugelförmigen oder flach-ellipsoidischen Magmakammern die meisten magmagefüllten Brüche (außer denjenigen, die direkt von der Spitze der Kammer ausgehen) nicht vertikal sind, sondern eher geneigt (◘ Abb. 11.3). Mit anderen Worten: Sie sind Kegelgänge des Typs, den wir auf ◘ Abb. 11.2 so schön sehen.

Wo sind nun die horizontalen Lagergänge und die vertikalen Gänge? Beide sind an vielen Orten in Island zu sehen. In der Tat handelt es sich bei vielen, vielleicht den meisten, oberflächennahen Magmakammern, wie wir sie in Stardalshnjúkar gesehen haben (▶ Abb. 4.9, Kap. 4), um Lagergänge. Entweder es sind einzelne dicke Lagergänge oder viele dünnere Lagergänge werden aufgestapelt und bilden

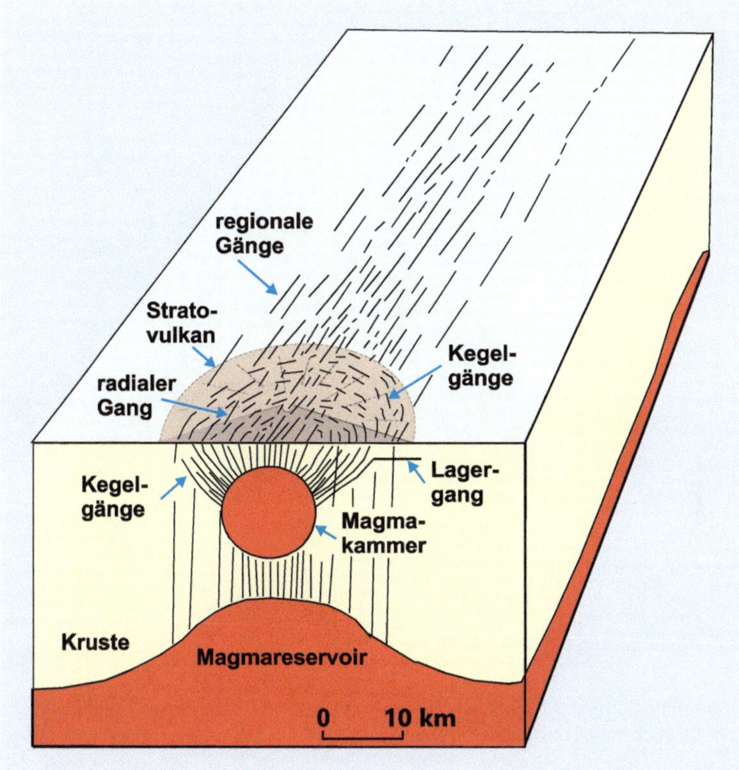

■ **Abb. 11.3**   Interne Struktur eines typischen Vulkansystems in der Riftzone Islands (siehe auch ■ Abb. 2.2, 2.3 und 2.4). Das hier gezeigte Vulkansystem weist zusätzlich zu einem tief liegenden Magmareservoir auch eine oberflächennahe Magmakammer auf, die Magma zum Zentralvulkan (hier einem Schichtvulkan) liefert. Der Schichtvulkan wird vor allem aus dünnen Kegelgängen und radialen Gängen mit Magma versorgt, die aus der oberflächennahen Magmakammer injiziert werden. Hingegen werden die Eruptionen außerhalb des Zentralvulkans hauptsächlich durch viel dickere regionale Gänge mit Magma versorgt. Die meisten Gänge und Kegelgänge erreichen die Oberfläche nicht, und es kommt nicht zur Eruption, sondern sie stoppen, werden an Kontakten zwischen unterschiedlichen Schichten in gewisser Tiefe aufgehalten – wobei einige an solchen Kontakten zu Lagergängen abgelenkt werden. ■ Abb. 11.2 zeigt den oberen Teil des Vulkansystems nahe und innerhalb des Schichtvulkans. ■ Abb. 11.4 und 11.5 zeigen den oberen Teil des Vulkansystems gerade außerhalb des Schichtvulkans, der also Teil des Schwarms regionaler Gänge ist

die Magmakammer. Vertikale Gänge sind Strukturen, die wir an den nächsten Halten sehen, wo ich wiederum auf die Details auf ■ Abb. 11.3 verweise.

Nach dem ersten Halt fahren wir Straße 1 weiter nach Norden, bis wir zur nächsten Kreuzung, nämlich mit Straße 47, kommen. Straße 1 führt weiter zum untermeerischen Hvalfjördur-Tunnel. Wir folgen Straße 47 den Fjord entlang, legen jedoch zunächst am Parkplatz den **zweiten Halt (2)** ein, um auffällige **vertikale Gänge** in den Felswänden anzusehen (■ Abb. 11.4). Einige der Gänge wurden radial aus den oberflächennahen Magmakammern injiziert. Die meisten jedoch, insbesondere die Breiten, von denen wir später weitere sehen werden (dritter Halt), kommen aus sehr großen und tief liegenden Magmareservoiren (■ Abb. 11.3). Die Gänge aus den tief liegenden Reservoiren, wie sie unter großen Teilen der Riftzone in Island vorkommen (■ Abb. 2.4 und 4.10), folgen dem Spannungsfeld der Riftzone. Weil das Spannungsfeld

◘ Abb. 11.4   Regionale Gänge sind meist wie hier nahezu vertikal („subvertikal") und viel dicker als Kegel-gänge (◘ Abb. 11.2); Blick nach Nordosten

hauptsächlich mit horizontaler Öffnung oder Spreizung quer zur Riftzone zusammenhängt (◘ Abb. 4.5 und 5.11), sind die Gänge meist senkrecht (in rechten Winkeln) zur Spreizungs-richtung angeordnet und daher vertikal.

11.2 Vulkansysteme und Gangschwärme

Diese Gänge, als **regionale Gänge** bezeichnet, bilden längliche Schwärme ähnlicher Aus-dehnung wie die Vulkansysteme der Riftzo-nen (◘ Abb. 2.2, 2.3, 2.4 und 11.3). Wie bereits erwähnt sind **Vulkansysteme** diejenigen Stellen innerhalb der Vulkanzonen mit der meisten vulkanischen und tektonischen (Bruchbildung) Aktivität. Im Allgemeinen sind die Vulkansys-teme in Island 20–190 km lang und 7–38 km breit (◘ Abb. 2.2 und 2.3). In aktiven Vulkansys-temen gibt es Zugbrüche und Abschiebungen an der Oberfläche sowie einige Vulkanspalten

(die durch Fördergänge mit Magma gespeist werden). In manchen gibt es auch Lavaschilde. Sie haben diese Strukturen bereits in früheren Kapiteln gesehen. In Hvalfjördur sehen Sie nun, wie solche Vulkansysteme – einschließlich der Spalten, Brüche und Lavaschilde – in Krusten-tiefen von wenigen Hundert Metern bis etwa 1200 m unterhalb der ursprünglichen Oberflä-che des Vulkansystems aussehen (die höchsten Gipfel Esjas liegen nur wenige Hundert Meter unterhalb der ursprünglichen, heute erodierten Oberseite des Lavastapels). Auf Meereshöhe in Hvalfjördur wurde ein 1200 m dicker Teil der Kruste, der Lavastapel, von der **Erosion** durch die Gletscher der letzten Eiszeit **entfernt**. Und es ist gerade diese Erosion, die uns erlaubt, tat-sächlich die interne Struktur des Vulkansystems dreidimensional zu sehen und damit zu verste-hen, wie dieses funktioniert.

Wie funktionieren diese Systeme also? Im Grunde genommen kommen an dieser Stelle die magmagefüllten, erstarrten Brüche, die

regionalen Gänge, direkt aus den tief liegenden Magmareservoiren – vielleicht aus Tiefen von 15–20 km. Die **Kegelgänge** hingegen, die wir auf ◘ Abb. 11.2 gesehen haben, kommen aus oberflächennahen Magmakammern in Tiefen von 1–5 km. Dies ist auf ◘ Abb. 11.3 dargestellt. Natürlich können diese Tiefen variieren – zum Beispiel können die Magmareservoire in Zentralisland in größerer Tiefe liegen als 20 km, weil dort die Kruste sehr dick ist – die erwähnten Tiefen sind jedoch die häufigsten. Die regionalen Gänge kommen also aus großen Tiefen und bringen sehr heißes Magma (meist 1200–1300 °C) an die Oberfläche, um nahezu alle Pahoehoe-Lavaströme, einschließlich aller Lavaschilde, zu bilden. Sie bilden auch viele der basaltischen Aa-Lavaströme – insbesondere die Großen wie den berühmten Laki-Lavastrom, der in Südisland 1783 eruptierte. Die Kegelgänge hingegen liefern Magma aus oberflächennahen Magmakammern, sowohl basaltisches oder mafisches Magma als auch felsischeres Magma (siliziumreicher, beispielsweise Rhyolith).

Um diese Unterschiede zwischen regionalen Gängen und Kegelgängen näher zu beleuchten, erwähne ich hier zwei Eruptionen der letzten Zeit, die vielen bekannt sein dürften. Eine ist die des Eyjafjallajökull 2010 (▶ Kap. 14), dessen Aschewolken in großen Teilen Westeuropas für viele Tage den Flugverkehr lahmlegten. Der größte Teil dieser Eruption wurde von einem **Kegelgang** gespeist, der aus einer oberflächennahen Magmakammer injiziert wurde – genauer gesagt aus einer Kammer in einer Tiefe von etwa 5 km. Der Ausbruch verursachte große Probleme wegen der Aschenwolken, die sich über Europa ausbreiteten, aber das eruptierte Magmavolumen war sehr klein (etwa 0,1 m^3). Im Gegensatz dazu wurde die Eruption in Bárdarbunga-Holuhraun (Bárðarbunga-Holuhraun) in Zentralisland, gerade nördlich des größten Gletschers, Vatnajökull, 2014–2015 durch einen **regionalen Gang** mit Magma versorgt, dessen Länge fast 50 km betrug. Der Gang war vertikal und viele Meter breit. Der eruptierte Lavastrom umfasste etwa 1,5 m^3, das heißt ungefähr 15-mal so viel wie das im Eyjafjallajökull eruptierte Magma. Und wenn man das Volumen des regionalen Ganges selbst hinzuzählt, betrug das Gesamtvolumen an Magma, das aus dem tief liegenden Magmareservoir in die Erdkruste und teilweise bis zur Oberfläche floss, wahrscheinlich 3–4 m^3.

Wie Sie bereits gesehn haben sind diese Arten von Intrusionen sind im Gelände leicht zu unterscheiden. Die Kegelgänge sind normalerweise sehr dünn (bis zu etwa einen Meter breit, oft dünner) und natürlich geneigt. Sie weisen tendenziell auch einen etwas anderen Chemismus auf, das heißt, sie sind siliziumreicher („differenzierter") als typische regionale Gänge. Die regionalen Gänge sind im Allgemeinen nahezu vertikal und viel breiter als die Kegelgänge. In vielen Teilen Islands sind die regionalen Gänge im Durchschnitt 3–5 m breit. Wir sehen hier also tatsächlich, wie die Vulkansysteme beziehungsweise die Riftzonen in der Tiefe funktionieren. Später auf dieser Tour werde ich Ihnen zeigen, wie Erdbebenbrüche in der Tiefe in der Erdkruste aussehen, aber lassen Sie uns zunächst die Gänge näher ansehen.

11.3 Sandbank, Sekundärminerale und Gangausbreitung

Die Gänge können wir uns am **dritten Halt (3)** ansehen, an der Küste westlich von **Hvalfjardareyri (Hvalfjarðareyri)**. Hvalfjardareyri ist eine „Halbinsel" aus Sand und Kies, eine **Sandbank** (◘ Abb. 11.5). Sandbänke dieser Art entstehen aus Sedimenten (beispielsweise Sand), die vom Meer transportiert und abgelagert werden, wenn das Meer an Kraft verliert. Bei der Anhäufung von Sedimenten dehnt sich die Sandbank nach und nach in den Fjord hinein aus (◘ Abb. 11.5). Bitte beachten Sie, dass Sie die Gänge nur bei **Niedrigwasser** ansehen können. Es ist also empfehlenswert, die Gezeiten bei der Tour zu

Abb. 11.5   Blick nach Nordosten auf einen Teil von Hvalfjardareyri, einer „Halbinsel" aus Sand und Kies, das heißt eine „Sandbank". Sandbänke entstehen, wenn durch das Meer transportierte Sedimente abgelagert werden, da das Meer seine Transportkraft verliert

11

berücksichtigen und sich über die Zeiten von Hoch- und Niedrigwasser zu informieren. Beachten Sie bitte auch, dass einige der breiten Gänge ins Meer hineinreichen. Sie sollten daher sicherstellen, dass sie jederzeit an ihnen **vorbeikommen,** damit Sie zu Ihrem Fahrzeug zurückkehren können, bevor die Flut kommt. Wenn Sie zur Küste hinuntergehen möchten, können Sie Ihr Fahrzeug nahe Straße 47 parken und ein paar Hundert Meter auf einem Schotterweg zur Küste gehen. Wenn Sie ein Allradfahrzeug haben, können Sie diesen Schotterweg auch bis zum Parkplatz direkt auf dem breitesten Gang der Gegend fahren.

Auf dem Weg nach Westen, in Richtung des offenen Meeres (zur Mündung des Fjords), gibt es an der Küste viele interessante Dinge zu sehen. Nicht nur die beeindruckenden Gänge, sondern auch zahlreiche schöne Minerale, sogenannte **Sekundärminerale** oder Mandelfüllungen, die oft gesammelt werden

(**Abb. 11.6**). Schöne Minerale gibt es auch an vielen anderen Stellen an der Küste des Hvalfjördur. Die auffälligsten Minerale sind **Zeolithe,** die gelegentlich schöne Fasern bilden. Die Sekundärminerale bilden nicht nur **Mandelfüllungen,** das heißt Kristalle in Blasen (die Hohlräume, die durch entweichendes Gas aus der Lava entstehen – siehe ▸ Kap. 5), sondern auch dünne, weiße **Mineralgänge** (**Abb. 11.7**). Einige dieser Mineralgänge, meist Millimeter oder weniger breit, kommen innerhalb von magmatischen Gängen vor oder am Kontakt zwischen den Gängen und dem Nebengestein – dem Lavastapel – oder im Lavastapel selbst.

Grund für das Auftreten von Mandelfüllungen und Mineralgängen ist, dass es sich um ein **altes Geothermalfeld** handelt. An der Küste befinden wir uns rund 1200 m unterhalb der ursprünglichen Oberfläche des Vulkansystems (**Abb. 11.3**). Wie wir früher

Abb. 11.6 Regionaler Basaltgang an der Südküste des Hvalfjördur nahe Hvalfjardareyri. Abkühlungsklüfte entstehen, wenn das heiße Magma, aus dem die Gänge sind, abkühlt und erstarrt. Sie bilden sich senkrecht zur Abkühlungsfläche, dem Nebengestein des Ganges (hier durch Erosion entfernt) und sind daher horizontal in einem vertikalen Gang. Mandelfüllungen und Mineralgänge entstehen durch die Zirkulation von Thermalwasser entlang des Ganges. Blick nach Südwesten, der Gang verläuft („streicht") von Südwesten nach Nordosten und ist etwa 1,5 m breit

auf dieser Tour (■ Abb. 11.2) und natürlich auch in Geysir (▶ Kap. 7) gesehen haben, gibt es Geothermalfelder im Zusammenhang mit aktiven Vulkansystemen. Hier sind wir weit entfernt von der oberflächennahen Magmakammer und dem dichten Schwarm von Kegelgängen. Das Geothermalfeld war nicht so intensiv, dass die Farbe des Gesteins stark verändert oder das Gestein in Ton umgewandelt wurde (■ Abb. 11.2). Dennoch zeigen die Mandelfüllungen und Mineralgänge, dass dies ein Geothermalfeld war, und die Wärmequellen sind offensichtlich – die magmatischen Gänge. Es ist also höchste Zeit, die Gänge anzusehen, die an dieser Küste außergewöhnlich gut freigelegt und daher leicht zu betrachten und zu untersuchen sind.

Abb. 11.7 Regionaler Basaltgang an der Südküste des Hvalfjördur nahe Hvalfjardareyri. Die Breite des Ganges variiert zwischen 3 und 4 m. Blick nach Südwesten, der Gang verläuft („streicht") von Südwesten nach Nordosten, sehr steil, mit leichter Neigung („Einfallen"; etwa 80°) nach Nordwesten. Der Gang weist in der Mitte grobe Abkühlungsklüfte auf, jedoch kleinere und besser entwickelte nahe seiner Ränder (siehe **Abb. 11.8)

Der breiteste Gang an diesem Küstenabschnitt – den Sie nur bei Niedrigwasser passieren können – ist einige Meter breit (**Abb. 11.7 und 11.8). Wie bei fast allen Gängen an diesem Küstenabschnitt handelt es sich um einen regionalen Basaltgang mit der (Streich-)Richtung Nordost–Südwest. Die nahezu horizontalen Brüche im Gang sind durch Abkühlung entstandene **Abkühlungs- oder Säulenklüfte,** die ich in ▶ Kap. 4 und 5 erläutert habe. Beachten Sie jedoch die unterschiedliche Raumlage der Brüche: In Stardalshnjúkar (**Abb. 4.8 und 4.9) und in Thingvellir (**Abb. 5.5 und 5.6) sind die Brüche meist vertikal, hier hingegen meist horizontal (**Abb. 11.7 und 11.8, siehe auch die Klüfte

Abb. 11.8   Blick nach Osten auf den Westrand des Ganges aus **□** Abb. 11.7. Gut ausgebildete, horizontale Abkühlungs- oder Säulenklüfte sind eingetragen. Die horizontalen Brüche, die den Gang durchqueren, hängen mit Spannungen zusammen, die vorherrschten, als die Gesteine, einschließlich des Ganges, nach der eiszeitlichen Erosion aufstiegen. Die Person dient als Maßstab

im Gang auf **□** Abb. 11.6). Dies liegt daran, dass die meisten Abkühlungsklüfte parallel zum Wärmestrom während der Abkühlung und damit rechtwinklig oder senkrecht zu den Grenzflächen zwischen Magma und Gestein orientiert sind. Hier fließt die Wärme aus dem Magma des Ganges in das Gestein hinein, das die Wand des gangbildenden Bruchs bildet (siehe **□** Abb. 11.7). Der Wärmestrom in Gängen ist meist horizontal. Dies folgt daraus, dass Wärme immer überwiegend in die Richtung strömt, in der die größte Temperaturdifferenz herrscht. Diese betrug hier etwa 1000 °C – zwischen dem Magma im Gang mit ungefähr 1200 °C und dem Gestein daneben, dem Nebengestein, mit vielleicht 200 °C, als das Magma injiziert wurde. Die Abkühlungsklüfte in den Lavaströmen in Thingvellir sind vertikal, weil die Fließeinheiten horizontal und im Kontakt mit der Atmosphäre sind, sodass

die Wärme hauptsächlich vertikal geleitet wird – in die Luft. In ähnlicher Weise sind die Abkühlungsklüfte in den horizontalen Lagergängen der Stardalshnjúkar vertikal, weil der Wärmestrom vertikal, auf- und abwärts, aus dem Magma des Lagergangs heraus erfolgt. Idealerweise bilden Abkühlungsklüfte hexagonale (sechseckige) Säulen, aber auch Vier- und Fünfecke sind häufig. Die Abkühlungs- oder Säulenklüfte sind in manchen Bereichen eines Ganges besser ausgebildet als in anderen (siehe **□** Abb. 11.8). In ▶ Kap. 14, an der Küste von Reynisfjara, werden wir einige der schönsten Säulenklüfte Islands sehen.

Auf **□** Abb. 11.7 erkennen Sie, dass der Gang **nicht ganz vertikal** ist, sondern etwa 80° nach rechts (Westen) geneigt. Aber habe ich nicht gesagt, dass regionale Gänge im Allgemeinen vertikal sind? Ja, und das sind sie hier eigentlich auch. Wie kommt es also, dass dieser und viele andere entlang der Küste hier geneigt sind – meist steil nach Westen? Der Grund dafür ist, dass der gesamte Lavastapel geneigt beziehungsweise gekippt ist, wie ich in ▶ Kap. 4 im Zusammenhang mit dem südlichen Hang Esjas erläutert habe (◘ Abb. 4.4 und 4.6). Die gesamte Kruste, einschließlich aller Lavaströme und Gänge, wurde nach und nach zur aktiven Vulkanzone hin, das heißt nach Osten, gekippt. Die Neigung nimmt mit der Tiefe in der Kruste zu. Auf Meereshöhe in Hvalfjördur beträgt die Neigung nach Osten also ungefähr 10°. Dadurch wurden die ursprünglich vertikalen Gänge auf eine Neigung von 80° nach Westen gekippt.

Es gibt viele Gänge an dieser Küste. Abhängig von Ihrer Zeit und Ihrem Interesse können Sie die Küste entlanggehen und diese sowie schöne Minerale wie Zeolithe sehen. Hier gehen wir jedoch nur ein kurzes Stück nach Westen, nämlich zur vielleicht eindrucksvollsten Struktur an der gesamten Küste. Es handelt sich wiederum um einen Gang mit wunderschön entwickelten Säulenklüften (von denen einige sogar verbogen oder teilweise fast vertikal sind, vermutlich aufgrund von „plastischer" oder semiduktiler Deformation in der Mitte des Ganges, als sich die Säulen entwickelten). Das Bemerkenswerteste ist jedoch, dass er so viel **widerstandsfähiger gegen die Erosion** („härter") ist als das Nebengestein, dass er eine Art **Mauer** bildet, die einige Meter über die Umgebung herausragt (◘ Abb. 11.9 und 11.10). Viele Gänge sind widerstandsfähiger gegen Erosion als das Nebengestein, einige bilden kleine Inseln oder Klippen, aber dieser ist ungewöhnlich deutlich.

◘ **Abb. 11.9**   Regionaler Basaltgang in der Nähe der Gänge von ◘ Abb. 11.6 bis 11.8. Der Gang bildet eine auffällige Mauer an der Küste, weil sein Gestein härter bzw. widerstandsfähiger gegen Erosion ist als das Nebengestein. Die eingetragene Richtung des Ganges bzw. sein „Streichen" ist Nordnordost–Südsüdwest, seine Neigung bzw. das „Einfallen" 82° nach Westnordwest, und seine Breite, die „Mächtigkeit" („Dicke") beträgt 3 m. Die Person dient zusätzlich als Maßstab

Abb. 11.10
Nahansicht eines Teils der „Gang-Mauer" von **Abb. 11.9. Die Abkühlungsklüfte sind etwa 8° nach Ostsüdosten geneigt, einfach weil der Gang selbst 82° nach Westnordwesten geneigt ist. Die Person dient als Maßstab

Warum nun sind Gänge gewöhnlich härter oder widerstandsfähiger als das Nebengestein? Hauptsächlich weil der Gang einheitlicher ist, weniger interne Änderungen und Schwachstellen aufweist als Lavaströme und andere Nebengesteine. Natürlich gibt es im Gang zahlreiche Abkühlungsklüfte, aber abgesehen davon gibt es kaum Schwachstellen im Gestein. Zu **Schwachstellen** in Gesteinen zählen Hohlräume (Blasen wegen der Gasausdehnung), Kontakte sowie unregelmäßige Bruchnetzwerke. Alle solche Schwachstellen können verursachen, dass das Gestein bricht, wenn es Kraft oder Spannung ausgesetzt ist, zum Beispiel durch das Gewicht und die Bewegung eines Gletschers oder durch Meereswellen, die auf die Gesteine treffen. Das Ganggestein beinhaltet nur ein regelmäßiges

Bruchsystem, die Säulenklüfte, normalerweise sehr kleine und regelmäßige (elliptische oder kreisförmige) Blasen und im Allgemeinen keine weicheren Schichten zwischen härteren Schichten. Im Gegensatz dazu gibt es, wie wir beispielsweise am Gullfoss gesehen haben (🔵 Abb. 8.3, Kap. 8), oft weiche Hyaloklastit- oder Sedimentgesteinsschichten zwischen Lavaströmen, die den gesamten Stapel leichter erodierbar machen. Zusätzlich weisen Aa-Lavaströme gewöhnlich sehr unregelmäßige Bruchsysteme und zahlreiche große, unregelmäßige Blasen auf, die Spannungen konzentrieren, wenn sie Kräften ausgesetzt sind (durch Gletscher, Wellen oder die Gezeiten) und leichter zerbrochen und erodiert werden.

Sie können auch das Gegenteil vorfinden, nämlich dass der Gang leichter erodiert wird als die Nebengesteine. Dies geschieht beispielsweise wenn das Gestein sehr hart – widerstandsfähig gegen Erosion – ist. Zum Beispiel sind viele plutonische Gesteine wie fossile Magmakammern (▶ Kap. 4) sehr widerstandsfähig gegen Erosion und Basaltgänge, die sie durchschlagen, also durchschneiden, sind oft leichter erodierbar als das Nebengestein und bilden daher Senken – bis hin zu **Schluchten und Klammen.**

11.4 Unterschied zwischen eruptiven Brüchen (Gängen) und Erdbebenbrüchen (Störungen)

Bevor wir die Gänge hier verlassen, ist es vielleicht sinnvoll, ihre Bildung in den Kontext allgemeiner Bruchbildung in der Erdkruste zu stellen. Was ist also der wichtigste Unterschied zwischen einem Gang und einem Erdbebenbruch, wie Sie ihn in Thingvellir (▶ Kap. 5) gesehen haben? Die Unterschiede seien hier wie folgt zusammengefasst:

- Der Bruch, aus dem später ein Gang wird, entsteht durch den Druck des Magmas. Der **Magmadruck** zerbricht das Gestein oder reißt es auf. Dazu gibt es einige

Analogien. Ein Alltagsbeispiel ist ein flüssigkeitsgefüllter Behälter. Wenn der Druck durch die Flüssigkeit zu groß wird, reißt der Behälter auf und die Flüssigkeit tritt durch den entstandenen Riss (einen „Hydrobruch") aus. Ein technisches Beispiel ist ein hydraulischer Riss, der in der Kohlenwasserstoffindustrie erzeugt wird. Durch Wasserdruck werden Brüche gebildet, die sich bis zu einem Kilometer oder weiter ausbreiten, um das Gas oder Öl entlang des Bruchs leichter zur Förderbohrung fließen zu lassen („Fracking").

- Alle durch Fluiddruck gebildeten Brüche öffnen sich gegen die geringste Spannung (den geringsten Druck) in der Kruste. Das bedeutet, der Gesamtfluiddruck muss die geringste Spannung sowie die Zugfestigkeit des Gesteins übersteigen. Die hauptsächliche Bewegung der Bruchwände ist daher reine Öffnung wie in Zugbrüchen (🔵 Abb. 5.11 bis 5.13) – die Wände werden durch den Fluiddruck getrennt, bei Gängen durch den Magmadruck. Gesteine sind generell **schwach bei Zugkräften** – ihre Zugfestigkeit ist niedrig (▶ Kap. 5) – es ist also einfach für Fluiddruck, das Gestein aufzureißen. Im Gegensatz dazu sind Gesteine **fest bei Druckkräften.** Dazu gibt es eine interessante Analogie. Alle großen Gebäude des Mittelalters (etwa vom 5. bis zum 15. Jahrhundert), Schlösser, Kathedralen, Moscheen, Paläste, die heute noch stehen, wurden so gebaut, dass die Gebäude überall Druckkräften ausgesetzt sind. Diejenigen Gebäude, die so gebaut waren, dass große Teile der Gebäude Zugkräften ausgesetzt waren, sind einfach zusammengestürzt und daher nicht mehr zu sehen.

- Erdbebenbrüche hingegen sind im Grunde geschlossen (außer einige Abschiebungen nahe und an der Oberfläche, ▶ Kap. 5). Die hauptsächliche Bewegung der Bruchwände erfolgt nicht durch Öffnung, sondern eher parallel zu den Bruchwänden (🔵 Abb. 4.14 und 5.9). Solche Parallelbewegungen heißen **Scherbewegungen** und sind ähnlich der Bewegung zwischen Scherenklingen oder, noch vertrauter, wenn Sie Ihre Handflächen bei Kälte aneinanderreiben. Obwohl Fluide zu Erdbeben beitragen – viele Erdbeben treten in Zonen hohen Fluiddrucks (normalerweise Grundwasser) auf – ist der Erdbebenbruch selbst mit Scherbewegung verbunden, also mit Scherkräften oder Scherspannungen.

– Die Störungsbewegung kann horizontal erfolgen, auf sogenannten **Blattverschiebungen** wie der San-Andreas-Störung in den westlichen USA (bei San Francisco) oder der Nordanatolischen Störung in der nördlichen Türkei (bei Istanbul). Auch die stärksten Erdbeben in Island treten auf Blattverschiebungen auf (▶ Kap. 9 und 14). Die Bewegung kann andererseits auch vertikal erfolgen, auf- oder abwärts auf der Störungsfläche, wie bei den **Abschiebungen** in Thingvellir (▶ Kap. 4 und 5). Während Erdbeben auf Abschiebungen, wie in Thingvellir, normalerweise nicht sehr stark sind – selten Magnitude 7 erreichend – ereignen sich die stärksten Erdbeben auf diesem Planeten an Störungen, bei denen die Bewegung auf und ab erfolgt, nämlich an **Auf- oder Überschiebungen** wie vor den Küsten von Chile, Japan und Sumatra (Indonesien). Der Unterschied ist, dass während Abschiebungsbewegungen horizontale Extension vorherrscht (◘ Abb. 4.5 und 4.14). Dies bedeutet, dass die Kruste horizontal gedehnt wird, sodass die Störungswände nicht immer sehr hart gegeneinandergedrückt werden. Im Gegensatz dazu herrscht bei Überschiebungen Kontraktion vor. Das heißt, dass die Kruste horizontal verkürzt wird, sodass die Störungswände sehr hart gegeneinandergedrückt werden. Wenn sie sich schließlich bewegen, kann sehr viel Energie frei werden, sodass starke Erdbeben entstehen.

Wie schnell bewegen sich also diese Brüche fort, beziehungsweise wie schnell breiten sie sich aus? Könnten wir vor einer sich ausbreitenden Bruchfront fliehen? Die **Rupturgeschwindigkeit** – wie schnell die Spitze oder Front des Bruchs sich fortbewegt und die Kruste aufreißt – ist für Erdbebenbrüche gut bekannt. Die Rupturgeschwindigkeit beträgt **mehrere Kilometer pro Sekunde.** Bedenken Sie, dass 1 km/s (Kilometer pro Sekunde) einer Geschwindigkeit von 3600 km/h (Kilometern pro Stunde) entspricht, was die Schallgeschwindigkeit in häufigen Gesteinen ist. Zum Vergleich ist die Schallgeschwindigkeit in der Luft dreimal langsamer als in häufigen Festgesteinen, etwa 1236 km/h – was daran liegt, dass die Schallgeschwindigkeit mit der Dichte des Mediums, durch die sich Schall ausbreitet, zunimmt (und Gestein viel dichter ist als Luft). Bei einer Geschwindigkeit von 3600 km/h können Sie einer sich ausbreitenden Erdbebenruptur ganz klar nicht entkommen – sie erfolgt gewissermaßen **in einem Augenblick.**

Die Rupturgeschwindigkeit ist für sich ausbreitende Gänge und andere magmagefüllte Brüche (wie zum Beispiel Kegelgänge) jedoch ganz anders. Die Ausbreitungsgeschwindigkeit vieler Gänge wurde gemessen. Die Gänge generieren kleine Erdbeben, deren Ort leicht bestimmbar ist und dazu verwendet werden kann, die Bruchausbreitung des Ganges zu verfolgen. Die meisten Gänge breiten sich mit einer durchschnittlichen Geschwindigkeit von einem **halben bis einem Meter pro Sekunde** aus. Ein 1 m/s entspricht 3,6 km/h, einer typischen **Schrittgeschwindigkeit** einer Person auf einem ebenen Pfad oder Straße. Also, ja, eine einigermaßen fitte Person sollte in der Lage sein, einem sich ausbreitenden Gang zu entkommen. In der Tat folgten in mehreren Fällen VulkanologInnen auf Hawaii einem sich nähernden Gang (der die Oberfläche nahe der Stelle, an der sie ihre Beobachtungen machten, erreichen würde). Sie rannten erst fort, als Beben und Dampf (der entsteht, wenn das heiße Magma in geringer Tiefe Grundwasser kochen lässt) auftraten und Brüche an der Oberfläche anzeigten, dass der Gang nur noch Minuten davon entfernt war, die Oberfläche zu erreichen und zu eruptieren.

Warum also bewegt sich die Front eines magmagefüllten Bruchs, eines Ganges, so vergleichsweise langsam? Dies liegt daran, dass das Magma Zeit braucht, um bis in die Bruchenden hinein zu fließen. Wenn der Magmadruck im gangerzeugenden Bruch eine bestimmte Stärke erreicht, breitet sich der Bruch an seinen Enden sehr schnell eine bestimmte Distanz weit aus und stoppt dann. Wegen seiner vergleichsweise hohen Viskosität kann das Magma nicht so schnell fließen, wie sich die Bruchenden ausbreiten, sodass es einen zeitweise leeren „Hohlraum" zwischen der Magmafront und der Bruchfront gibt. Magma muss sodann in diesen Hohlraum hineinfließen, ihn füllen und Druck aufbauen, der hoch genug ist, dass die Bruchenden sich wieder ausbreiten können. Dieser Prozess, Füllung des Hohlraums und Druckaufbau für weiteres Aufreißen, dauert eine Weile. Bei Erdbeben muss die Bruchfront nicht auf Fluide warten, die ihr folgen – es gibt also keine „Verzögerung" zwischen der Bruchfront und der Fluidfront zu irgendeiner Zeit. Daher breiten sich Erdbebenbrüche mit **Schallgeschwindigkeit** aus, Gang-Brüche hingegen durchschnittlich mit **Schrittgeschwindigkeit.**

Wenn wir uns ◘ Abb. 11.9 und 11.10 noch einmal ansehen, können wir die Frage beantworten: Wie lange dauerte es, dieses Segment des Ganges zu bilden? Da das Segment mehrere Zehnermeter lang ist, wird seine Entstehung viele Sekunden gedauert haben. Der gesamte Gang ist viel länger. Der Gang auf ◘ Abb. 11.9 und 11.10 war höchstwahrscheinlich zwischen 1 und 3 km lang – in der Krustentiefe, in der er heute zu betrachten ist (zur Entstehungszeit etwa 1200 m unterhalb der Oberfläche) – und in größerer Tiefe vermutlich noch viel länger. Im Gegensatz dazu war der Gang auf ◘ Abb. 11.7 und 11.8 höchstwahrscheinlich zwischen 3 und 9 km lang – in der Tiefe, wo wir ihn sehen und viel länger in größerer Tiefe. Wenn diese Gänge die Oberfläche erreicht haben, das

heißt, wenn sie Lavaströme an der Oberfläche gespeist haben, also **Fördergänge** waren – was wir nicht wissen –, dann waren die Längen, die hier zu erkennen sind, ähnlich denen an der damaligen Oberfläche und ähnlich denen von Vulkanspalten, die derzeit auf der Reykjanes-Halbinsel zu sehen sind (▶ Kap. 13). Die meisten dort sind wenige Hundert Meter bis etwa 3 km lang, also entsprechend der geschätzten Länge des Ganges auf ◘ Abb. 11.9. Manche sind jedoch sogar 8–10 km lang, was der Obergrenze der Schätzung für den Gang auf ◘ Abb. 11.8 entspricht.

Sie könnten nun fragen: Wie können wir die Länge von Gängen wissen, wenn wir die Gänge nicht wirklich ganz sehen? Die Antworten sind, erstens, durch Vergleich mit Beobachtungen und, zweitens, unter Verwendung der etablierten Theorie, die für alle Brüche gilt. Die erste Antwort bezieht sich auf tatsächliche Gänge, deren Breiten und Längen in Island und anderswo vermessen wurden. Alle Messungen zeigen, dass es zwischen Breite und Länge von Gängen gewisse Beziehungen gibt. Diese Beziehungen variieren etwas, abhängig vom Magmadruck bei der Gangbildung und den mechanischen Eigenschaften der Gesteine, in denen sich der Gang befindet. Diese können jedoch bestimmt werden. Alle Ergebnisse zeigen, dass breitere Gänge tendenziell länger sind. Aus Messungen von Gängen in Island in ähnlichen Krustentiefen wie diesen wissen wir, dass Gänge normalerweise **500– bis 1500–mal** länger als breit sind. Ein etwa 2 m breiter Gang sollte also in dieser Tiefe zwischen 1000 und 3000 m lang sein. In ähnlicher Weise könnte die Länge eines 6 m breiten Ganges in dieser Tiefe zwischen 3000 und 9000 m betragen. Dies sind nicht nur direkte Messungen und Beobachtungen, sie stimmen auch vollkommen mit der grundlegenden Theorie über Brüche jeder Art überein, seien es Brüche in Gesteinen oder anderen Festkörpern (wie Holz, Beton, Ziegel, Keramik, Stahl, Glas und Verbundmaterialien). Die Ergebnisse dieser Theorie, die als **Bruchmechanik** bezeichnet wird und ursprünglich aus den Gesetzen der

Thermodynamik abgeleitet wurde, zeigen ganz klar, dass längere Brüche tendenziell größere Versätze aufweisen. Dies gilt für Verschiebungen sowohl parallel zu den Bruchwänden wie bei Störungen als auch senkrecht zu den Bruchwänden wie der Öffnungsweite oder Breite von Gängen.

Wie lange bleiben Gänge wie diese flüssig? Das heißt: Wie lange dauert es, bis das Magma **erstarrt** ist und der Gang zum Festgestein wird? Die Antwort hängt von mehreren Faktoren ab, wie der ursprünglichen Temperatur des Magmas sowie des Nebengesteins und auch davon, was wir als festes Ganggestein definieren. Wenn wir beispielsweise die ursprüngliche Magmatemperatur als 1200 °C schätzen und annehmen, dass das Magma bei 1100 °C fest ist, dann braucht ein 4 m breiter Gang (ähnlich dem auf ◘ Abb. 11.7 und 11.8) ungefähr 50 Tage, um zu erstarren. Ein Gang ist bei 1100 °C jedoch sicherlich noch plastisch, duktil und teilweise flüssig. Vielleicht ist es besser zu fragen: Wie lange dauert es, bis der Gang so weit abgekühlt ist, dass die Bildung von Abkühlungs- oder Säulenklüften beginnt? Die Bildung von Abkühlungsklüften setzt bei ungefähr 60 % der ursprünglichen Magmatemperatur ein. Für ein Magma von ursprünglich 1200–1300 °C kann der Beginn der Bildung von Abkühlungsklüften bei Temperaturen von etwa 800 °C angenommen werden. Für einen 1,5–2 m breiten Gang (◘ Abb. 11.6) dauert die Abkühlung des Magmas von 1200–1300 °C auf 800 °C ungefähr 270 Tage, also etwa **9 Monate.**

Die Erstarrungs- oder Abkühlungszeit hängt jedoch von der Breite des Ganges in der zweiten Potenz ab. Dies bedeutet, dass es $2 \cdot\cdot 2 = 4$-mal so lang dauert, einen 2 m breiten Gang abzukühlen, als einen 1 m breiten. Der Gang auf ◘ Abb. 11.7 und 11.8, der knapp 4 m breit ist, bräuchte daher ungefähr 1060 Tage oder fast 3 Jahre, um auf eine Temperatur von 800 °C abzukühlen, damit sich Abkühlungsklüfte bilden können. Der breiteste Gang an dieser Küste ist etwa 25 m breit. Wenn dieser Gang in einer einzelnen Magmainjektion entstand – was wir nicht wissen –

wird es etwa 42.000 Tage, das heißt ungefähr 115 Jahre und somit **mehr als ein Jahrhundert** gebraucht haben, um auf 800 °C abzukühlen. Damit diese Gänge gar bis auf die Temperatur der Nebengesteine abkühlen, dauert es noch viel länger, Jahrhunderte bis Jahrtausende, und diese ganze Zeit dienen die Gänge als Wärmequellen für Geothermalfelder.

11.5 Landschaften, Geländeformen und der Hvalfjördur-Vulkan

Wir gehen zum Fahrzeug zurück und folgen Straße 47 nach Osten in den inneren Teil des Hvalfjördur. Es gibt viele Möglichkeiten, in diesem Teil des Hvalfjördur herumzufahren und viele beeindruckende Strukturen zu sehen. Sie können beispielsweise nach Osten auf Straße 461 fahren, um den schönen See Medalfellsvatn (Meðalfellsvatn) zu sehen. Wenn Sie dies tun, können Sie entweder denselben Weg zur Straße 47 zurückfahren oder um den Berg Medalfell herum. Im letzteren Fall fahren Sie Straße 48 nach Westen, bis sie bei dem hübschen Fluss Laxá í Kjós auf Straße 47 trifft. Alle Berge hier sind ähnlich. Sie bestehen hauptsächlich aus Basaltlavaströmen mit horizontalen Lagergängen dazwischen (die Lagergänge sind normalerweise an ihren sehr intensiven und gut entwickelten vertikalen Säulenklüften zu erkennen, wie Sie bereits gesehen haben). Es gibt auch ein paar Schichten oder Einheiten von Hyaloklastit zwischen den Lavaströmen. Weiterhin durchschneiden viele Erdbebenbrüche, Abschiebungen, den Lavastapel. Die meisten dieser Brüche haben Nordost–Südwest-Richtung wie die Brüche in Thingvellir (▶ Kap. 5) – wo sie tatsächlich entstanden, genauso wie der gesamte Lavastapel hier.

Auf dieser Tour fahren wir jedoch nicht zum See Medalfellsvatn, sondern in den inneren Teil des Fjords. Unser **vierter Halt (4)** dient dazu, einen Überblick über die große Vielfalt an Landschaften zu bekommen, die im inneren Teil des Hvalfjördur zu sehen sind.

Sie sollten, hier wie überall sonst, vorsichtig sein, einen geeigneten Parkplatz und sicheren Standort für sich selbst zu wählen. Dann bietet die Aussicht hier bei guter Sicht eine einzigartige Möglichkeit, zu beobachten und zu verstehen, welche Prozesse im Inneren der vulkanischen Riftzone Islands vor sich gehen, und welche eruptive und intrusive Materialien diese produzieren.

Wenn wir zuerst nach Südwesten schauen (◘ Abb. 11.11), sehen wir auf der anderen Seite des Fjords den Berg **Eyrarfjall** und auf unserer Seite kleine Hügel am Punkt **Hálsnes**. Die sanft geneigten Schichten im Eyrarfjall sind Basaltlavaströme. Sie sind alle nach Südosten geneigt oder gekippt, das heißt in Richtung der Westlichen Vulkanzone in Thingvellir. Die gleiche Kippung des Lavastapels tritt in allen Bergen hier auf und wird in Kap. 4 erklärt (◘ Abb. 4.6). Die Hügel am Punkt Hálsnes entstanden hauptsächlich durch eine Intrusion, einen **Lagergang,** der

einen Teil des größten Vulkans im Inneren des Hvalfjördur, dem **Hvalfjördur-Vulkan,** bildet. Der mit 25 m breiteste Gang im Hvalfjördur ist mit diesem Lagergang verbunden. Dieser Gang quert die Bucht von Laxárvogur, die wir gerade passiert haben, und besteht aus ziemlich grobkörnigem Basalt, als Dolerit oder Mikrogabbro bezeichnet – dem gleichen wie im Lagergang. Die Körner im Gestein werden größer oder gröber – werden mit bloßem Auge sichtbar – wenn der Gesteinskörper dick ist und nur langsam erstarrt oder „gefriert". Es gibt auch saure Gesteine, einschließlich Gänge, an den Küsten von Laxárvogur und in dem Berg, auf dessen Hängen wir diesen Halt eingelegt haben, nämlich **Reynivallaháls,** die alle Teil des Hvalfjördur-Vulkansystems sind. Basierend auf der Erläuterung am dritten Halt über das Verhältnis zwischen Breite und Länge eines Ganges kann ein Gang mit einer Breite von 25 m eine Länge zwischen **12 und 40 km** haben. Im letzteren Fall würde

◘ **Abb. 11.11**   Sanft geneigte Basaltlavaströme im Berg Eyrarfjall mit Blick nach Südwesten. Die Hügel auf der Halbinsel Hálsnes bilden einen Teil einer Intrusion, einen Lagergang

die Länge des Ganges diejenige des Ganges erreichen, der die Bárdarbunga-Holuhraun-Eruption 2014–2015 nördlich des Vatnajökull speiste, bei der die Länge des Ganges etwa 45 km betrug.

Wenn wir nach Norden schauen, sehen wir zwei bemerkenswerte Berge: Westlich liegt Thúfufjall und östlich Brekkukambur, die beide zum Hvalfjördur-Vulkan gehören. **Thúfufjall (Þúfufjall)** fällt durch den **Pfropfen** oder Schlotgang in seiner Mitte auf (◘ Abb. 11.12). Pfropfen bilden sich in Vulkanen mit einem zentralen „Schlot" oder Fördergang. Sie entwickeln sich normalerweise dort, wo Eruptionen vergleichsweise häufig sind und bestehen gewöhnlich aus einer Mischung dünner Gänge, einer Gangschar, und fragmentierten, das heißt pyroklastischen, Gesteinen. Diesen

Gesteinstyp finden wir auch im Pfropfen des Thúfufjall. (Der wohl berühmteste vulkanische Pfropfen oder Schlotgang der Welt ist Ship Rock in New Mexico, USA.) Der Pfropfen des Thúfufjall erreicht eine Höhe von etwa 540 m über dem Meeresspiegel. Da sich der heutige Meeresspiegel rund 1100–1200 m unter der ursprünglichen Oberfläche des Vulkans zur Zeit seiner Aktivität befindet, bedeutet dies, dass der Pfropfen hier der alte zentrale Förderschlot in 500–600 m Tiefe im Inneren des Vulkans ist (schematisch dargestellt auf ◘ Abb. 11.12). Der Förderschlot ist ausgelängt (elliptisch in der Draufsicht) in Nordostrichtung, das heißt parallel zur Richtung der Gänge und Abschiebungen in dem Gebiet. Der größere Durchmesser beträgt nur wenige Zehnermeter. Wir sehen hier also

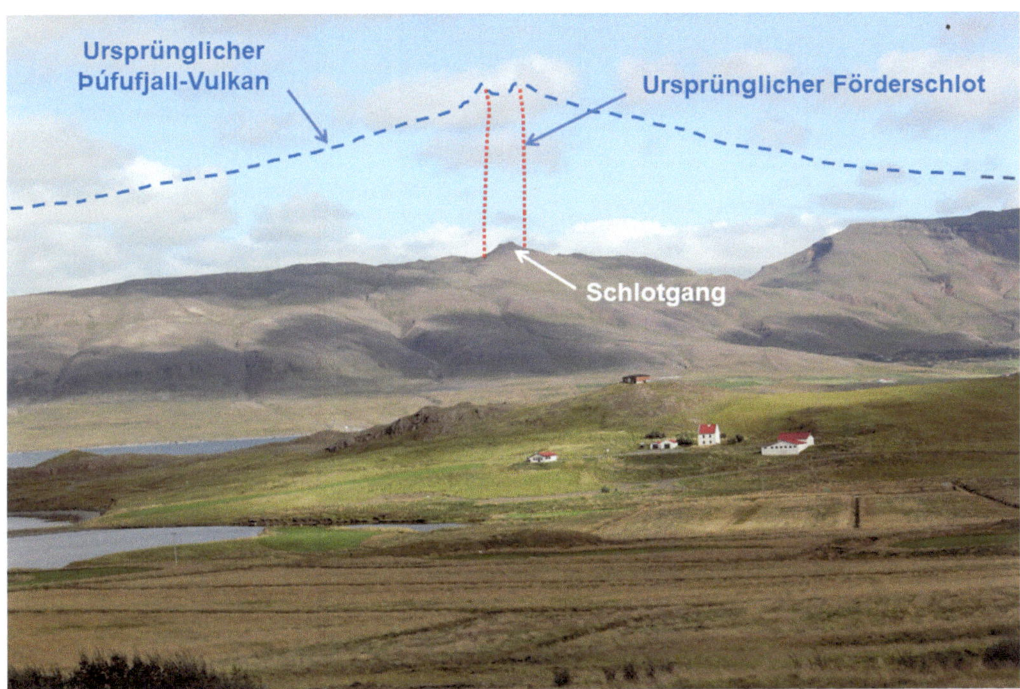

◘ **Abb. 11.12**   Thúfufjall (Þúfufjall) bildet einen Teil des erloschenen Hvalfjördur-Vulkans. Als Thúfufjall aktiv war, war er ein viel größerer und höherer Vulkan als die erodierten Überbleibsel, die heute zu sehen sind, da mehrere Hundert Meter des oberen Teils des Vulkans durch Erosion entfernt wurden, hauptsächlich durch Gletscher. Blick nach Nordosten, der Schlotgang oder Pfropfen ist ein erstarrter Teil eines alten zylinderförmigen Förderschlots in der Mitte des Vulkans. Ich deute hier sehr schematisch an, wie das Profil des Vulkans ausgesehen haben mag, als er vor rund 3 Mio. Jahren aktiv war

einen zusätzlichen Teil des oberflächennahen Magmatransportsystems in einem Vulkan, dem Hvalfjördur-Vulkan, der vor etwas mehr als 3 Mio. Jahren aktiv war.

Der Berg östlich des Thúfufjall, **Brekkukambur,** ist in gewisser Weise sogar noch interessanter (◼ Abb. 11.13). Wir sehen hier eine Art Querschnitt durch die Zentren von Vulkanen wie Askja (Zentralisland), Grímsvötn (im Vatnajökull-Gletscher) und, etwas unterschiedlich, Eyjafjallajökull (Südisland). Wie? Weil wir in den eingestürzten Teil des Hvalfjördur-Vulkans hineinschauen, nämlich eine kreisförmige Senke des Typs, der als **Einsturzcaldera** bezeichnet wird (◼ Abb. 11.14, siehe auch ◼ Abb. 4.10). Einsturzcalderen treten in Vulkanen weltweit häufig auf. Sie hängen mit dem Absinken oder dem Einsturz eines Teils des Vulkans – wie ein Kolben – in eine darunterliegende, oberflächennahe Magmakammer zusammen – oft, aber nicht immer, während einer großen Eruption. Zu den berühmten Einsturzcalderen gehören die auf Kilauea, Hawaii, viele der Vulkane der Galapagos-Inseln sowie der wunderschöne Crater Lake in Oregon, USA. Die am besten exponierte („aufgeschlossene") aktive Einsturzcaldera in Island ist Askja im Berg Dyngjufjöll in Zentralisland – die tatsächlich keine einzelne Caldera ist, sondern eigentlich eine dreifache oder, nach anderen Interpretationen, eine vierfache Caldera. Die meisten anderen Calderen in Island liegen in den Gletschern und sind daher kaum zu sehen. Die kleine Caldera am Gipfel des Eyjafjallajökull (▶ Kap. 14) und noch mehr die Grímsvötn-Caldera im Vatnajökull-Gletscher gehören vielleicht zu denen, die in den Gletschern am einfachsten zu sehen sind – hauptsächlich aus der Luft. Diejenige jedoch, die ich in diesem Buch jam eingehendsten erläutere, ist die Katla-Caldera in Südisland (▶ Kap. 14).

◼ **Abb. 11.13** Der Berg Brekkukambur im Hvalfjördur mit Blick nach Nordosten. Der Berg besteht zum Teil aus Seesedimenten mit zahlreichen Intrusionen (◼ Abb. 11.15). Die Sedimente wurden im Calderasee des Hvalfjördur-Vulkans vor rund 2–3 Mio. Jahren abgelagert

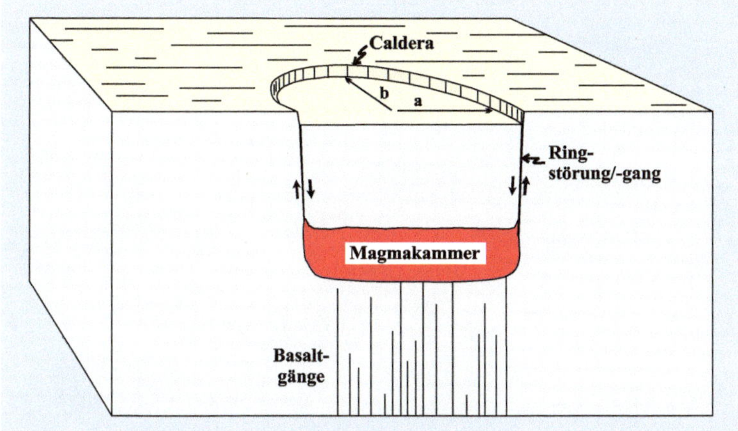

Abb. 11.14   Eine Einsturzcaldera ist ein häufiges Stadium in der Entwicklung vieler Zentralvulkane, einschließlich derer in den Vulkanzonen Islands. Calderen entstehen, wenn ein kolbenartiger Zentralteil des Vulkans in die dazugehörige oberflächennahe Magmakammer absinkt (einstürzt), wie hier angedeutet ist. Dies erfolgt entlang einer Störung, die kreisförmig oder etwa elliptisch in der Draufsich ist und als „Ringstörung" bezeichnet wird. Die Ringstörung wird gewöhnlich zum Teil oder vollständig mit Magma gefüllt und bildet einen Ringgang. Der Hvalfjördur-Vulkan entwickelte eine Einsturzcaldera, die einen tiefen Calderasee bildete, der in der Folge teilweise mit Sedimenten gefüllt wurde, in die wiederum verschiedene Intrusionen eindrangen (Gänge, Lagergänge und Kegelgänge). Die Seesedimente und Intrusionen bauen heute den Großteil des Berges Brekkukambur auf (■ Abb. 11.13 und 11.15). Nur die Hälfte der Caldera ist hier dargestellt (vgl. ■ Abb. 3.1 und 4.10)

Eine Einsturzcaldera ist eine Senke – sie entsteht, wenn ein Teil des Vulkans in die dazugehörige oberflächennahe Magmakammer einstürzt oder absinkt (■ Abb. 4.10 und 4.14). Brekkukambur ist alles, nur keine Senke; er hat offensichtlich eine positive Topografie, ist ein Berg, der sich 650 m über den Meeresspiegel erhebt. Wie kann nun ein hoher Berg eine Caldera sein? Um diese Frage zu beantworten, müssen wir in die Geschichte des Gebietes sehen, wo Brekkukambur heute steht.

Wir beginnen die Geschichte, als der Zentralvulkan, der Hvalfjördur-Vulkan, bereits entstanden war. Bei bestimmten – glücklicherweise sehr seltenen – Spannungszuständen in einem Vulkan entsteht ein ringförmiger Bruch, eine Ringstörung (■ Abb. 11.14). Dann sinkt ein Teil des Vulkans in die oberflächennahe Magmakammer. Da oberflächennahe Magmakammern in Island gewöhnlich 1–2 km hoch sind, kann das Absinken leicht einen Kilometer betragen. In der Tat betrug die Absenkung bei direkt beobachteten Caldera-Einstürzen in den letzten Jahrzehnten weltweit zwischen mehreren Hundert Metern bis etwa einen Kilometer. Anschließend wird aus der Caldera ein See. Aus den meisten Calderen der Welt werden Seen aus dem einfachen Grund, dass ihr Boden weit unterhalb des Grundwasserspiegels liegt ▶ Abschn. 5.2 erläutert diesen Punkt). So auch beim Crater Lake und vielen anderen Calderen. Der See sammelt nach und nach Lockergesteine, Sedimente, von den Calderawänden und aus der Umgebung, die schließlich eine Mächtigkeit („Dicke") von mehreren Hundert Metern erreichen. Während der Vulkan aktiv ist, injiziert er Gänge und Kegelgänge in die Sedimente, wie wir in Nahansichten erkennen (■ Abb. 11.15). Schließlich wird der Vulkan inaktiv (erlischt), der See vertrocknet und die Sedimente werden gemeinsam mit den Intrusionen und Lavaströmen zu festem, steifen Gestein (■ Abb. 11.13 und 11.15). Weil in dem See und seiner Umgebung viele Pflanzen lebten, enthalten die Seesedimente des Brekkukambur zahlreiche **Pflanzenfossilien.** In der

Abb. 11.15   Nahansicht des Berges Brekkukambur mit Blick nach Nordosten. Seesedimente und Intrusionen sind eingetragen (vgl. ▪ Abb. 11.13)

11

Folge, während der letzten rund 2 Mio. Jahre, haben die Gletscher der Eiszeit das Land erodiert und überformt. Dabei stehen die härtesten Kerne der Vulkane – diejenigen mit vielen steifen oder harten Intrusionen – als Berge zwischen den tief erodierten Tälern und Fjorden heraus. Brekkukambur ist einer davon.

Dies ist kurzgefasst die Geschichte der Landschaftsentwicklung überall in Island außerhalb der Vulkanzonen, insbesondere der Entstehung von Bergen (obwohl nur wenige Berge aus früheren Caldera-Seesedimenten bestehen, sondern eher aus Lavaströmen). Berge in Island (sowie auch viele Berge anderswo) entstehen durch **zwei grundlegende Prozesse**: 1) **Erosion und Hebung** und 2) Aufbau durch **Eruptionen (Vulkanausbrüche).** Viele Berge in einem Vulkangebiet wie Island sind natürlich das Resultat beider Prozesse, obwohl normalerweise einer dominiert. Hvalfjördur bietet Beispiele von Lehrbuchqualität für beide Typen (▪ Abb. 11.16). Wir haben

bereits gesehen, dass Thúfufjall (▪ Abb. 11.12) und Brekkukambur (▪ Abb. 11.13 und 11.15) heute überwiegend aufgrund von Erosion und Hebung Berge sind. Nach Osten in den innersten (östlichsten) Teil des Fjords schauend (▪ Abb. 11.16), sehen wir weitere Beispiele von Bergen, die durch diese beiden grundlegenden Prozesse entstanden. Zu diesen gehören Thyrill (Þyrill), Hvalfell, Múlafjall und Botnsúlur. Von diesen entstanden Thyrill und Múlafjall hauptsächlich durch **Erosion** und folgende Hebung der Kruste. Im Gegensatz dazu wurde Botnsúlur zum Großteil durch **Eruptionen** aufgebaut, obwohl seine heutige Form, insbesondere die Gipfel, zum Teil mit Gletschererosion zusammenhängen. Sie haben Botnsúlur bereits auf dem Weg nach Thingvellir gesehen (▪ Abb. 4.12), obwohl die drei Gipfel dort nicht so deutlich waren wie hier. Hvalfell hingegen wurde fast vollständig durch eine Eruption aufgebaut. Genauer gesagt ist Hvalfell eines der besseren Beispiele eines

Abb. 11.16   Überblick über die Berge im Inneren des Hvalfjördur mit Blick nach Osten. Thyrill (Þyrill) und Múlafjall wurden fast vollständig durch Gletschererosion und Hebung gebildet. Botnsúlur ist großteils das Resultat von Eruptionen, wurde jedoch auch durch Erosion geformt. Hvalfell, ein Tafelberg, wurde fast vollständig durch einen Vulkanausbruch aufgebaut

Tafelbergs in Island. Auf der weiteren Fahrt in den innersten Teil des Hvalfjördur werden wir alle diese Berge aus der Nähe sehen (allerdings Botnsúlur weniger).

11.6 Wie sieht der Thingvellir-Graben in großer Tiefe aus?

Wir fahren nun nach Osten zum **fünften Halt (5):** am Ende des Tales Brynjudalur und dem Berg Múlafjall im Norden zugewandt (**▣** Abb. 11.17 und 11.18). Wir sehen, wie Múlafjall hauptsächlich durch Lavaströme mit Schichten aus Brekzie (zerbrochene Gesteine, auch Pyroklastika genannt) dazwischen aufgebaut ist. Wir erblicken auch einige Intrusionen, einschließlich Lagergängen, die durch ihre deutlichen, gut ausgebildeten, vertikalen Säulenklüfte charakterisiert sind. Der Berg

existiert in erster Linie aufgrund von Erosion und folgender Hebung der Kruste. Die Erosion ist am besten im Tal Brynjudalur und natürlich in seiner Verlängerung am Hvalfjördur mit der Bucht Brynjudalsvogur zu erkennen. Der Hauptgrund für unseren Halt hier ist jedoch nicht die Landschaft mit dem Berg und dem Tal, sondern eher die beeindruckende Struktur, die in den Hängen des Múlafjall zu sehen ist.

Die Struktur, die ich hier meine, ist ein außergewöhnlich deutlicher 170 m breiter **Graben,** das heißt ein Paläotal, das zwischen Erdbebenbrüchen, nämlich Abschiebungen, entstanden ist (**▣** Abb. 11.17 und 11.18). Ich habe auf **▣** Abb. 11.17 die Grabenrandstörungen und auf **▣** Abb. 11.18 alle Störungen, die mit dem Graben zusammenhängen, gekennzeichnet. Die Störungen hier liegen rund 900 m unterhalb der ursprünglichen Oberseite des

Abb. 11.17   Graben im Múlafjall (der Berg ist auf **Abb. 11.16** zu sehen) mit Blick nach Nordosten. Die beiden Randstörungen sind hervorgehoben. Der Berg besteht hauptsächlich aus Basaltlavaströmen mit Intrusionen, insbesondere Lagergängen (eine dicke Intrusion ist eingetragen) und wenigen Gängen. Die Gesamtabsenkung oder der Vertikalversatz beträgt etwa 30 m, was ähnlich ist wie bei den Randstörungen des Thingvellir-Grabens (▶ Kap. 5 und 6)

Lavastapels. Es gibt mehrere bemerkenswerte Eigenheiten dieser Störung im Zusammenhang mit den Störungen in Thingvellir, die Ihre Aufmerksamkeit wert sind:

— Alle Störungen sind **Abschiebungen** genau desselben Typs wie in Thingvellir und generell in den Vulkanzonen Islands (**Abb. 2.2**). Ich habe einen „**Leithorizont**" eingetragen, nämlich eine Brekzienschicht, die verwendet wird, um den Versatz entlang der Störungen zu messen. Solche gut erkennbaren Schichten, die zur Messung von Versatzbeträgen verwendet werden, werden in der Geologie als Leithorizonte bezeichnet. Ich habe auch alle wichtigen Störungen eingetragen.

— Die Störungen liegen nur 17–18 km nordwestlich der großen Störungen am westlichen Grabenrand des Thingvellir-Grabens, nämlich Almannagjá und nahe gelegenen Störungen (**Abb. 5.1, 5.2, 5.3, 5.8, 5.11 und 6.2**).

— Die Störungen im Múlafjall sind nicht nur vom selben Typ wie die in Thingvellir, sie weisen auch im Wesentlichen dieselben Bewegungen oder Vertikalversätze auf. Zum Beispiel hat die westliche Grabenrandstörung, die auf der linken Seite (**Abb. 11.17**), einen Vertikalversatz von 30 m, sehr ähnlich dem maximalen Vertikalversatz der Almannagjá (40 m). Die anderen drei größeren Störungen (**Abb. 11.18**) haben Vertikalversätze von – von Westen nach Osten – 6 m, 15 m und 8 m. Zusammengezählt sind dies 29 m – gewissermaßen ein kumulativer Vertikalversatz gleich dem der westlichen Grabenrandstörung.

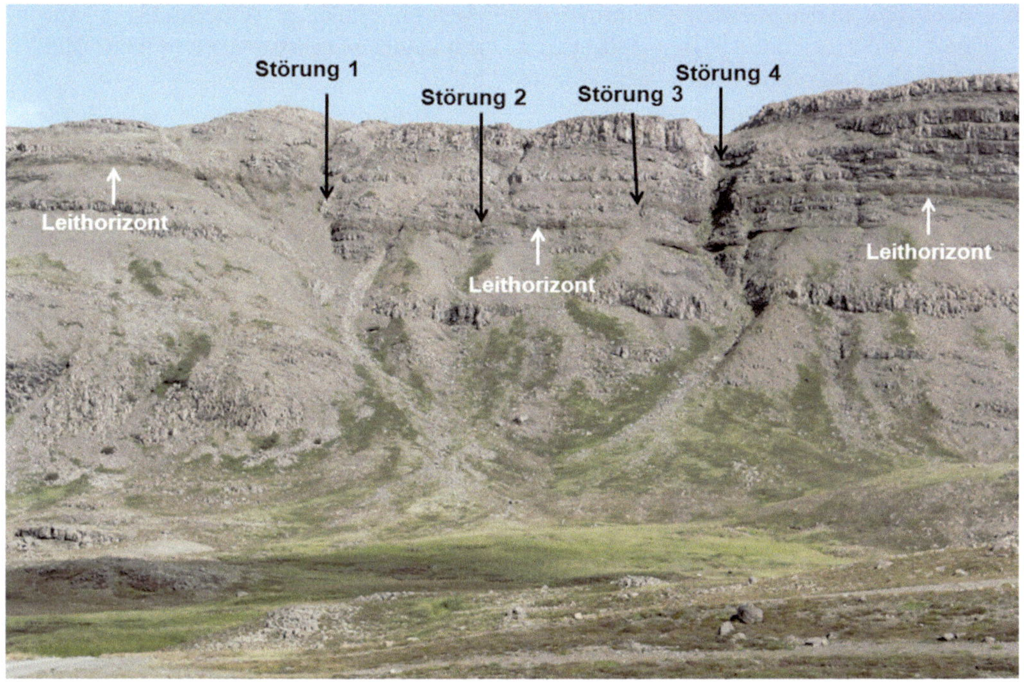

Abb. 11.18 Nahansicht des Grabens im Múlafjall (Abb. 11.17). Der 170 m breite Graben besteht aus vier Hauptstörungen. Störung 1 ist die westliche Grabenrandstörung mit einem Vertikalversatz oder einem Absinken von 30 m. Störung 2 weist einen Versatz von 6 m, Störung 3 einen Versatz von 15 m und Störung 4 einen Versatz von 8 m auf. Die durchschnittliche Neigung („Einfallen") der Störungen beträgt 71°. Störung 1 ist nach Osten geneigt, die anderen drei nach Westen. Der Leithorizont ist eine leicht erkennbare Schicht, die als Referenzschicht verwendet wird, um die Vertikalversatzbeträge der Störungen zu messen: hier eine bräunliche Brekzienschicht. Vgl. Abb. 4.14 für eine allgemeine Darstellung eines Grabens und eines Leithorizonts

— Die Gesamtbreite des Grabens beträgt 170 m. Dies ähnelt dem Abstand zwischen Almannagjá und mehreren nahe gelegenen Störungen (Abb. 5.1 und 5.11). Die Hauptstörung ist nach Osten geneigt (genau wie Almannagjá, Abb. 5.9), wohingegen die anderen drei nach Westen geneigt sind, genau wie die Störungen nahe der Almannagjá.

— Wir sehen hier im Querschnitt also, wie Almannagjá und andere Störungen in Thingvellir vermutlich in Tiefen von rund 900 m unterhalb der Oberfläche aussehen. Beachten Sie (1), dass alle Störungen **geschlossen** sind (nicht offen wie in Thingvellir) und (2), dass es **keine** großen **Zugbrüche** gibt (wie sie in Thingvellir

häufig sind). Dies ist genau das, was wir aufgrund der bruchmechanischen Theorie erwarten konnten. Wie ich in Thingvellir erörtert habe (▶ Kap. 5) sollten große Zugbrüche normalerweise nicht mehr als ein paar Hundert Meter in die Kruste hinunterreichen. Sie sind daher in Tiefen von rund 900 m unterhalb der Oberfläche der Riftzone – wie hier vor der Erosion, als die Brüche entstanden – nicht zu erwarten.

— Wir erkennen auch, dass die Störungen nicht mehr vertikal sind wie in Thingvellir, sondern **geneigt** – sie „fallen ein" heißt es in der Geologie. Auch dies stimmt vollkommen mit der bruchmechanischen Theorie überein. Diese besagt, dass die vertikalen Teile der Abschiebungen nur, wenn überhaupt, in den obersten Zehnermetern oder wenigen Hundert Metern auftreten, nämlich bis zur selben maximalen Tiefe, in die Zugbrüche reichen können.

— Wir bemerken auch, vielleicht nicht ganz so leicht, dass es nirgendwo im Graben größere Gänge gibt. Dies ist in Island normalerweise so. Dort, wo die Plattenbewegungen durch Gangintrusionen aufgefangen werden, gibt es recht wenige Störungen. Im Gegensatz dazu gibt es dort, wo die Plattenbewegungen durch vergleichsweise große Abschiebungen aufgefangen werden, nur wenige Gänge. In Tiefen von vielen Kilometern jedoch werden die Plattenbewegungen in Island wie an Mittelozeanischen Rücken im Allgemeinen fast ausschließlich von Gängen – nicht von Störungen – aufgefangen.

Warum ist nun das, was wir hier sehen, bemerkenswert und interessant? Was ist so besonders an diesen Störungen und dem Graben? Meine erste Antwort ist, dass dieser Querschnitt eine einzigartige Gelegenheit bietet, um die Struktur einer Plattengrenze, einer vulkanischen Riftzone dreidimensional zu untersuchen. Sozusagen erhalten wir durch die Betrachtung der Hänge des Berges Múlafjall und seiner Umgebung einen klaren Eindruck davon, wie aktive Riftzonen, an denen Plattenbewegung gerade stattfinden und sich gelegentlich Vulkanausbrüche ereignen, unterhalb der Oberfläche aussehen – in diesem Fall in Tiefen von 900–1200 m. Wenn wir die Beobachtungen hier mit denen an der Oberfläche aktiver Gebiete zusammenfügen, können wir tatsächlich die **Prozesse** verstehen, die **Erdbeben, Vulkanausbrüche, Grundwasser-** und **geothermische Reservoire** und **Geothermalfelder** (gelegentlich mit Geysiren) in vulkanischen Riftzonen erzeugen. Solche Prozesse sind nicht zu verstehen, wenn wir unsere Aufmerksamkeit nur auf die Oberfläche beschränken. Da wir dreidimensionale Strukturen (und Prozesse) zu erschließen versuchen – wie Erdbebenbrüche, Gänge und Magmakammern – gibt es aus zweidimensionalen (Oberflächen-) Messungen keine einzigartige Lösung für solche Vorhaben.

Meine zweite Antwort ist, dass dieser Teil des Hvalfjördur beachtenswert ist, weil er so nahe bei der aktiven vulkanischen Riftzone liegt. Eine Entfernung von 17 oder 18 km zur Almannagjá ist sehr gering – wir sind fast in der aktiven Riftzone selbst. Diese vielleicht **einzigartige Kombination** – dreidimensionale Strukturen desselben Typs bis in beträchtliche Krustentiefen betrachten zu können, hervorgerufen genau durch dieselben Prozesse, wie sie in der nahe gelegenen aktiven vulkanischen Riftzone wirken – erlaubt ein wirklich tiefes Verständnis davon, wie eine divergente Plattengrenze wie in Island tatsächlich funktioniert. Und gleich um die nächste Ecke – die nächste Straßenkurve – erhalten wir einen weiteren einzigartigen Einblick in häufige Strukturen vulkanischer Riftzonen.

11.7 Querschnitt durch zwei Lavaschilde

Für den **sechsten Halt (6)** müssen Sie einen guten Parkplatz finden, was hier nicht so einfach ist wie am vorherigen Halt. Vorausgesetzt Sie finden einen guten Parkplatz für Ihr Fahrzeug, ist die Aussicht nach Norden wirklich beachtlich. Sie wissen bereits, dass es viele **Lavaschilde** in den aktiven Vulkanzonen Islands gibt. Insbesondere haben Sie den Lavaschild Thráinsskjöldur auf dem Weg von Keflavík nach Reykjavík auf der ersten Tour (► Kap. 2) gesehen sowie den großen Lavaschild Skjaldbreidur nördlich von Thingvellir auf dem „Goldenen Ring" (◘ Abb. 5.14, 6.1, 6.2 und 6.7; Kap. 5 und 6). Auf der Tour zur Reykjanes-Halbinsel (► Kap. 13) können Sie weitere Lavaschilde sehen. Die Schilde bestehen alle aus Pahoehoe-Lavaströmen. Ein außergewöhnlich guter Schnitt durch einen jungen, das heißt 9000 Jahre alten, Pahoehoe-Lavastrom bietet die Westwand der Almannagjá (◘ Abb. 5.5 und 5.6).

Wenn Sie vom sechsten Halt aus nach Norden blicken, sehen Sie den Berg **Thyrill (Þyrill),** der nicht nur einen Querschnitt durch einen, sondern sogar durch Teile **zweier Lavaschilde** bietet (◻ Abb. 11.19, 11.20 und 11.21). Der Kontakt zwischen den beiden Schilden ist sehr scharf und leicht erkennbar, insbesondere weil der untere Schild viel dunkler ist als der obere (◻ Abb. 11.20 und 11.21). Die Fließeinheiten sind aus der Nähe erkennbar (◻ Abb. 11.21). Die Fließeinheiten des jüngeren, hellgrauen, oberen Schildes sind deutlich dicker als diejenigen, die den unteren und älteren Schild aufbauen. Die Fließeinheiten sind hier viel stärker alteriert als diejenigen in den Wänden der Almannagjá, einfach weil die Einheiten in Thyrill seit 1 oder 2 Mio. Jahren Fließwege für Grund- und Thermalwasser darstellen, wohingegen die Einheiten der

Almannagjá nur 9000–10.000 Jahre alt sind. Wegen der Zirkulation von Thermalwasser durch die Gesteine gibt es zahlreiche Sekundärminerale in den Gesteinen, insbesondere Zeolithe. Tatsächlich gibt es wunderschöne **Sekundärminerale** auf beiden Seiten des innersten Teils des Hvalfjördur. Sie können sie sogar als weiße Flecken in den Gesteinen an diesem Halt wie auch auf der weiteren Fahrt sehen.

Der Name des Berges, Thyrill, weist auf seine bekannten stürmischen Winde hin. Grund für die stürmischen Winde ist zum Teil die Form des Berges. In der Draufsicht (aus der Luft) ist der Berg keilförmig, wobei das dünne Ende des Keils nach Südwesten zeigt. In der Tat folgt der nach Nordwesten gewandte Hang, und damit der nach Nordost–Südwest verlaufende Berg, der allgemeinen Richtung

◻ **Abb. 11.19**   Thyrill (Þyrill) ist ein hauptsächlich aus zwei Lavaschilden zusammengesetzter Berg. Die Gesteine des oberen Schildes sind grau, die des unteren dunkelgrau. Zusätzlich gibt es einige andere Schichten, einschließlich Tuff- und Brekzienschichten (Hyaloklastite) im obersten Teil des Berges. Blickrichtung ist Nordosten, der Kontakt zwischen den beiden großen Lavaschilden ist entlang von Abschiebungen auf- und abwärts versetzt (vgl. ◻ Abb. 11.20 und 11.21)

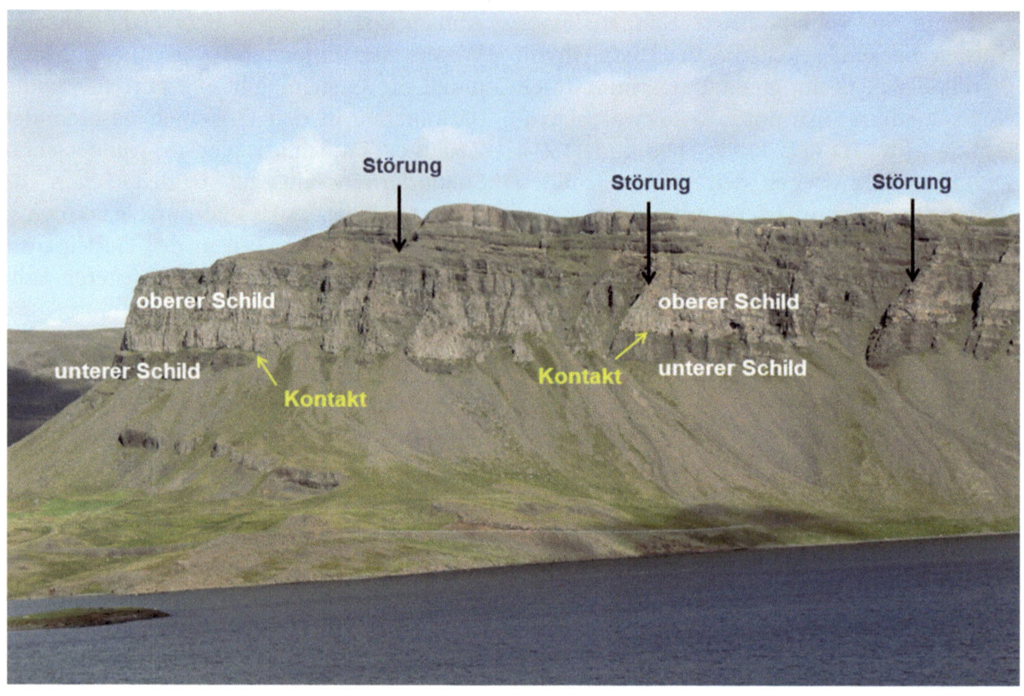

Abb. 11.20   Nahansicht des oberen Teils von Thyrill (Þyrill) mit Blick nach Nordosten. Hier sind Teile des oberen und unteren Schildes zu sehen, sowie viele Abschiebungen. Der Kontakt zwischen dem oberen und unteren Schild ist eingetragen

von Abschiebungen in dieser Gegend (dasselbe tritt im Múlafjall auf, Abb. 11.17 und 11.18) sowie der gesamten Westlichen Vulkanzone (Abb. 2.2). Nordöstliche Winde herrschen im Hvalfjördur-Gebiet vor. Sie werden daher entlang der Kanten und Berghänge sowie einiger der nach Nordosten verlaufenden, durch Störungen hervorgerufenen, Erosionsrinnen des Thyrill verstärkt.

In Thingvellir haben wir geschätzt, dass der Pahoehoe-Lavastrom an der Oberfläche eine Mächtigkeit („Dicke") von mehreren Hundert Metern erreichen kann. In den Felsen des Thyrill, die sich bis in eine maximale Höhe von etwa 390 m über den Meeresspiegel erheben, sehen Sie ähnliche Mächtigkeiten für den oberen, jüngeren Lavaschild sowie Zehnermeter für den unteren (Abb. 11.19 und 11.20). Wir wissen nicht, ob dieser Querschnitt im Thyrill nahe dem Rand der Schilde liegt, wo diese, wie auch die Lavaströme,

dünner sind, oder näher ihrer Mitte, wo die Lavaströme dicker sind. Der Querschnitt durch den Thyrill zeigt jedoch deutlich, dass Pahoehoe-Lavaströme Mächtigkeiten von Zehner- oder **hunderter Meter** erreichen können.

Wenn Sie dem Kontakt zwischen dem älteren und dem jüngeren Schild mit den Augen folgen, bemerken Sie zweierlei (Abb. 11.19 und 11.20). Erstens, dass der Kontakt sanft nach Osten **geneigt** ist und zweitens, dass sich die **Höhenlage** des Kontakts im Berg mehrfach abrupt **ändert.** Die erste Beobachtung haben Sie bereits mehrmals gemacht: Der gesamte Lavastapel im Hvalfjördur-Gebiet ist nach Südosten geneigt, das heißt in Richtung der aktiven Riftzone in Thingvellir. Die zweite Beobachtung hängt mit Erdbebenbrüchen, genauer gesagt mit zahlreichen **Abschiebungen,** zusammen, die die beiden Lavaschilde durchschneiden. Die Häufigkeit

◘ Abb. 11.21   Nahansicht des Kontaktes zwischen dem oberen und dem unterem Lavaschild im Berg Thyrill (Þyrill) im Hvalfjördur mit Blick nach Nordwesten (vgl. ◘ Abb. 11.19 und 11.20)

(Anzahl pro Kilometer), Verteilung und die Versätze der Störungen sind ähnlich denen des Vogar-Spaltenschwarms, den Sie auf dem Weg von Keflavík nach Reykjavík sehen können (◘ Abb. 2.5 und 2.6, Kap. 2). Hier wie im Vogar-Schwarm schneiden sich die Störungen durch dicke Pahoehoe-Lavaströme.

In der Tat wird die Extension oder Krustendehnung (**Spreizung** der Kruste) hier von Abschiebungen dominiert. Beispielsweise gibt es in einem 2,5 km langen Abschnitt oder Profil entlang der Felsen auf ◘ Abb. 11.19 – und ein wenig weiter nach Osten – nur 2 Gänge, aber 20 Abschiebungen. Es gibt auch unzählige potenzielle Abschiebungen, das heißt Säulenklüfte, die begonnen haben, sich zu verbinden. Diese weisen zusammen einige Zentimeter Öffnung auf, haben sich aber noch nicht zu Störungen entwickelt. Diese hängen höchstwahrscheinlich zusammen mit 1) der Hebung des Lavastapels nach der Erosion, die den Berg, die großen Täler und den Fjord bildete sowie 2)

mit **Kompression** aus der Westlichen Vulkanzone. Dies folgt daraus, dass die Hälfte der Klüfte in Richtung **Nordwest–Südost** verlaufen (wohingegen die Richtung fast aller Abschiebungen Nordost–Südwest ist) und daher nicht innerhalb der vulkanischen Riftzone entstanden sind (die Nordost–Südwest verläuft und die meisten ihrer Brüche in Nordost–Südwest-Richtung bringt, wie Sie aus Thingvellir wissen, ▶ Kap. 5 und 6). Einige der Klüfte mögen tatsächlich Blattverschiebungen sein, weil sie fast vertikal sind. Andere hängen höchstwahrscheinlich mit Druck oder horizontaler, Nordwest–Südost gerichteter **Druckspannung** in Verbindung mit dem Druck durch Nordost–Südwest verlaufende Gänge in der vulkanischen Riftzone zusammen (dieser Mechanismus wird in ▶ Kap. 13 weiter erläutert). Letzteres wird dadurch gestützt, dass viele der Nordwest–Südost verlaufenden Klüfte nahezu rechte Winkel (90°) mit den Abschiebungen (und wenigen Gängen) im Gebiet bilden.

Die kumulierte Spreizung aufgrund von Klüften ist jedoch sehr gering. Keine Kluft kann als großer, offener Zugbruch ähnlich wie in Thingvellir und der Riftzone im Allgemeinen klassifiziert werden.

Wie im Múlafjall (vorheriger Halt) sind die Störungen auch hier im Allgemeinen geschlossen. Dies ist zu erwarten, weil wir, wiederum wie im Múlafjall, Lavaströme ansehen, die sich in einer Tiefe von 800–900 m unterhalb der Oberfläche befanden, als die meisten Abschiebungen gebildet wurden. Die kleinen Öffnungsweiten der Klüfte und mancher Störungen, auf den meisten in der Größenordnung weniger Zentimeter, hängen vor allem mit Ereignissen zusammen, die geschahen als die Gesteine und Brüche bereits durch Spreizung aus der Riftzone herausgewandert waren. Im vorliegenden Fall hängen die kleinen Öffnungsweiten wie bereits erwähnt mit Hebung und damit verbundenen Spannungsänderungen nach der Erosion der Täler und des Fjords zusammen.

Hier sollten Sie Folgendes in Hinblick auf das Rifting an divergenten Plattengrenzen wie in diesem Teil Islands mitnehmen: **Spreizung** wird teilweise durch die Bildung von **Abschiebungen** und teilweise durch die Bildung von **Gängen** aufgefangen. Wo Gänge häufig sind, wie an den Halten 2 und 3 dieser Tour, sind Störungen selten und klein. Im Gegensatz dazu sind dort, wo Gänge selten sind, wie an den Halten 5 und 6, Abschiebungen, manche mit vergleichsweise großen Versätzen, häufiger. Es ist leicht zu verstehen, warum diese Zusammenhänge auftreten. Wir müssen dabei berücksichtigen, dass die Langzeit-Spreizungsrate, die mit den Plattenbewegungen in einem bestimmten Gebiet zusammenhängt, nahezu konstant ist. Dies bedeutet, dass über Jahrzehntausende oder Jahrhunderttausende die spreizungsbedingte Dehnung oder Extension der Kruste an einem gegebenen Ort wie Südwestisland generell gleich bleibt. Daraus folgt, dass, wenn ein Großteil dieser Spreizung von Gängen aufgefangen wird, wenig für die Abschiebungen übrig bleibt, wie auch umgekehrt.

11.8 Tafelberg Hvalfell

Wir fahren nun weiter nach Osten bis ins Tal **Botnsdalur,** wo wir den **siebten Halt (7)** einlegen. Von Straße 47 aus fahren Sie nach Osten auf den Schotterweg, der ins Tal hineinführt. Hier gibt es viele Parkgelegenheiten und ich schlage vor, mindestens zweimal anzuhalten: Einmal am Anfang des Schotterwegs und einmal am Ende. Dadurch können Sie einen sehr guten Überblick der Hauptattraktion hier erhalten, nämlich den wunderschönen Tafelberg **Hvalfell** („Walberg"). Dies ist ein nahezu vollkommenes Beispiel eines klassischen Tafelbergs (◘ Abb. 11.22 und 11.23), die, wie Sie wissen, durch basaltische Eruption innerhalb einer Eisdecke oder -kappe gebildet werden. Hvalfell ist etwas größer als Hrafnabjörg, den wir in Thingvellir gesehen haben (◘ Abb. 6.5) und weist mehr die klassische Form eines Tafelbergs auf. Hvalfell stammt jedoch vermutlich aus der vorletzten Kaltzeit und ist möglicherweise 150.000 Jahre alt (ähnlich wie Ármannsfell in Thingvellir), wohingegen Hrafnabjörg während der letzten Kaltzeit entstand und ungefähr 20.000 Jahre alt ist.

Hvalfell hat die ideale Form eines Tafelbergs. Er erhebt sich bis in eine Höhe von etwa 850 m über den Meeresspiegel. Als er entstand, staute er teilweise den Fluss Botnsá auf. Dieses Ereignis trug, gemeinsam mit der Ansammlung von Schmelzwasser von Gletschern am Ende der Eiszeit, auf der Ostseite des Berges zur Bildung eines der tiefsten Seen Islands bei (von den Halten aus nicht zu sehen). Die maximale Tiefe des Sees beträgt etwa 160 m, was ihn zum drittiefsten See Islands macht. Tiefer ist nur Jökulsárlón á Breidamerkursandi (Jökulsárlón á Breiðamerkursandi) – eine berühmte und häufig von Touristen besuchte Lagune in Südostisland, in der auch einige Filmszenen gedreht wurden (beispielsweise für James Bond) – mit einer maximalen Tiefe von 260 m sowie der See Öskjuvatn in der Askja-Caldera in Zentralisland mit einer maximalen Tiefe von ungefähr

▣ Abb. 11.22 Blick nach Osten auf den Tafelberg Hvalfell im Tal Botnsdalur, siehe ▣ Abb. 11.16. Es handelt sich um einen typischen Tafelberg, vgl. ▣ Abb. 11.23

▣ Abb. 11.23 Nahansicht des Berges Hvalfell mit Blick nach Osten. Wie andere Tafelberge besteht er hauptsächlich aus Hyaloklastit (eingetragen) mit einer Kappe aus Basaltlavaströmen

220 m. Im Fluss Botnsá, der im See Hvalvatn und an den nordwestlichen Hängen des Hvalfell entspringt, befindet sich der zweithöchste Wasserfall Islands (nur niedriger als Mosárfoss in Südostisland, der eine Fallhöhe von etwa 240 m aufweist). Dies ist der Wasserfall **Glymur.** Die gesamte Fallhöhe beträgt ungefähr 198 m in eine enge Schlucht hinein. Es ist beliebt, vom zweiten und letzten Parkplatz an unserem siebten Halt aus zum Wasserfall zu wandern. Die Länge des Wanderwegs beträgt etwa 5 km.

Wir wandern nicht zum Glymur, sondern genießen lieber eine Nahansicht des **Botnsúlur,** dem Berg, den wir bereits früher auf dieser Tour und auch auf dem Weg nach Thingvellir gesehen haben. Botnsúlur ist bemerkenswert für seine hohen Gipfel (◘ Abb. 11.24), die alle mehr als 1000 m über den Meeresspiegel reichen, der höchste 1093 m. Botnsúlur ist ein etwas erodierter Hyaloklastit-Berg und war daher vermutlich bei seiner Entstehung, die

während einer subglazialen Eruption vor rund 250.000 Jahren erfolgt sein mag, höher. Das Tal **Botnsdalur** mit dem Fluss Botnsá, der überwiegend grüne Ufer durchfließt (◘ Abb. 11.25), ist ein Gebiet großer natürlicher Schönheit. Oberhalb des Flusses, auf den nördlichen Hängen des Berges Múlafjall (beim sechsten Halt haben wir den Graben in den südlichen Hängen des Múlafjall gesehen) erkennen Sie sanft geneigte Lavaströme, die nach Osten Richtung Botnsúlur und die vulkanische Riftzone bei Thingvellir geneigt sind.

Wir haben nun den Großteil der Tour zum Hvalfjördur abgeschlossen. Es gibt zwei Möglichkeiten für den Rückweg. Eine ist, denselben Weg zurückzufahren, wie Sie gekommen sind, das heißt entlang der Südseite des Hvalfjördur zur Straße 1 und dann nach Reykjavík. Die andere Möglichkeit ist, vom siebten Halt aus weiter zu fahren bis zur Kreuzung der Straße 47 mit Straße 1. Von dort aus fahren Sie auf Straße 1 weiter nach Süden und dann

◘ **Abb. 11.24**   Botnsúlur, ein erodierter Hyaloklastit-Berg mit mehreren erkennbaren Gipfeln. Blickrichtung nach Osten, der Berg ist auch auf ◘ Abb. 11.16 und 4.12 zu sehen

■ **Abb. 11.25**   Sanft geneigte („einfallende") Lavaströme in den nördlichen Hängen des Berges Múlafjall (s. ■ Abb. 11.16) mit Blick nach Osten. Die Neigung beziehungsweise das Einfallen der Lavaströme nimmt mit größerer Tiefe im Lavastapel, das heißt tiefer in der Kruste, zu, wie bei ■ Abb. 4.6 erklärt und in Kap. 4 erläutert. Die Neigung oder das Einfallen ist nach Osten in Richtung der Westlichen Vulkanzone

nach Südwesten durch den untermeerischen Hvalfjördur-Tunnel, um die Südseite des Hvalfjördur zu erreichen und dann nach Reykjavík. Wenn Sie die zweite Möglichkeit wählen, werden Sie durch das Zentrum des Hvalfjördur-Vulkans fahren. Die wichtigsten Berge, an denen Sie vorbeifahren, habe ich bereits beschrieben. Diese sind, von Osten nach Westen, Thyrill, Brekkukambur und Thúfufjall. Unterwegs gibt es viel zu sehen, aber was die allgemeine Geologie betrifft, habe ich dies bereits erläutert. Wenn Sie den Tunnel erreichen, ist der Lavastapel im Berg Akrafjall zu erkennen, der auf Sie zu (nach Osten) geneigt ist, während der viel höhere und größere Berg Skardsheidi (Skarðsheidi) im Norden liegt. Beide Berge bestehen hauptsächlich aus Lavaströmen und wurden durch Erosion und Hebung gebildet, auf dieselbe Weise, die wir auf dieser Tour bereits gesehen haben.

Reykjavík-Hengill

© Springer-Verlag GmbH Deutschland 2018
Á. Gudmundsson, *Die faszinierende Geologie von Islands Südwesten*,
https://doi.org/10.1007/978-3-662-56025-9_12

Es gibt viele gute Gründe für eine Tour zum Hengill-Vulkan (Abb. 12.1). Es handelt sich um einen aktiven Vulkan – tatsächlich das Zentrum des Hengill-Vulkansystems (Abb. 2.2 und 2.3), zu dem auch der Thingvellir-Graben gehört – dessen letzte Eruption nur 2000 Jahre her ist. Es gibt viele aktive Geothermalfelder und ein Geothermiekraftwerk. Der Hauptgrund für einen Besuch des Hengill ist jedoch seine einzigartige und, je nach Geschmack, **wunderschöne Landschaft.** Die Landschaft wird geprägt durch enge Täler, getrennt durch noch schmalere Rücken. Einige der Rücken sind Hyaloklastit-Rücken, entstanden durch Vulkanausbrüche unter einem Gletscher und sozusagen konstruktiv. Viele der Rücken und Täler dazwischen wurden hingegen überwiegend durch große Abschiebungen gebildet – einschließlich der größten, die Sie wahrscheinlich in Island aus der Nähe sehen können. Zusätzlich bietet

einer der vorgeschlagenen Halte dieser Tour eine schöne und leicht erreichbare Aussicht auf den See Thingvallavatn. Selbstverständlich lohnt sich vieles, was Hengill zu bieten hat, nur dann, wenn Sie diese Tour bei guter Sicht machen.

Wir fahren von Reykjavík auf Straße 1 Richtung Osten. Sobald wir an den Pseudokratern Raudhólar vorbei sind (Abb. 9.8 und 9.9) biegen wir links ab (nach Nordosten) auf Straße 431, der wir bis zum Hengill folgen. Die Straße führt die meiste Zeit über völlig ebenen Boden. Der Boden ist die Oberfläche des Lavaschildes **Mosfellsheidi (Mosfellsheiði),** der vor mehreren Jahrhunderttausenden während gletscherfreier Perioden (Warmzeiten, Interglazialen) entstand. In der Tat ist Mosfellsheidi ungefähr so alt wie viele der Schilde, die einen Teil der Landschaft Reykjavíks bilden (▶ Kap. 3). Auf unserem Weg nach Thingvellir führte ein Teil

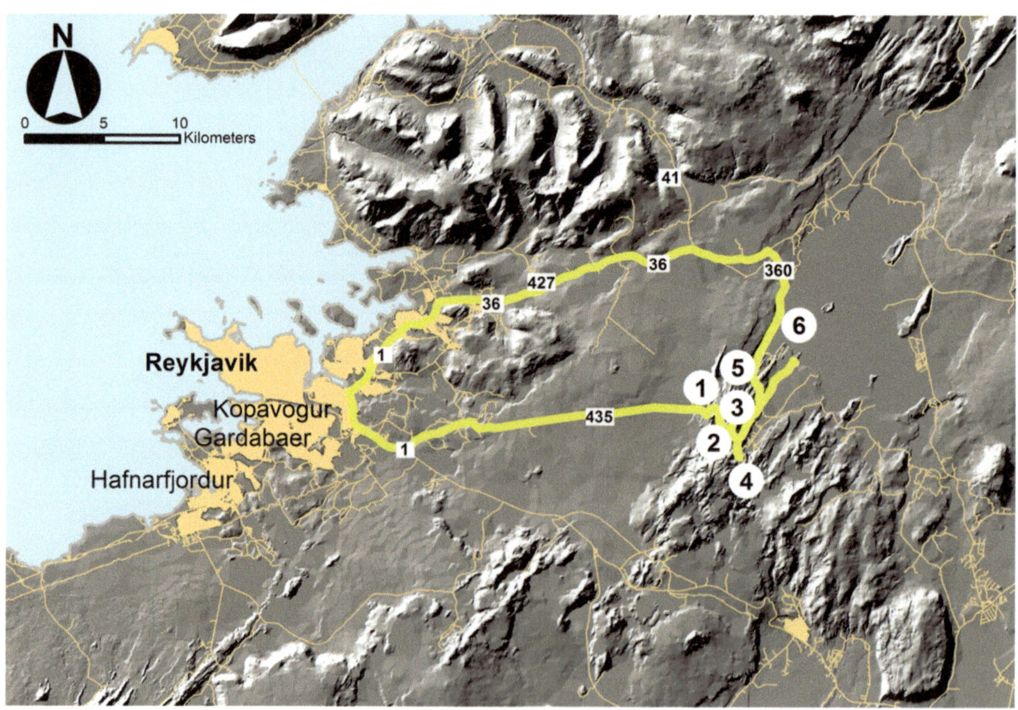

Abb. 12.1   Karte der Tour zum Hengill-Vulkan. Die vorgeschlagenen Halte sind als eingekreiste Ziffern 1 bis 6 eingetragen

der Straße entlang demselben Lavaschild (► Kap. 4). Parallel zur Straße leitet eine große Röhre heißes Wasser vom Geothermiekraftwerk Nesjavellir am Hengill nach Reykjavík.

Die Landschaft des Hengill ist einzigartig und spektakulär. Teile davon sind am besten im Zusammenhang aus der Luft zu sehen, weil viele der Strukturen so groß sind, dass es schwierig ist, sie vom Boden aus zu ergründen und zu würdigen. Ich zeige also viele Strukturen, wie Sie diese vom Boden aus erkennen können, und bringe sie dann in einen größeren Zusammenhang mit anderen Strukturen, wie sie auf Luftbildern aussehen.

12.1 Hyaloklastit-Rücken

Wir legen den **ersten Halt (1)** ein, sobald wir die Hyaloklastite des Hengill erreicht haben. Hier gibt es einen guten Parkplatz, von dem aus wir einen kleinen Teil eines viel größeren Hyaloklastit-Rückens sehen (◩ Abb. 11.2). Ich habe Hyaloklastit-Rücken in ► Kap. 6 kurz erwähnt. Hier kann ich sie detaillierter erläutern, insbesondere mit Verweis auf ◩ Abb. 11.3, einem Luftbild eines großen Teils des Hyaloklastit-Rückens **Sköflungur.** Es gibt zwei Hauptunterschiede zwischen einem Hyaloklastit-Rücken und einem Tafelberg (◩ Abb. 6.5, 6.6, 11.22 und 11.23). Der erste ist, dass während der Entstehung eines Rückens der Förderschlot niemals die Wasseroberfläche des Sees (der durch Schmelzen der Eiskappe entsteht, ◩ Abb. 6.6) erreicht, sodass sich keine Lavakappe auf dem Hyaloklastit bildet. Im Gegensatz dazu reicht der Förderschlot bei einem Tafelberg schließlich über die Seeoberfläche, sodass subaerische (das bedeutet „unter Luft", also auf dem trockenen Land statt unter Wasser, was wiederum subaquatisch oder bei Meerwasser submarin heißt) Lavaströme entstehen können. Der zweite Unterschied ist, dass bei einem Rücken die Eruption nicht merklich auf einen oder einzelne Förderschlote beschränkt ist. Der Rücken entsteht hauptsächlich, wenn

ein großer Teil des Förderschlotes bzw. der Vulkanspalte – oder gar die gesamte – eruptiert. Dies wiederum ist anders bei Tafelbergen, bei denen die Eruption auf einen kleinen Teil oder ein Segment der Vulkanspalte beschränkt bleibt, oft tatsächlich auf einen einzigen Förderschlot oder Krater.

Es gibt rezente („heutige") eruptive Analogien zu diesem Hyaloklastit-Rücken. Die vielleicht relevanteste war die **Gjálp-Eruption** 1996 im Vatnajökull-Gletscher (siehe ◩ Abb. 2.2). Diese Eruption, in ► Kap. 1 bereits erwähnt, bildete einen Hyaloklastit-Rücken (genauer: einen neuen Rücken auf einem älteren Rücken). Der Förderschlot reichte jedoch kaum über den Wasserspiegel des länglichen Schmelzwassersees, sodass keine subaerische Lava eruptierte. Der entstandene Rücken war etwa 6000–7000 m lang und über 200 m hoch. Der Gjálp-Rücken ist also etwas größer als der Sköflungur-Rücken, der ungefähr 4500 m lang ist und sich bis zu 180 m über seine Umgebung erhebt – bis in eine Höhe von etwa 420 m über den Meeresspiegel (die angrenzende Oberfläche liegt überwiegend zwischen 200 und 300 m über dem Meeresspiegel).

Der Sköflungur-Rücken ist, geologisch gesehen, jung und höchstwahrscheinlich gegen Ende der letzten Kaltzeit entstanden. Das heißt, Sköflungur ist ähnlich alt wie der Tafelberg Hrafnabjörg in Thingvellir, ungefähr 20.000 Jahre. Seine Richtung ist dahingehend bemerkenswert, dass die Südhälfte des Rückens nach Norden verläuft, die Nordhälfte jedoch nach Nordosten (◩ Abb. 12.2 und 12.3). Die Richtung der Nordhälfte ist also völlig parallel zu der der meisten Störungen (und Rücken) im Hengill-Vulkansystem (◩ Abb. 2.3), während die Richtung der Südhälfte, nahe beim Hengill-Vulkan selbst, sich davon unterscheidet. Diese Richtungsänderung mit zunehmender Entfernung von einem Zentralvulkan tritt in Vulkansystemen häufig auf. Die Zentralvulkane, insbesondere ihre oberflächennahen Magmakammern, **verändern** das regionale **Spannungsfeld,** das die Bildung von Abschiebungen, Zugbrüchen und regionalen Gängen weit vom

Abb. 12.2   Teil des Hyaloklastit-Rückens Sköflungur mit Blick nach Norden (vgl. **Abb. 12.3**)

Abb. 12.3   Luftansicht des Nordteils des Hyaloklastit-Rückens Sköflungur mit Blick nach Norden. Auch ein Teil des Sees Thingvallavatn ist im Hintergrund zu sehen

Vulkan entfernt kontrolliert, in der Art, dass um den Vulkan selbst ein lokales Spannungsfeld entsteht. Dieses lokale Spannungsfeld ist normalerweise deutlich anders als das regionale – insbesondere ist das lokale Spannungsfeld viel komplexer – und führt zu den Kegelgängen und radialen Gängen, die ich auf der Tour zum Hvalfjördur erwähnt habe (Abb. 11.3, Kap. 11). Das lokale Spannungsfeld ist beispielsweise für die Entstehung von Einsturzcalderen (Abb. 4.10 und 11.14) verantwortlich. Tatsächlich gibt es in der Nähe des Hengill viele Nord–Süd sowie auch Ost–West verlaufende Erdbebenbrüche, die alle mit dem lokalen Spannungsfeld im Vulkan zusammenhängen.

12.2 Fördergang

Der **zweite Halt (2)** besteht aus zwei Teilen. Zunächst halten wir kurz in einem Tal, um einen Überblick von dessen Struktur zu erhalten (Abb. 12.4) – dazu später mehr. Etwas weiter halten wir an einem Fördergang und einem Hyaloklastit-Rücken. Der Gang ist auf einer Straßenseite erodiert, sodass er einen offenen Raum, eine Art Höhle, hinterließ (Abb. 12.5). Auf der anderen Straßenseite ist er nicht erodiert und mit einer kleinen Intrusion im Hyaloklastit verbunden (Abb. 12.6). Der Gang ist eindeutig ein **Fördergang** („Magmalieferant") für einen Teil des Hyaloklastit-Rückens. Er wurde erodiert, wo er sich als weicher als das umgebende Gestein herausstellt, daher die Höhle. Auf der anderen (nördlichen) Straßenseite sind Gang und Nebengestein jedoch ähnlich widerstandsfähig gegen Erosion, sodass der Gang weder ein kleinen Rücken oder eine Mauer darstellt (aus der Umgebung heraussteht), wie viele der Gänge im Hvalfjördur (Abb. 11.8 bis 11.10), noch eine Senke oder Höhle.

Um diese Beobachtungen vom Boden aus einzuordnen, lassen Sie uns den zweiten Halt

Abb. 12.4   Nahezu vertikale Störungsfläche im Hengill-Gebiet. Blickrichtung ist nach Nordosten, die Abschiebung durchzieht Hyaloklastit (vergleiche Abb. 12.7 und 12.8)

Abb. 12.5   Blick nach Süden auf einen Teil eines Förderganges. Das Gangmaterial ist überwiegend verschwunden, vermutlich hauptsächlich durch Erosion, was zu einem fast leeren Bruch mit einer Öffnungsweite von 1,5 m geführt hat. Im Mittelteil des Ganges könnte am Ende der Eruption das Magma „versickert" sein, wie es bei der Bildung von Einsturzkratern und ähnlichen Strukturen häufig ist (vergleiche die Diskussion über Kerid, ▶ Abschn. 9.2). Das umgebende Gestein, also das Nebengestein, ist Hyaloklastit

und seine Umgebung aus der Luft betrachten (■ Abb. 12.7 und 12.8). Hier sehen wir Rücken, die die Landschaft sehr deutlich prägen. Insbesondere erkennen wir den Rücken, der von der Straße angeschnitten wird, und den Gang mit der Höhle auf der Südseite der Straße. Alle Rücken haben im Grunde die gleiche Richtung wie die meisten Störungen und Vulkanspalten im Hengill-Vulkansystem, das heißt Nordost–Südwest. Die Landschaft wird zum Teil von Hyaloklastit-**Rücken** und zum Teil durch **Abschiebungen** kontrolliert (■ Abb. 12.3 und 12.4), wie auch auf ■ Abb. 12.7 und 12.8 angedeutet ist. Genauer gesagt entstanden die Hyaloklastite alle bei Vulkanausbrüchen unter Gletschern der letzten Kaltzeit und sind also überwiegend zwischen 20.000 und 100.000 Jahre alt. Während diese Rücken durch Vulkanausbrüche gebildet wurden, also konstruktive Landschaftsstrukturen sind, ist klar, dass viele andere zu steile Wände haben, um auf diese Weise entstanden zu sein. Dies gilt für die Wand auf ■ Abb. 12.4 und ist noch besser auf den Luftbildern ■ Abb. 12.7 und 12.8 zu sehen. Diese nahezu vertikalen Wände sind Erdbebenbrüche, genauer gesagt: Abschiebungen, die zu einem großen Teil die Landschaft des Hengill und seiner Umgebung geformt haben. Ich zeige einige der Störungswände, regelrechte Stufen, auf ■ Abb. 12.7.

◘ Abb. 12.6 Blick nach Norden auf denselben Fördergang wie auf ◘ Abb. 12.5, jedoch nicht erodiert. Die Breite des Ganges variiert, aber beträgt im Mittel etwa 1,5 m. Das Nebengestein ist überwiegend Hyaloklastit

Dieser Teil des Hengill-Gebiets heißt **Dyrafjöll** („Türberge"), ein Name, der sich vermutlich von den vielen „türblattartigen" Störungswänden ableitet. Wie ich später auf dieser Tour erläutere (▶ Abschn. 12.4), hängen auch die Thermalquellen mit Störungen und Gängen zusammen: Die Quellen neigen dazu, Störungen und Gängen zu folgen.

12.3 Geologie des Hengill – Überblick

Wir fahren nun zum **dritten Halt (3)**. Hier können Sie Ihr Fahrzeug entweder bei den zwei weißen Zylindern parken und ein paar Zehnermeter nach Norden auf dem Schotterweg gehen oder, wenn Sie ein Allradfahrzeug

◘ Abb. 12.7 Luftansicht mit der Lage des Förderganges von ◘ Abb. 12.5 und 12.6 sowie mehreren nahezu vertikalen Wänden, die Teile von Abschiebungen bilden (s. a. ◘ Abb. 12.4). Teil des Berges Bláfjöll im Hintergrund (vgl. ◘ Abb. 9.7 des Bláfjöll)

12

haben, auf dem Weg den Hügel hinauffahren. Wenn Sie oben angekommen sind und gute Sicht haben, ist die Aussicht spektakulär. Hier erläutere ich zunächst die Strukturen, die vom Boden aus zu erkennen sind und dann, wie sie aus der Luft aussehen, um sie in einen größeren Kontext einzuordnen. Nach Nordosten (◘ Abb. 12.9) sehen Sie fast den gesamten **See Thingvallavatn** mit seinen Inseln und im Hintergrund die Berge Ármannsfell, Skjaldbreidur, Hrafnabjörg und andere (◘ Abb. 5.14, ▶ Kap. 5 und 6). Nähergelegen, an der Südküste des Sees, ist der jüngste Lavastrom des ganzen Systems, der 2000 Jahre alte Pahoehoe-Lavastrom **Nesjahraun.** Aus der Luft bietet sich eine andere Perspektive (◘ Abb. 12.10) derselben Strukturen. Die Berge auf der Ostseite des Sees Thingvallavatn, nämlich **Arnarfell** (direkt am See) und **Midfell (Miðfell)** nahe des Sees, beides

Hyaloklastit-Rücken, sind auf ◘ Abb. 12.10 besser zu erkennen als auf ◘ Abb. 12.9.

Nach Osten sehen wir nun einen Teil des **Nesjavellir-Kraftwerks** in einem Graben, dessen größten östlichen Abschiebungen sehr deutlich sind (◘ Abb. 11.11). Die Bewegungen oder Versätze auf diesen Störungen erreichen Zehnermeter. Um diese großen Störungen in Zusammenhang zu bringen, biete ich auch Luftansichten (◘ Abb. 12.12, 12.13 und 12.14). ◘ Abb. 12.12 liefert einen Blick nach Nordwesten mit den Störungen von ◘ Abb. 12.11 sowie auf unseren Standort (dritter Halt), von dem aus ◘ Abb. 12.11 aufgenommen wurde. Auf ◘ Abb. 12.12 wird deutlich, dass das Nesjavellir-Kraftwerk innerhalb eines schmalen Grabens liegt, dem **Hengill-Graben.** Mehrere der Hauptstörungen von ◘ Abb. 12.11 sind auf ◘ Abb. 12.12 eingetragen, die jedoch spät am Tag aufgenommen wurde, sodass große

◙ Abb. 12.8 Luftansicht mit anderer Perspektive auf die Lage des Ganges von ◙ Abb. 12.5 bis 12.7 mit Blick nach Nordwesten. Im Hintergrund auch der Hyaloklastit-Rücken Sköflungur (◙ Abb. 12.2 und 12.3)

Teile von Hengill selbst sowie die Störungen auf der Westseite des Grabens im Schatten liegen. Die Geothermalfelder neigen dazu, den Störungen zu folgen – wie leicht an dem Dampf zu erkennen ist, der aus den südwestlichen Teilen der Störungen herauskommt (► Abschn. 12.4).

Um die Störungen detaillierter zu betrachten und um zu erfassen, wie sie sich mit der Zeit entwickeln, zeige ich zwei zusätzliche Luftbilder (◙ Abb. 12.13 und 12.14). Beide sind mit Blick nach Nordosten aufgenommen. Auf ◙ Abb. 12.13 sind die Störungswände im Schatten diejenigen, die auf ◙ Abb. 12.11 und 12.12 dem Kraftwerk am nächsten liegen. Sie bilden den tiefsten Teil des Hengill-Grabens. Im Hengill-Gebiet gibt es viele Erdbeben, aber die meisten sind so schwach (kleiner als Magnitude 2), dass Sie sie nicht spüren würden. Zum Beispiel gab es im Zeitraum von 1994 bis 2000 eine außergewöhnliche Aktivität im Hengill, mit Hebung oder Aufdomung der Oberfläche des Vulkans (◙ Abb. 12.15)

um mehrere Zentimeter. Während dieses Zeitraums von ungefähr sechs Jahren ereigneten sich im Hengill und der Umgebung rund 100.000 Erdbeben. Dies war jedoch außergewöhnlich und, wie gesagt, waren die meisten Erdbeben so schwach, dass sie nicht von Menschen gespürt werden konnten.

Nichtsdestotrotz sind die Störungen aktiv. Dies kann man leicht auf ◙ Abb. 12.14 zeigen, wenn man sie in die jüngsten Lavaströme in der Gegend, insbesondere den Nesjahraun, verfolgt. Hier sehen wir die Fortsetzung der in den Hyaloklastit-Schichten großen Störungen in den 2000 Jahre alten Nesjahraun sowie den 5700 Jahre alten **Hagavíkurhraun.** Sie bemerken sofort, insbesondere wenn Sie diese Abbildung mit ◙ Abb. 12.12 und 12.13 vergleichen, wie klein in diesen jungen Lavaströmen die Bewegung, der Versatz, auf den Bruchwänden ist. Der Versatz ändert sich abrupt von vielen Zehnermetern zu höchstens wenigen Metern, wo die Störungen in die jungen Lavaströme reichen.

Abb. 12.9   Blick nach Nordosten über Nesjahraun, den See Thingvallavatn, dessen Inseln und die umliegenden Berge. Für die Namen der Inseln und Berge siehe ▪ Abb. 5.14 und 12.10

Warum erfolgt die Änderung des Versatzes so abrupt? Dies liegt daran, dass Abschiebungen in den Vulkanzonen Islands Jahrzehntausende oder Jahrhunderttausende lang aktiv sind (zum Vergleich können die größten Störungen auf der Erde Millionen Jahre aktiv sein). Wenn also ein neuer Lavastrom eruptiert, der teilweise oder völlig ein existierendes, aber noch aktives Störungssegment bedeckt, kann nach der Platznahme der Lava und abhängig von seiner Mächtigkeit („Dicke") kein Bruch an der Oberfläche zu erkennen sein, wo die Lava die Störungswände überdeckt. Wenn sich Spreizung und Erdbeben aber fortsetzen, brechen die alten Störungswände durch den neuen Lavastrom. Die Bewegungen der Wände, die in dem jungen Lavastrom zu sehen sind, sind jedoch nur diejenigen, die geschahen, nachdem die Lava gebildet wurde. Daraus folgt, dass wir in Nesjahraun und Hagavíkurhraun nur diejenigen

Störungsversätze beobachten, die während der letzten 5700 Jahre bei Hagavíkurhraun beziehungsweise 2000 Jahre bei Nesjahraun, also seit Entstehung der Lava, erfolgten. Da die Spreizungsrate niedrig ist, weniger als ein Zentimeter pro Jahr, ist auch die Störungsbewegung bei damit zusammenhängenden Erdbeben gering. Daher weisen die aktiven Störungen nur **kleine Versatzbeträge** auf.

Sie können bemerken, dass es keine großen, weit geöffneten, reinen Zugbrüche in den jungen Lavaströmen gibt, die im Thingvellir-Graben so häufig sind (▪ Abb. 5.1, 5.11, 5.12 und 5.13). In Nesjahraun und Hagavíkurhraun sind alle Brüche ganz klar Abschiebungen. Der Hauptgrund für diesen Unterschied in der Bruchgeometrie liegt darin, dass die reinen Zugbrüche in Thingvellir eben nur das sind – reine Zugbrüche. Höchstwahrscheinlich hängen sie nicht mit

Abb. 12.10   Luftansicht von Nesjahraun (vgl. Abb. 12.14 und 12.21). Ebenso eingetragen sind die großen Hyaloklastit-Berge östlich des Sees Thingvallavatn, nämlich Arnarfell und Midfell (Miðfell). Für die Namen der anderen Berge und Inseln siehe Abb. 5.14

irgendwelchen Abschiebungen in der Tiefe zusammen – diejenigen, die dies tun, können en-échelon-Systeme bilden (Abb. 5.16). Im Gegensatz dazu sind die Brüche in Nesjahraun und Hagavíkurhraun offenbar alle Verschneidungen mit den Oberflächen („Ausbisse") begrabener Abschiebungen – wie aus ihrer Fortsetzung nach Süden in die Störungen in den Hyaloklastit-Schichten deutlich wird (Abb. 12.13 und 12.14).

Ein zweiter Grund für die unterschiedliche Erscheinung der Brüche hängt mit den Eigenschaften der Lavaströme zusammen. In Thingvellir durchschneiden die Brüche einen vergleichsweise steifen („harten") und sehr mächtigen („dicken") Pahoehoe-Lavastrom. Zugbrüche entstehen ganz leicht entlang von existierenden Abkühlungs- oder Säulenklüften, die sich bis zur Oberfläche des Lavastroms erstrecken. Die Nesjahraun- und

Hagavíkurhraun-Laven sind jedoch teilweise Aa-Lavaströme mit einer vergleichsweise „weichen" Brekzie, das heißt einer losen, zerbrochenen Gesteinsschicht, an der Oberfläche. Diese weiche Schicht entwickelt nicht so leicht reine Zugbrüche, sondern neigt zur Entwicklung von Störungen. Als Analogie denken Sie an nassen und trockenen Sand. Wir wissen alle aus der Kindheit, dass angemessen feuchter Sand aufreißen kann – es entstehen Zugbrüche, auch wenn wir den Namen solcher Brüche nicht wissen. Dies liegt daran, dass das Wasser dem Sand Zusammenhalt (Kohäsion) verleiht, was geologisch gesehen das gleiche ist wie Zugfestigkeit. Dies wiederum ist der Grund dafür, dass wir Sandburgen aus feuchtem Sand bauen können. Trockener Sand hingegen kann nur durch wandparallele Bewegung versagen, das heißt geologisch ausgedrückt, durch Entstehung von Störungen.

Abb. 12.11   Blick nach Osten auf einen Teil des Geothermiekraftwerks Nesjavellir und auf viele der Abschiebungen, die den östlichen Teil des Hengill-Vulkansystems bilden – insbesondere den Hengill-Graben. Für Luftansichten dieser Störungen und der Umgebung siehe ■ Abb. 12.12, 12.13 und 12.14

Trockener Sand weist kaum Kohäsion auf, was der Hauptgrund dafür ist, dass wir keine Sandburgen aus trockenem Sand bauen können.

Wir bemerken auch, wie gewunden oder kurvig einige der Störungen sind, sowohl in den älteren Gesteinen (■ Abb. 12.13) als auch in dem jungen Lavastrom (■ Abb. 12.14). Diese wellige Geometrie ist typisch für Abschiebungen in Riftzonen (■ Abb. 2.5 und 2.6). Sie hängt zum Teil damit zusammen, wie diese sich durch Verbinden ursprünglich abgesetzter Segmente oder Teile ausbreiten. Teilweise hat dies jedoch auch mit Änderungen der Festigkeiten und Spannungen im Gestein zu tun. Spannungen variieren in den Krustengesteinen abhängig von deren Eigenschaften und der Belastung (hier den plattentektonischen Kräften). Weiterhin entstehen die Brüche bei einer

gegebenen Spannung schließlich dort, wo das Gestein am schwächsten ist. Die Festigkeit von Gesteinen variiert beträchtlich, sogar innerhalb eines einzelnen Lavastroms. Wenn die Zeit vergeht, werden die kleinen Störungen in den Nesjahraun- und Hagavíkurhraun-Lavaströmen nach und nach **größer,** das heißt, die Bewegungen der Wände werden andauern und die Versätze vergrößern. Dieser Prozess dauert an, solange die Störungen günstig dafür orientiert sind, dass sie Spannung konzentrieren können und Erdbeben generieren. Schließlich bewegen sich die Störungen jedoch aus der hauptsächlichen Riftzone heraus und werden **inaktiv**. Im Hengill-Vulkansystem dauert diese Bewegung mehrere Hunderttausend Jahre.

Wenden wir uns wieder unserem Standort zu, dem dritten Halt. Wir haben bereits

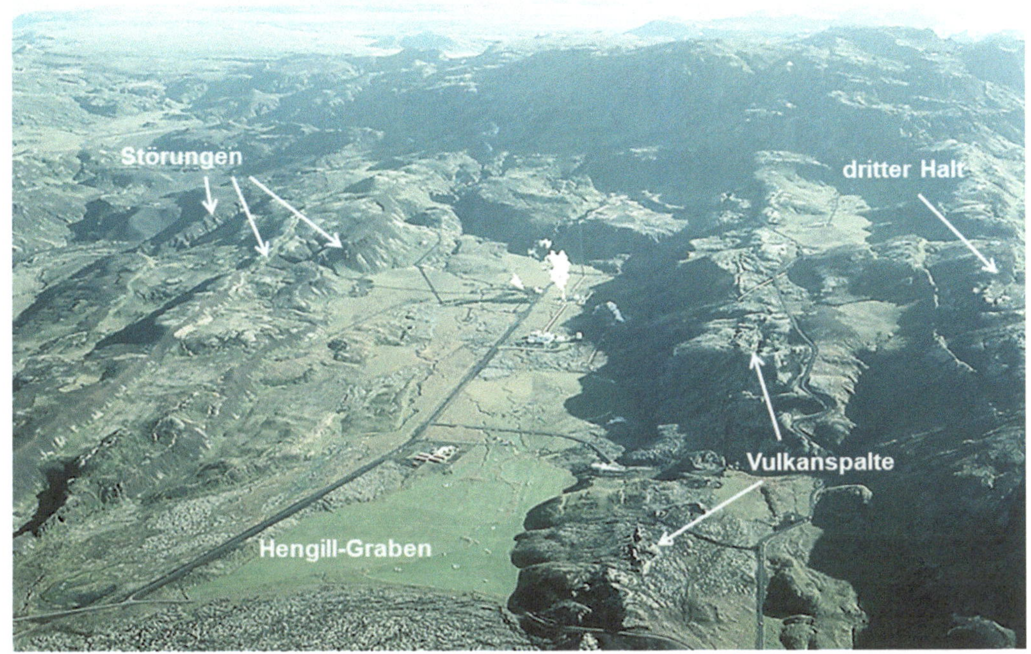

Abb. 12.12 Der tiefste Teil des Hengill-Grabens (beschriftet). Luftansicht nach Süden, dieser Teil ist überwiegend zwischen 700 m bis etwa 1800 m breit. Das Foto wurde gegen Abend aufgenommen, daher die Schatten. Die Krater im Rücken rechts der Mitte (rechts der Wiesen und des Kraftwerks) sind Teil der Nesjahraun-Vulkanspalte. Die Spalte und ihr Fördergang trafen die Oberfläche also nicht am tiefsten Punkt, sondern bis zu 150 m höher. Dies zeigt, dass es wahrscheinlich eine existierende Schwächezone gab, eine Störung oder einen Bruch, die den magmatischen Gang in diesen Teil lotste. Ebenso eingetragen ist der Ort des dritten Haltes

nach Norden und Osten geschaut. Jetzt blicken wir nach Süden, das heißt auf **Hengill** selbst (Abb. 12.15). Hier ist der Graben, der durch den Gipfel des Berges schneidet, deutlich zu sehen. Weiterhin erinnert uns die Form des Berges an Tafelberge (Abb. 6.5, 11.22 und 11.23). Hengill ist jedoch kein Tafelberg im üblichen Sinne, das heißt einer, der in einer einzigenoder höchstens in wenigen Eruptionen entstand. Hengill ist vielmehr ein **Zentralvulkan,** der in zahlreichen Eruptionen in den letzten Jahrhunderttausenden gebildet wurde. Tatsächlich sind die ältesten Gesteine im Hengill-Gebiet durchschnittlich ungefähr 800.000 Jahre alt. Hengill selbst erhebt sich bis zu knapp über 800 m über den Meeresspiegel und ist daher

fast 700 m höher als der tiefste Teil des Hengill-Grabens und die Oberfläche des Sees Thingvallavatn.

Wir haben Hengill und den östlichen Teil des Störungs- und Grabensystems bereits aus der Luft gesehen (Abb. 12.12, 12.13 und 12.14). Hier können wir die Beziehung zwischen den größten Störungen auf der westlichen Seite des Störungssystems und Hengill hinzufügen (Abb. 12.16). Hier ist der Graben im Gipfelgebiet des Hengill noch einmal sehr deutlich. Die Hauptstruktur ist jedoch die große Störung am westlichen Rand des gesamten Bruchsystems. Diese Störung namens **Jórukleif** ist eine Fortsetzung der Almannagjá in Thingvellir und bildet die westliche Grenze des gesamten

Abb. 12.13 Luftansicht mehrerer Störungen, die auf Abb. 12.11 vom Boden aus zu sehen sind. Dies sind die Hauptstörungen auf der Ostseite des Hengill-Grabens. Manche davon sind auch auf Abb. 12.12 und 12.14 zu sehen

Hengill-Thingvellir-Grabens. Ich erläutere die Störung an einem späteren Halt detaillierter (▶ Abschn. 12.6), wenn wir vom Hengill-Gebiet aus nach Nordosten fahren. Nun jedoch schauen wir uns das Geothermalgebiet und das Kraftwerk genauer an.

12.4 Geothermie

Wir fahren nun also zum **vierten Halt (4).** Hier gibt es einen guten Parkplatz und mehrere Pfade, die Sie entlanggehen können, um einen guten Blick auf das Kraftwerk selbst, den Graben, in dem es liegt, sowie die Geothermalfelder und -bohrungen zu erhalten. Wenn wir zuerst den Pfad nach Osten gehen, erblicken wir das Kraftwerk und die nahegelegenen Störungen (Abb. 12.17). Das Kraftwerk produziert rund 120 MW (120 Mio. Watt) **elektrischen Strom** und versorgt zusätzlich einen Teil der Hauptstadtregion (▶ Kap. 2) mit etwa 1100 l Wasser pro Sekunde mit einer Temperatur von etwa 84 °C zum **Heizen** (vor allem Gebäudeheizung). Tatsächlich bringt das große Rohr, das wir auf unserem Weg zum Hengill gesehen haben, dieses heiße Wasser in die Hauptstadtregion. Das Kraftwerk Nesjavellir ist das zweitgrößte Geothermiekraftwerk Islands, nur übertroffen vom nahen Kraftwerk Hellisheidi (Hellisheiði), dessen Stromproduktion knapp über 300 MW beträgt (▶ Kap. 9).

Wir gehen nun zum Parkplatz zurück und fahren 300 m weiter nach Süden zum größten Parkplatz, von dem aus es einen Wanderweg zu vielen der Bohrungen und Geothermalfelder gibt. Es gibt viele **Bohrungen**. Diejenigen, die gerade Dampf produzieren, können sehr laut sein (Abb. 12.18). Das **Geothermalfeld** im Hengill-Gebiet ist eines der größten Islands – vielleicht insgesamt um die 100 km^2

Abb. 12.14 Brüche, die sich aus dem Hyaloklastit bis in holozäne Lavaströme erstrecken. Der Versatz oder die Subsidenz nimmt entlang der Abschiebungen abrupt ab, wo sie aus den alten Hyaloklastit-Schichten in die jüngeren Lavaströme hineinreichen. Nesjahraun ist etwa 2000 Jahre alt, Hagavíkurhraun 5500–5700 Jahre

groß beziehungsweise größer als der gesamte See Thingvallavatn (82 m²). Die meisten heißen Quellen hängen ganz klar mit Störungen zusammen (**□** Abb. 12.19). Dies ist zu erwarten, weil aktive Störungen Fluide einschließlich Thermalwasser leichter transportieren als die umgebenden Gesteine. Eine Art und Weise, wie die Geothermalfelder am Hengill erhalten bleiben, ist durch **Erdbebenaktivität.** Erinnern Sie sich, dass die Geothermalfelder und eruptierenden Geysire des Geysir-Gebiets auf die gleiche Weise aufrechterhalten werden? In der Tat, und vielleicht überraschend durch die große Entfernung zwischen Hengill und Geysir, hängen beide mit den Spannungen und Erdbeben der größten Erdbebenzone dieses Teils von Island zusammen, der Südisländischen Seismischen Zone, die in ▶ Kap. 9 und 14 erläutert wird.

Was sind nun die **Wärmequellen** des großen Geothermalfelds im Hengill und dessen Umgebung? Es sind magmatische Intrusionen der Art, die ich bereits in früheren Kapiteln erläutert habe. Erstens sind es Schwärme von Gängen und Kegelgängen, wie wir in Esja und an der Küste und den Bergen des Hvalfjördur erkannt haben (▶ Kap. 11). Zusätzlich haben wir mindestens einen Gang auf dieser Tour zum Hengill gesehen, nämlich am zweiten Halt (**□** Abb. 12.5 und 12.6). Während der Erkundung („Exploration") des Hengill-Geothermalsystems haben viele Bohrungen Gänge und Kegelgänge durchbohrt, die ähnlich denen auf **□** Abb. 11.2, 11.3 und 11.6 bis 11.10 sind. Die tiefsten Bohrlöcher reichen fast 2300 m tief und zeigen, dass die Anzahl der Gänge und Kegelgänge mit der Bohrungstiefe in den Vulkan hinein zunimmt. In der Tat besteht in Tiefen zwischen 1500 m und 2000 m unter der Oberfläche fast das **gesamte Gestein aus Gängen und Kegelgängen.** Dies stimmt mit Studien in den am tiefsten erodierten, erloschenen Zentralvulkanen Islands überein, wie in Südost-Island. Dort erlaubt uns die Gletschererosion, die Kerne (oder „Herzen") der alten

Abb. 12.15   Blick nach Süden auf die Grabenrandstörungen im Mittelteil des Hengill-Grabens, wo er durch den Hengill-Vulkan selbst schneidet, vom dritten Halt aus. Dieselben Randstörungen sind aus der Luft auf **Abb. 12.16** zu sehen

Vulkane bis in Tiefen von 2000 m zu untersuchen. Im Kern erkennen wir normalerweise oberflächennahe Magmakammern (Plutone) und an deren Rändern besteht das gesamte Gestein aus Kegelgängen und radialen Gängen. Auf diesen Beobachtungen basiert **Abb. 11.3**. Dieses generelle Bild isländischer Zentralvulkane wird durch Bohrungen im Hengill und Studien vieler anderer aktiver oder erloschener Vulkane bestätigt.

Gänge und Kegelgänge bilden also Wärmequellen für Geothermalfelder. Sie sind jedoch nicht die einzigen. Eine **oberflächennahe Magmakammer** ist eine andere. Wir haben bereits eine fossile oberflächennahe Magmakammer auf unserem Weg nach Thingvellir gesehen, nämlich Stardalshnjúkar, einen dicken Gabbrokörper (**Abb. 4.7** bis 4.9). Es ist wahrscheinlich, dass eine ähnliche Magmakammer im Hengill existiert. Eine solche Kammer im Hengill liegt jedoch

höchstwahrscheinlich tiefer in der Kruste als Stardalshnjúkar, höchstwahrscheinlich in einer Tiefe von etwa 2 km. Woher wissen wir das? Ganz einfach daher, weil in dieser Tiefe das ganze Gestein aus Kegelgängen besteht, und diese Intrusionen entstammen ausnahmslos einer oberflächennahen Magmakammer. Wenn also fast das gesamte Gestein aus Intrusionen besteht, kann die Magmakammer, aus der diese kommen, nicht weit darunterliegen. Obwohl die Magmakammer bisher noch nicht gefunden wurde (durch indirekte geophysikalische Methoden wie der Lokalisierung von Erdbeben und geodätischen Untersuchungen), hat sie höchstwahrscheinlich ihr Dach irgendwo in einer Tiefe von 2–3 km.

Es ist ebenso fast sicher, dass die oberflächennahe Magmakammer mit Magma aus einem tieferliegenden Reservoir gespeist wird, das sich vielleicht in einer Tiefe von

Abb. 12.16   Luftaufnahme nach Süden auf die Störung Jórukleif und auf den Hengill-Vulkan. Auch ein Teil der Bucht von Hestvík ist zu sehen (siehe auch Abb. 12.23 von Hestvík)

15 oder 20 km befindet (Abb. 4.10 und 11.13). Solche Reservoire habe ich bereits im Zusammenhang mit den Vulkansystemen auf der Reykjanes-Halbinsel erläutert (Abb. 2.4). Viele geochemische und geophysikalische Studien der letzten Jahre lassen solche Reservoire unter vielen Vulkansystemen Islands erwarten. Die tiefliegenden Reservoire liefern Magma für die meisten Vulkanausbrüche im Hengill-Vulkansystem, weit entfernt vom Hengill-Vulkan selbst. Die Vulkanspalte beispielsweise, die die 2000 Jahre alte Nesjahraun-Lava speiste, mag zumindest teilweise aus dem tiefliegenden Reservoir gefördert haben.

12.5 Nesjahraun-Lava

Dies bringt uns zum **fünften Halt (5)**, an dem wir uns die **Nesjahraun-Lava** genauer anschauen. Das Lavafeld ist groß und die Insel

Sandey entstand bei derselben Eruption. In der Tat ist die Vulkanspalte, die diese Eruption speiste, extrem lang, ungefähr **30 km.** Sie erstreckt sich vom Hengill im Südwesten bis Sandey im Nordosten (Abb. 12.20). Die Spalte und ihr Fördergang hängen jedoch nicht zusammen, wobei sich mehrere Kilometer zwischen ein paar Spaltenteilen beziehungsweise -segmenten befinden. Beispielsweise durchschlug der Fördergang nicht den Berg Hengill selbst, sodass die Spalte den Hengill nicht quert. Wenn man Länge und Ort der Vulkanspalte betrachtet, ist wahrscheinlich, dass deren Magma teilweise, vielleicht vollständig, aus dem tiefliegenden Reservoir stammt. Der Fördergang mag die oberflächennahe Magmakammer unter Hengill erreicht haben (vgl. Abb. 11.3), und ein radialer Gang oder ein Kegelgang mag während der Eruption aus der oberflächennahen Magmakammer injiziert worden sein. Es ist jedoch deutlich, dass dieser (Kegel-)Gang niemals die

Oberfläche erreichte, sondern eher in gewisser Tiefe im Hengill aufgehalten (auf seinem Weg an die Oberfläche gestoppt) wurde.

Tatsächlich ist es häufig, dass **gleichzeitig Eruptionen** aus einer oberflächennahen Magmakammer und einem tiefliegenden Reservoir erfolgen. Dabei kommt ein Teil des Magmas aus dem Reservoir direkt an die Oberfläche und zum Teil trifft es die oberflächennahe Magmakammer und löst die Eruption aus der Kammer aus (Abb. 11.3). Es ist jedoch sogar noch häufiger, dass (Kegel-)Gänge aufgehalten werden und niemals die Oberfläche erreichen, um Vulkanausbrüche zu speisen. Es wird geschätzt, dass nur rund 10–20 % aller injizierten (Kegel-)Gänge in isländischen Vulkanen jemals die Oberfläche erreichen und eruptieren. Dies bedeutet, dass 80–90 % der injizierten (Kegel-)Gänge auf ihrem Weg zur Oberfläche **aufgehalten werden** und stoppen, normalerweise an Kon-

takten zwischen Schichten im Vulkan. Das Thema Stoppen von (Kegel-)Gängen erläutere ich im Zusammenhang mit den Ereignissen, die zur Eyjafjallajökull-Eruption 2010 führten (▶ Kap. 14). Was Nesjahraun betrifft, gibt es Hinweise, dass sie mit Magma aus dem tiefen Reservoir durch vertikale Gangbewegung oder -ausbreitung zur Oberfläche versorgt wurde. Berücksichtigt man die große Länge der Vulkanspalte, war der Gang wahrscheinlich vergleichsweise breit. Beachten Sie jedoch, dass der Gang nicht zusammenhängt, sondern aus weit voneinander entfernten Segmenten besteht. Für solche Gänge bestimmen eher die Längen einzelner Segmente die Breite als die Länge des gesamten Ganges. Die Segmente sind jedoch einige Kilometer lang, sodass der Gang höchstwahrscheinlich einige Meter breit ist – vielleicht ähnlich wie einige der breiteren Gänge im Hvalfjördur (▶ Kap. 11).

Was den Lavastrom selbst betrifft, haben wir die Nesjahraun-Lava bereits auf mehreren Luftbildern gesehen (■ Abb. 5.14, 12.10 und 12.14). Die nächste Luftansicht ist nach Südwesten und zeigt den Nesjahraun-Lavastrom sowie dessen Vulkanspalte (■ Abb. 12.21). Hier erkennen wir ganz deutlich, dass sich ein Teil der Vulkanspalte auf dem Rücken oder Plateau westlich des tiefsten Teils des Grabens befindet. Der Rücken liegt zum Teil bis zu 150 m über dem Talgrund (der Wiese), sodass sich der Fördergang der Nesjahraun-Eruption offenbar an manchen Stellen rund 100–150 m weiter über den umgebenden Talgrund ausbreitete. Dies mag seltsam klingen. Wir könnten zunächst denken, dass das Magma, wie jedes Fluid, wahrscheinlich den „einfachsten" Weg zur Oberfläche suchen würde. Mit „einfachsten" meinen wir den **Weg,** der die **minimale Energie** der Natur benötigt, um das

Magma an die Oberfläche zu befördern. Und dies ist tatsächlich, was in der Natur passiert. Der Weg des Ganges, wie die meisten anderen physikalischen Prozesse, folgt dem „Prinzip der kleinsten Wirkung" (streng genommen der stationären/gleichbleibenden Wirkung). Hier bedeutet kleinste „Wirkung", dass derjenige Weg gewählt wird, der die „verbrauchte" Energie mal die Zeit, die das Magma bis zur Oberfläche benötigt, minimiert: genauer gesagt ist **Energie × Zeit minimal.** Dies können Sie sich je nach Geschmack so vorstellen, dass die Natur entweder faul oder ganz einfach sehr effizient ist. Die meisten (aber nicht alle) Prozesse funktionieren so, dass sie minimalen Aufwand erfordern.

Dies ist eines der schönsten Prinzipien der Physik (auch als **Hamiltonsches Prinzip** bezeichnet, nach dem berühmten irischen Mathematiker), das den Großteil der Mechanik,

Abb. 12.19   Geothermische Quellen, heiße Quellen, sind entlang der Störungen im Hengill-Gebiet aufgereiht. Die meisten heißen Quellen, einschließlich eruptierender, hängen mit aktiven (Erdbeben-)Störungen zusammen, deren Bewegungen die Permeabilität für geothermische Fluide (Thermalwasser) aufrechterhalten

einschließlich der Quantenmechanik, kontrolliert. Für uns ist jedoch das Wesentliche, dass die Energie, die der Fördergang benötigt, nicht nur von der Länge des Weges abhängt. Ein längerer Weg erfordert normalerweise mehr Energie von der Natur, um einen längeren Bruch für den Gang aufzureißen. Hier ist es jedoch wahrscheinlich, dass das Magma nahe der Oberfläche eine Schwächezone vorfand, sagen wir eine vertikale, aktive Abschiebung. Dadurch war kaum Energie nötig, um das Gestein aufzureißen, weil die Störungsfläche selbst bereits einen Bruch darstellte. Daher war die Gesamtenergie für das Magma höchstwahrscheinlich geringer, die existierende Störung oder Schwächezone als Kanal zur Oberfläche des Rückens 100 m oberhalb des Talgrundes zu verwenden, als den Weg zum Talgrund unter Bildung eines neuen

Bruchs aufzureißen. Tatsächlich sind solche Wege für Magma sehr häufig – eher zum Gipfel von Rücken oder Bergen als zur Umgebung in geringerer Höhe. Wenn dies nicht so häufig wäre, würden niemals **Vulkanbauten** entstehen. Ein besonders beeindruckendes Beispiel einer ähnlichen Bildung eines Gang-Weges ist der Hekla-Vulkan in Südisland, bei dem die meisten Spalteneruptionen am Gipfel des Vulkans auftreten – dies bedeutet, dass die meisten Fördergänge dort die Oberfläche erreichen (▶ Kap. 14).

Was sonst ist an Nesjahraun interessant? Ein interessantes Phänomen ist, dass während der frühen Stadien der Eruption, der Lavastrom überwiegend vom vergleichsweise **glatten Pahoehoe-Typ war.** Später änderte er sich zu einem **raueren Aa**-Lavastrom. Diese

Abb. 12.20 Nahansicht aus der Luft auf die Insel Sandey, die vor etwa 2000 Jahren bei derselben Eruption entstand wie Nesjahraun

Änderung ist recht häufig, nämlich dass ein Lavastrom von Pahoehoe zu Aa wird, doch das Gegenteil geschieht nie. Die Änderung von Pahoehoe zu Aa kann mit Veränderungen des Chemismus, Verringerung der Temperatur oder Zunahme der Fließrate während der Eruption zusammenhängen.

Die Gesamtfläche des Nesjahraun-Lavastroms wird auf etwa 14 km² geschätzt, von denen die Hälfte den Boden des Sees Thingvallavatn bildet. Die durchschnittliche Mächtigkeit („Dicke") ist nicht bekannt, könnte jedoch ungefähr 10 m betragen. In diesem Fall hätte der Lavastrom ein Volumen von etwa 0,14 km³, ähnlich den Eruptionen 1991 an der Hekla oder 2010 am Eyjafjallajökull. Solch ein Volumen ist typisch für isländische Vulkane, aber diese Volumenschätzung gilt nur für Nesjahraun; das Volumen, das zur selben Zeit aus der Vulkanspalte südwestlich des Hengill austrat, wird nicht berücksichtigt. Auch das Volumen des Förderganges bleibt hier unberücksichtigt. Wenn man jedoch die Länge der Vulkanspalte nimmt, betrug das wahrscheinliche Volumen des Fördergangs mehrere Kubikkilometer, sodass während der Nesjahraun-Eruption der gesamte Magmatransport in die Kruste ähnlich gewesen sein mag wie bei der Bárdarbunga-Holuhraun-Eruption 2014–2015 in Zentral-Island.

12.6 Große Störungen

Wir fahren nun weiter zu den Kraterkegeln auf **Abb. 12.21**. Vielleicht mögen Sie sich diese genauer anschauen. Es sind typische Schlackenkegel. Wir haben bereits Schlackenkegel aus der Nähe betrachtet (**Abb. 9.4 und 9.9**), sodass ich hier keinen offiziellen Halt auf dieser Tour vorsehe. Eher schlage ich vor, dass wir zum letzten Halt dieser Tour weiterfahren, dem **sechsten Halt (6)**. Hier gibt es wiederum mehrere Stellen, wo Sie anhalten können, um sich die größte in diesem Buch detailliert erläuterte Abschiebung **Jórukleif**

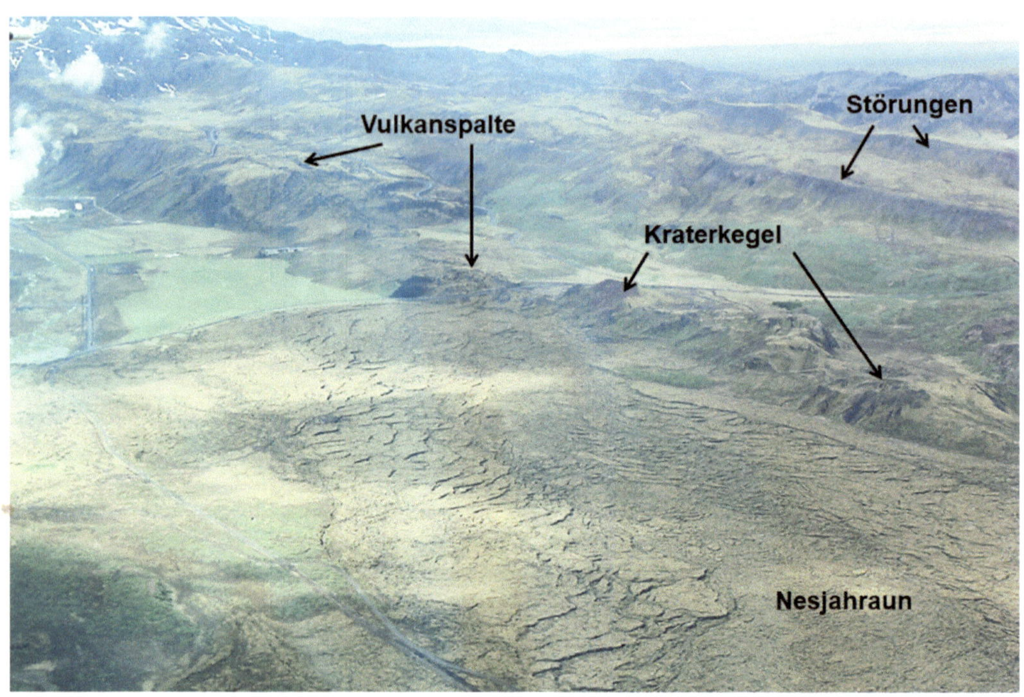

Abb. 12.21   Luftansicht nach Südwesten mit der Vulkanspalte (beschriftet), die Nesjahraun vor rund 2000 Jahren hauptsächlich speiste. Auch einige der Kraterkegel sind gekennzeichnet. Das Foto zeigt, dass Teile der Vulkanspalte und ihr Fördergang die Oberfläche rund 150 m über dem tiefsten Punkt des Hengill-Grabens (der Stelle mit der grünen Wiese und dem Kraftwerk) erreichten. Einige der westlichen Störungen des Hengill-Grabens sind ebenso gekennzeichnet

12

(■ Abb. 12.16 und 12.22) anzusehen. Es ist sicher wert, zur Bucht von **Hestvík** zu fahren, bevor Sie zur Hauptwand der Jórukleif kommen. Hestvík ist nicht nur wunderschön, Sie erhalten auch einen sehr guten Überblick über Jórukleif vom Ostrand der Bucht (■ Abb. 12.23). Ich komme gleich zur Ansicht von Hestvík aus, aber nehme zunächst an, dass Sie keine Zeit haben, dorthin zu gehen. In diesem Fall können Sie den besten Blick auf die Störungswand von Jórukleif am sechsten Halt erhalten (■ Abb. 12.22). Die Störungswand ist stellenweise mehr als hundert Meter hoch – zum Beispiel 120–130 m an den Stellen, wo dieses Foto aufgenommen wurde (■ Abb. 12.24). Die Fließeinheiten, ähnlich denen in den Wänden der Almannagjá in Thingvellir (■ Abb. 5.5 und 5.6), zeigen, dass Jórukleif durch sehr mächtige ("dicke")

Pahoehoe-Lava schneidet (■ Abb. 12.24). In der Tat ist der Pahoehoe-Lavastrom derjenige, der den Lavaschild von Mosfellsheidi, an dem wir auf unserem Weg zum Hengill zu Beginn dieser Tour entlanggefahren sind, gebildet hat. Wir erkennen jedoch, dass die Wände älter, nämlich stärker **verwittert,** aussehen als die der Almannagjá – jedoch nicht so alt wie die des Thyrill (■ Abb. 11.19 bis 11.21). Die beachtliche Verwitterung der Fließeinheiten der Jórukleif kommt daher, dass Mosfellsheidi mehrere Hunderttausend Jahre alt ist, der Lavastrom, der die Wände der Almannagjá aufbaut, hingegen nur ungefähr 9000 Jahre.

Während der sichtbare Versatz entlang der Hauptstörungswand der Jórukleif bis zu 130 m beträgt (■ Abb. 12.24), ist der tatsächliche Versatz an diesem Teil des Hengill-Grabens über **200 m.** Dies liegt daran, dass die Störung aus

◘ Abb. 12.22 Teil von Jórukleif mit Blick nach Süden über Hestvík. Diese Stelle fällt in etwa mit der zusammen, die den Versatz auf ◘ Abb. 12.24 zeigt

◘ Abb. 12.23 Jórukleif von Hestvík aus gesehen mit Blick nach Westen. Die beiden Stufen weisen gemeinsam einen Vertikalversatz von etwa 200 m auf (vgl. ◘ Abb. 12.16, 12.22 und 12.24)

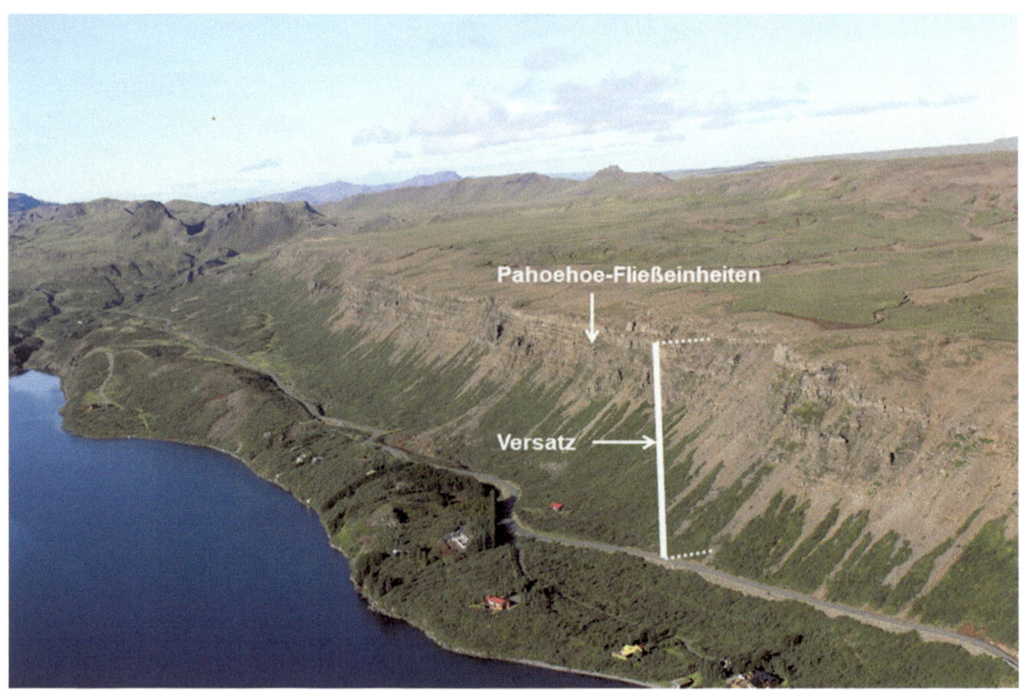

■ **Abb. 12.24** Luftansicht auf Jórukleif mit Blick nach Süden. Der maximale Versatz entlang der oberen Stufe der Störung (■ Abb. 12.23) beträgt etwa 130 m. Ebenso gekennzeichnet sind Pahoehoe-Fließeinheiten des Mosfellsheidi-Lavaschildes (Mosfellsheiði), den die Jórukleif-Störung durchschneidet (vgl. ■ Abb. 12.16, 12.22 und 12.23)

zwei stufenartigen Teilen besteht (■ Abb. 12.23 und 12.24). Die Straße liegt auf dem Plateau zwischen den beiden Stufen. Die stufenartigen, parallelen Störungswände sind vom Boden aus entlang der Straße zu erkennen, aber vielleicht besser von der Nesjar-Halbinsel aus, die den Ostrand (ebenso eine Störung) der Bucht von Hestvík bildet. Falls Sie nach Hestvík fahren, entweder vor oder nach dem Blick wie auf ■ Abb. 12.22, werden Sie sicherlich die wunderschöne Aussicht auf die mehr als 200 m hohe, stufenartige Störungswand sowie auf die Bucht selbst genießen (■ Abb. 12.23). Ein Teil der Bucht sowie die Wände der Jórukleif selbst sind auf ■ Abb. 12.16 aus der Luft zu sehen, die Störungswände der Jórukleif jedoch detaillierter auf ■ Abb. 12.23 und 12.24.

Jórukleif ist tatsächlich eine Fortführung der Almannagjá in Thingvellir oder, vielleicht richtiger ausgedrückt, Almannagjá ist eine Fortführung der Jórukleif. Jórukleif war als Erdbebenstörung mindestens einige Jahrzehntausende und höchstwahrscheinlich Jahrhunderttausende aktiv. Als sich die Spreizung im Hengill-Graben fortsetzte, driftete Jórukleif schließlich nach Westen aus dem aktiven Hauptgraben hinaus und wurde inaktiv. Abschiebungen mit ähnlichem Versatz von 150–200 m gibt es im Hvalfjördur-Gebiet. Sie sind jedoch nicht so einfach als deutliche Störungsflächen – Brüche – erkennbar, weswegen ich sie Ihnen auf der Hvalfjördur-Tour nicht zeige (▶ Kap. 11). Diese großen Störungen in Hvalfjördur sind aus Kartierungen des Lavastapels abgeleitet. Bei diesen wurde festgestellt, dass der Stapel auf der einen Seite einer Senke nicht zum Stapel auf der anderen Seite passt. Ähnliche Störungen, manche sogar größer – mit Versätzen von rund 300–400 m – gibt es auch im Botnsúlur (■ Abb. 4.12 und

4.13), aber wir haben sie nicht aus der Nähe gesehen. Das Hengill-Gebiet ist offenbar **ungeheuer aktiv,** insbesondere was Erdbeben und Bewegung von Störungen angeht. Vulkanausbrüche sind fast sicher in diesem Gebiet zu erwarten. Es gibt deutliche Anzeichen, wie Aufdomung und Erdbeben in den Jahren 1996–2000, dass (Kegel-)Gang-Intrusionen von Zeit zu Zeit im Vulkan auftreten. Wie bereits erwähnt werden die meisten Gänge in Vulkanen Islands aufgehalten; sie stoppen auf ihrem Weg zur Oberfläche. Wie ich im Zusammenhang mit Eyjafjallajökull erörtere (▶ Kap. 14), kann eine **Unruheperiode** in einem Vulkan mit vielen Ganginjektionen mehrere Jahrzehnte andauern, bevor schließlich einer der Gänge in der Lage ist, die Oberfläche zu erreichen und Magma für eine Eruption zu liefern.

Dies ist der letzte Halt auf unserer Tour zum Hengill und dessen Umgebung. Auf der Weiterfahrt nach Norden auf Straße 360 treffen wir bald auf Straße 36, die uns wieder zurück nach Reykjavík führt. Alle geologischen Strukturen und Prozesse, die auf dem Weg von der Kreuzung der Straßen 360 und 36 zu sehen sind, sind bereits in ▶ Kap. 4 beschrieben, falls Sie diese genauer betrachten und erkunden möchten.

Reykjavík-Kleifarvatn-Reykjanes

© Springer-Verlag GmbH Deutschland 2018
Á. Gudmundsson, *Die faszinierende Geologie von Islands Südwesten*,
https://doi.org/10.1007/978-3-662-56025-9_13

Um nach Reykjanes zu kommen, dem südwestlichsten Teil der Reykjanes-Halbinsel, fahren Sie zunächst entweder Straße 40 oder 41 bis zur Stadt Hafnarfjördur, wo beide Straßen zusammentreffen. Wenn Sie in den Südwestteil der Stadt kommen, gibt es zwei Straßen, die uns nach Reykjanes bringen können. Die eine ist Straße 41, auf der Sie sich nun befinden, die zum Flughafen Keflavík führt (▶ Kap. 1). Für die andere biegen Sie nach links (nach Süden) ab und fahren auf Straße 42 zum Geothermalfeld sowie den Explosionskratern nahe des Sees Kleifarvatn und folgen dann den Straßen 427 und 425 nach Reykjanes. Auf dieser Tour folgen wir der zweiten Möglichkeit, Straße 42 (◘ Abb. 13.1).

Auf dem Weg gibt es viel zu entdecken und je nach Geschmack möchten Sie vielleicht viel öfter anhalten als ich hier vorschlage. Insbesondere finden manche den See **Kleifarvatn** wunderschön oder zumindest beeindruckend. Wir haben jedoch bereits den See Thingvallavatn von verschiedenen Stellen aus gesehen – aus der Luft und vom Boden aus (▶ Kap. 5, 6 und 12), sodass ich keinen besonderen Halt für

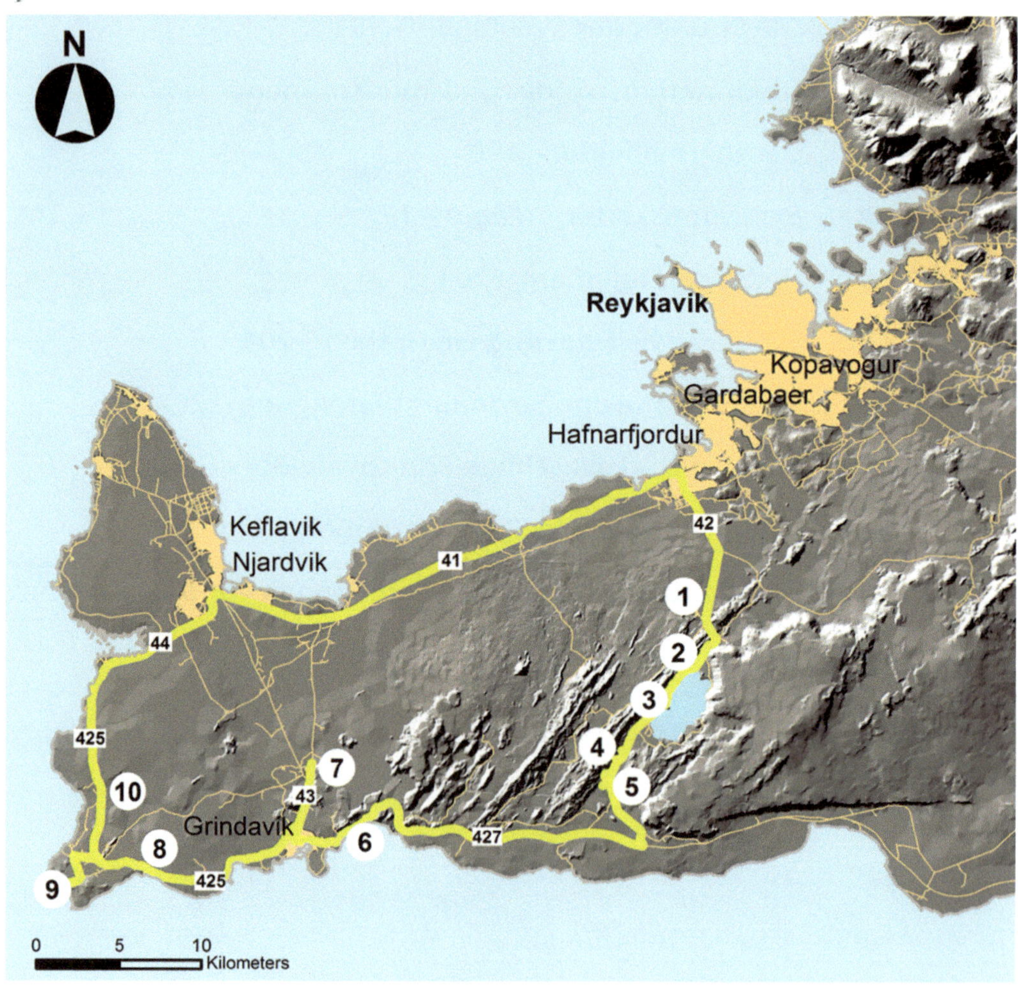

◘ **Abb. 13.1**   Karte der Tour nach Reykjanes. Die vorgeschlagenen Halte sind als eingekreiste Zahlen 1 bis 10 eingetragen

einen Blick auf den See vorsehe. Ich erwähne jedoch ein paar Stellen, wo gute Sicht auf ihn möglich ist. Auch der Hyaloklastit-Rücken **Sveifluháls** ist sehr beeindruckend. Wir werden uns ein paar damit verbundene geologische Strukturen anschauen. Wir haben jedoch bereits viele ähnliche (wenn auch meist kleinere) Hyaloklastit-Berge (▶ Kap. 2, 4, 5, 6, 11 und 12) gesehen, sodass ich keinen besonderen Halt vorsehe, um den gesamten Rücken zu betrachten – was wegen seiner Größe ohnehin schwierig ist, außer vom Flugzeug aus. Ich werde jedoch ein Luftbild zeigen, auf dem Kleifarvatn und Sveifluháls im Zusammenhang mit örtlichen Erdbebenbrüchen und Vulkanspalten zu erkennen sind. Der Schwerpunkt dieser Tour liegt auf geologischen Strukturen und Prozessen, die sich von denen anderer Touren in Hinblick auf Natur oder Kontext weitgehend unterscheiden. Die Vulkansysteme auf der Reykjanes-Halbinsel

im Zusammenhang mit der schrägen Plattengrenze sind auf ◘ Abb. 2.3 zu sehen.

13.1 Lavarinnen

An der Kreuzung der Straßen 41 und 42 nehmen wir Straße 42 und fahren nach Süden durch junge Lavaströme. Mehrere Kilometer weit führt die Straße an **Óbrynnishólahraun** vorbei und kommt dann in einen anderen Lavastrom, **Kapelluhraun** (auch bekannt als Háibruni). Beides sind Aa-Lavaströme. Óbrynnishólahraun ist knapp über 2000 Jahre alt, Kapelluhraun hingegen ungefähr 750 Jahre, das heißt, er entstand um das Jahr 1170 heutiger Zeitrechnung. Unser **erster Halt (1)** dient dazu, einen Blick auf eine für Aa-Lavaströme charakteristische Struktur zu sehen, nämlich eine **Lavarinne** (◘ Abb. 13.2). Der Boden der Rinne ist sanft stromabwärts geneigt. Die Rinne hat

◘ **Abb. 13.2** Lavarinne in Kapelluhraun, der vor etwa 750 Jahren entstand. Wie hier zu erkennen, ist die Rinne meist 40–50 m breit (die Personen dienen als Maßstab). Stromabwärts erweitert sie sich auf eine Breite von 200–300 m

„Wände", geologisch betrachtet natürliche Uferdämme. Die Tiefe des Lavastroms ändert sich während einer Eruption, und seine Oberfläche mag von Zeit zu Zeit bis zu den Rändern der Wände angehoben werden, sodass diese überflutet werden. Dadurch werden die Wände aufgebaut und nach und nach immer höher. Wenn kein Magma mehr aus dem Krater kommt, der die Rinne speist, fließt die in den Kanälen verbliebene Lava zum Großteil weiter hangabwärts und hinterlässt eine im Wesentlichen leere Rinne – wie Sie hier sehen.

Die Rinne vor Ihnen entstand vor rund 750 Jahren. Um jedoch den Prozess besser zu verstehen, lohnt sich ein Blick auf eine ähnliche aktive Rinne (◘ Abb. 13.3 und 13.4). Dafür

◘ Abb. 13.3 Teil einer Lavarinne, die früh während der Hekla-Eruption 1991 aktiv war. Nahe des Ursprungs ist die Rinne 5 m breit, etwa 2 m tief und stromabwärts etwa 8° geneigt. Die maximale Fließgeschwindigkeit der Lava in der Rinne beträgt etwa 40 cm pro Sekunde – ähnlich Schrittgeschwindigkeit oder der Ausbreitung eines Ganges in der Kruste (► Kap. 11)

Abb. 13.4   Teil einer anderen Lavarinne, die später während der Hekla-Eruption 1991 aktiv war. Diese Rinne ist von ähnlicher (aber etwas kleinerer) Ausdehung als derjenige auf ☐ Abb. 13.3. Hier wurde die Lava über eine größere Entfernung vom Hauptkrater weg transportiert (in einer unterirdischen Röhre) und ist daher kühler als die Lava auf ☐ Abb. 13.3. Die Lava ist daher dunkelrot und ihre Oberfläche bildet schnell eine dünne, feste Kruste. Die Person dient als Maßstab

schauen wir uns eine der Rinnen der **Hekla**-Eruption **1991** in Südisland an. Wir werden Hekla aus der Ferne sehen und diese Eruption auf der Tour zum Eyjafjallajökull in ▶ Kap. 14 noch einmal besprechen. Die Fotos zeigen die Rinnen nahe der Lavaquelle – sowie den Weg im Untergrund, einer Röhre vom Hauptkrater aus (siehe ☐ Abb. 14.9) – jedoch zwei verschiedene Kanäle und zu unterschiedlichen Zeitpunkten. Die Rinne auf ☐ Abb. 13.3 entstand zu einem früheren Zeitpunkt der Eruption und näher am Hauptkrater, sodass der Lavastrom heißer ist, was man an der orangen Farbe sieht. Die Rinne auf ☐ Abb. 13.4 wurde später aufgenommen, in größerer Entfernung vom Hauptkrater, sodass der Lavastrom kühler und dunkelrot statt orange an der Oberfläche ist und bereits eine ziemlich feste, jedoch sehr dünne Lavakruste an der Oberfläche besitzt.

Viele ähnliche Rinnen entstanden beispielsweise während der früheren von zwei Eruptionen des Eyjafjallajökull 2010 (▶ Kap. 14).

Die Rinne auf ☐ Abb. 13.2 entspringt wie gewöhnlich in einer Senke in den Wänden des Ursprungskraters. In der Tat verläuft die Lavarinne überwiegend parallel zur Straße 42 und Sie sind bereits vor Kurzem hindurchgefahren. Sie war dort jedoch so breit und vergleichsweise flach, dass Sie sie wahrscheinlich nicht bemerkt haben. Der Teil westlich der Straße (☐ Abb. 13.2) ist 40–50 m breit. Gerade östlich der Straße jedoch verbreitert sich die Rinne auf etwa 90 m und verläuft dann parallel zur Straße, meist 200–300 m breit und mindestens 3 km lang.

Luftbilder der nahen Lavarinne eines Vulkans namens **Eldborg undir Geitahlid** (Eldborg undir Geitahlíð) bringen die Lavarinnen

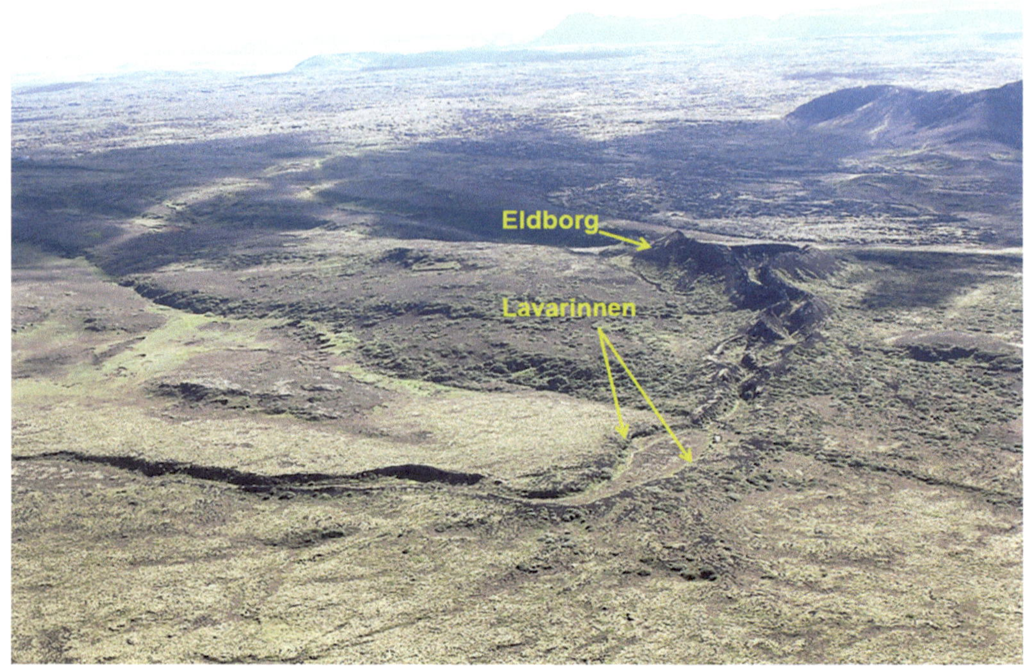

Abb. 13.5   Die vom Krater Eldborg undir Geitahlid ausgehenden Lavarinnen. Am Krater, dem Ursprung, ist die Rinne etwa 20 m breit, wird aber weiter vom Ursprung entfernt breiter. Der breiteste Teil auf diesem Foto ist, wo die Pfeile die Rinne zeigen; dort sind es ungefähr 50 m. Weiter hangabwärts jedoch (hier nicht sichtbar), erreicht die Rinne eine ähnliche Breite wie diejenige auf ▪ Abb. 13.2, nämlich 200–250 m

hier und an der Hekla in einen größeren Zusammenhang (▪ Abb. 13.5). Die Eldborg-Rinne ist von Reykjavík aus leicht erreichbar – zunächst bis Heidmörk (Heiðmörk) bei Vífilstadahlíd (Vífilstaðahlíð), wo Sie den breiteren Teil der Rinne entlangfahren (▪ Abb. 13.5). Wenn Sie bis zu ihrem Ursprungsort gelangen möchten, dem Kraterkegel Eldborg, ist dies eine nette Wanderung. An ihrem Ursprung, der Wand des Kraters Eldborg, ist die Rinne nur etwa 20 m breit, etwas weiter vom Krater entfernt 30–50 m. Dann wird sie jedoch viel breiter und dort, wo sie parallel zur Straße verläuft, ist sie bis zu 200 oder 250 m breit, ähnlich der Rinne am ersten Halt. Lavarinnen können viel größer sein, sowohl auf der Erde als auch auf den anderen terrestrischen Planeten. Manche Lavarinnen auf dem Mars und der Venus sind dutzende Kilometer breit und erreichen Längen von Tausenden Kilometern.

Wenn wir unsere Tour fortsetzen, kommen wir bald an einem Steinbruch vorbei (links der Straße), wo ein Teil der Internstruktur des Hyaloklastit-Rückens **Undirhlidar (Undirhlíðar)** zu sehen ist. Wenn Sie den Steinbruch betreten dürfen, lohnt sich ein Blick auf die Wände (die verschiedene Gesteinsarten zeigen). Dies ist jedoch nicht möglich, wenn im Steinbruch gerade gearbeitet wird, sodass ich hier keinen Halt vorsehe.

13.2 Sveifluháls und Kleifarvatn

Auf der Weiterfahrt auf Straße 42 kommen wir durch eine Senke zwischen den beiden Hyaloklastit-Rücken Undirhlidar und **Sveifluháls**, von denen aus wir den See Kleifarvatn erblicken können. Es gibt keinen bestimmten Ort, von dem aus der gesamte

See leicht vom Boden aus zu sehen ist – außer natürlich, Sie steigen bis zum Gipfel des Sveifluháls. Unser **zweiter Halt (2)** ist daher etwas willkürlich. Er wurde gewählt, um die beiden wichtigsten Arten von Krustendeformationsprozessen als Resultat angreifender Kräfte und Spannungen zu erläutern. Ein Prozess ist **duktile Deformation,** der andere **spröde Deformation.** Bevor ich jedoch diese Prozesse und ihren Bezug zu Kleifarvatn erkläre, ist ein kurzer Überblick über den See selbst angebracht.

Kleifarvatn entsteht überwiegend dadurch, dass Grundwasser in das Becken strömt, das den See bildet. Es gibt **keine Flüsse** oder Bäche, die in den See oder aus ihm hinaus fließen. Das Becken schneidet also den **Wasserspiegel** – die Oberfläche des Grundwassers – und reicht noch viel tiefer, wie wir es auch bei Brüchen in Thingvellir und dem See Thingvallavatn selbst gesehen haben. Es ist nicht überraschend, dass der See unter den Wasserspiegel reicht, weil er ziemlich tief ist – er erreicht eine maximale Tiefe von etwa 97 m (die Höhe seiner Oberfläche schwankt jedoch, also auch seine maximale Tiefe). Die maximale Länge und Breite des Sees variieren mit den Schwankungen der Wasseroberfläche. Die maximale Länge kann etwa 5200 m erreichen, die Breite ungefähr 2300 m. In ähnlicher Weise variiert die Fläche des Sees, beträgt jedoch meist etwa 10 km^2. Nach dem **Erdbeben** im Juni 2000, weiter unten erläutert, versickerte ein beträchtlicher Teil des Sees, vermutlich durch Erdbebenbrüche. Dies führte zu einer um mehrere Meter niedrigeren Seeoberfläche und verringerte die Fläche des Sees. Dies blieb einige Jahre lang so, inzwischen sind jedoch Fläche und Höhe der Seeoberfläche wieder wie vorher.

Die duktile Struktur ist ein Stapel gebogener Schichten, die als **Falte** bezeichnet werden (◗ Abb. 13.6). Mit duktil meine ich, dass

◗ **Abb. 13.6**   Beispiel duktiler Deformation im Hyaloklastit-Rücken Sveifluháls. Diese Falte entstand durch Abgleiten weicher Schichten wegen der Schwerkraft an den Hängen des Rückens. Sie ist ein sehr kleines Beispiel einer Antikline

die Schichten in der Lage waren, zu fließen. Wie können nun Gesteinsschichten fließen? In diesem Fall ist die Antwort sehr einfach: Sie fließen auf die gleiche Weise wie Sand oder Schlamm. Diese Schichten entstanden bei subglazialen (vielleicht auch submarinen) Eruptionen, auf die Art, die ich in ▶ Kap. 6 für Hyaloklastit-Berge allgemein erläutert habe. Hier wurde das Fließen einfach durch die Schwerkraft bestimmt, das heißt, es erfolgte den Hang des Berges hinab, während dieser entstand. Eine solche Falte wird geologisch als **Antikline** oder **Sattel** bezeichnet. Antiklinen sind kuppelförmig, sie bilden Rücken, sind konvex. Die andere Hauptform hingegen, **Synklinen** oder **Mulden**, sind talförmig, sie bilden Senken, sind konkav.

Die Antikline an unserem Standort ist sehr klein – die Gesamtmächtigkeit („Dicke") der Schichten beträgt ungefähr einen Meter. Viel größere und auch kleinere Antiklinen und Synklinen treten in den großen Gebirgsgürteln der Welt auf, wie den Alpen und dem Himalaya. Dort jedoch entstehen die Falten nicht direkt durch die Schwerkraft, sondern vielmehr durch **plattentektonische Kräfte**. Die plattentektonischen Kräfte, die für diese Gebirgsgürtel verantwortlich sind, sind Druckkräfte – die Lithosphärenplatten stoßen frontal zusammen. Zum Beispiel stößt die Platte, auf der Indien liegt, mit der Eurasischen Platte zusammen. Das Ergebnis dieses „Knautschens", Faltung und Hebung, ist der Gebirgsgürtel des Himalaya.

Die duktile Deformation beziehungsweise das Fließen, das Sie in der Asche vor Ihnen sehen, sieht man, vielleicht überraschend, **auch an großen Störungen** beziehungsweise Störungszonen, die sich bis in große Krustentiefen erstrecken. Es handelt sich um Störungen der gleichen Art, die die Gesteine des Botnsúlur (◻ Abb. 4.12), in Thingvellir (◻ Abb. 5.1, 5.2, 5.3 und 5.14) und im Hengill (◻ Abb. 12.16 und 12.24) durchziehen. Die oberen Teile von Störungen sind spröd. Dies bedeutet, dass, wenn die Spannung im Gestein einen bestimmten Wert erreicht, das Gestein zerbricht, aufreißt und (meist, aber nicht immer) ein Erdbeben auftritt. In größerer Tiefe, abhängig von Temperatur, Gesteinstyp sowie der Geschwindigkeit der Bewegung oder dem Versatz der Störung – der sogenannten **Verformungsrate** – brechen die Gesteine der Störung nicht länger, wenn die Spannungen hoch werden, sondern fließen. In dieser Tiefe entstehen keine Erdbeben; die Gesteine in der Störungszone fließen einfach. In Island beginnt Fließen in großen Störungszonen in verschiedenen Krustentiefe, aber meist in Tiefen von 10–15 km. Die Tiefe ist in aktiven Vulkanen geringer, einfach weil es dort, wie bereits erwähnt, in mehreren Kilometern Tiefe oft flüssige oder halbflüssige Magmakammern gibt. Dort muss die Deformation duktil sein, das Gestein kann nur fließen. Manche Teile von Zentralisland weisen bis in viel größere Tiefe sprödes Materialverhalten auf – stellenweise bis zu 25 km. Aber im Allgemeinen beginnen die Störungszonen (sowie die Kruste überhaupt) in Island bei hohen Spannungen in Tiefen von 10–15 km zu fließen, anstatt zu zerbrechen.

Woher kennen wir diese Tiefe? Ganz einfach durch die Tiefenbestimmung von Erdbeben in Island. Die meisten Erdbeben in Island ereignen sich **weniger als 15 km unter der Oberfläche.** Dies bedeutet, dass sprödes Materialverhalten – Bruchbildung und Erdbeben – normalerweise nicht in größerer Tiefe auftritt. Unterhalb dieser Tiefe verhalten sich die Krustengesteine duktil, so wie die Gesteine auf ◻ Abb. 13.6, das heißt sie fließen. Gibt es eine Analogie zu diesem Verhalten nahe der Oberfläche? Ja, tatsächlich: **Gletscher.** Vielleicht waren Sie bereits bei oder auf einem der Gletscher Islands. Falls ja, haben Sie gesehen, dass es an deren Oberflächen Brüche gibt – einige davon gefährlich. Doch diese Brüche, selbst wenn sie an der Oberfläche weit offen sind, reichen nur wenige Zehnermeter weit in die Tiefe. Gewöhnlich fließt der Gletscher in Tiefen von mehr als etwa 50 m. Genauso fließt die tiefere Kruste Islands und alle Störungen unterhalb von Tiefen von 10–15 km verhalten sich duktil. Oberhalb dieser Tiefe jedoch sind Erdbeben und Brüche häufig. Dieser Bereich wird in der Geologie als **seismogene Schicht** bezeichnet – die Schicht, in der Erdbeben entstehen.

Brüche kontrollieren die Landschaft zum großen Teil, insbesondere in einem Gebiet wie Island mit aktiven Störungen. Diese Kontrolle ist offensichtlich, wenn wir uns Täler wie das Thingvellir-Tal und die Berge Ármannsfell und Botnsúlur anschauen (▶ Kap. 4 und 5). Diese Kontrolle erwähnte ich auch im Zusammenhang mit den Richtungen der Täler am Hvalfjördur (▶ Kap. 11), des Fjordes selbst und dazugehöriger Berge (wie Esja, ▶ Kap. 4). Erdbebenbrüche kontrollieren jedoch auch andere Landschaftsstrukturen, einschließlich Seen. Eines der beeindruckendsten Beispiele davon ist die Form des Sees Kleifarvatn.

13.3　Kleifarvatn – durch Brüche geformt

Kleifarvatn hat eine seltsame Form (⊡ Abb. 13.7). Während seine Haupterstreckungsrichtung, beziehungsweise die lange Achse Nordost–Südwest verläuft, gibt es ungewöhnlich viele kleine Unregelmäßigkeiten entlang des Ufers (⊡ Abb. 13.7a). Wie ungewöhnlich diese Form ist, sieht man, wenn man die Geometrien von Thingvallavatn (⊡ Abb. 5.14, 6.2 und 12.10) und Kleifarvatn (⊡ Abb. 13.7a) vergleicht. Thingvallavatn hat ganz klar eine viel regelmäßigere Form, die tatsächlich fast völlig durch die Nordost–Südwest verlaufenden Störungen des Thingvellir- und des Hengill-Grabens bestimmt wird. Es ergibt sich also die Frage: Warum ist die Geometrie, die Form, des Kleifarvatn so komplex?

Die Antwort ist: Die Form des Kleifarvatn wird großteils durch **mehrere Bruchscharen** bestimmt. Ich zeige die Hauptrichtungen oder Verläufe (in der Geologie als „Streichen" bezeichnet) der Brüche um den See herum auf ⊡ Abb. 13.7b. Wir sehen vier Hauptbruchrichtungen um den See, nämlich Nordost–Südwest, Nord–Süd, Ostnordost–Westsüdwest und Nordwest–Südost. Das Ufer und dadurch

die Form des Sees werden zum größten Teil durch diese Brüche bestimmt. Warum also gibt es hier im Gegensatz zu Thingvellir so viele unterschiedliche Bruchrichtungen? Wie entstehen diese Brüche – warum sind sie hier?

Die **Nordost–Südwest verlaufenden Brüche** sind am einfachsten zu erklären. Sie hängen direkt mit plattentektonischer Spreizung oder Rifting zusammen, genau wie im Vogar-Spaltenschwarm (⊡ Abb. 2.5 und 2.6) und im Hengill-Vulkansystem, einschließlich Thingvellir (▶ Kap. 5, 6 und 12). Die durchschnittliche Richtung der Nordost–Südwest verlaufenden Brüche ist sehr ähnlich denen im Hengill und in Thingvellir, nämlich etwa 33° östlich der Nordrichtung. Die Brüche in diesem Gebiet, um Kleifarvatn herum, sind überwiegend Abschiebungen genau desselben Typs wie in Vogar, Thingvellir und Hengill. Wie wir auch erkennen, haben diese die gleiche Richtung wie der Hyaloklastit-Rücken Sveifluháls selbst, was offenbar ein Grund für die Existenz des Sees ist. Ein paar dieser Brüche sind also Gänge, manche Fördergänge, die mit Vulkanismus im Gebiet zusammenhängen. Die Nordost–Südwest verlaufenden Brüche haben also direkt mit der Spreizung der tektonischen Platten zu tun.

Aber was ist mit den **Nord–Süd verlaufenden Brüchen?** Wie entstehen sie und warum sind sie da? Die Nord–Süd verlaufenden Brüche sind Erdbebenbrüche desselben Typs und in derselben Richtung, wie sie in der Südisländischen Seismeischen Zone auftreten (▶ Kap. 9 und 14). In der Südisländischen Seismischen Zone führen Nord–Süd-Brücheungefähr einmal im Jahrhundert zu starken Erdbeben (Magnitude 7 oder mehr). Überraschend ist, dass die Erdbeben in Südisland und um Kleifarvatn herum **harmonieren.** Dies zeigte sich während der stärksten Erdbeben der letzten Jahrzehnte in Island, nämlich den beiden Erdbeben der Magnitude 6,6 in Südisland am 17. und 21. Juni 2000. Innerhalb von einer halben Minute nach dem Erdbeben des 17. Juni gab es 4 schwächere Erdbeben westlich davon, die von diesem

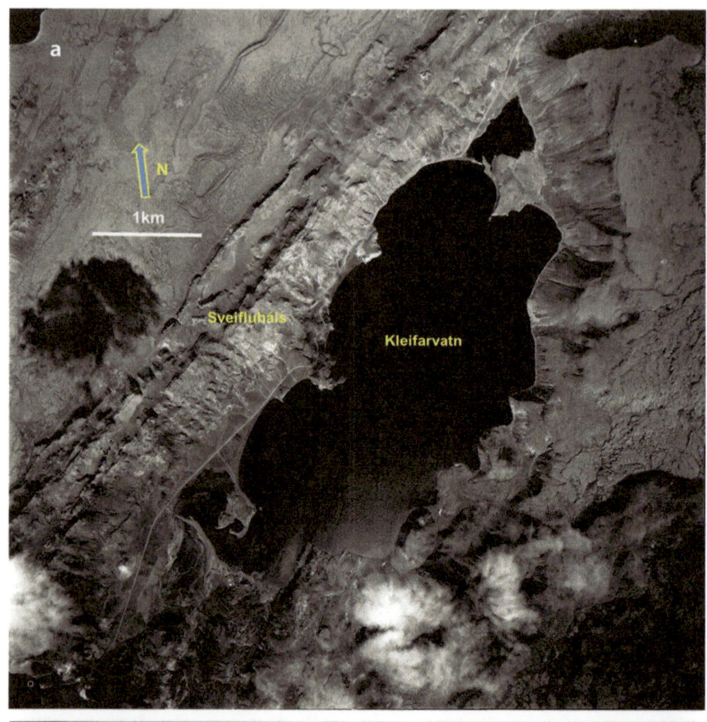

a
N
1km
Sveifluháls
Kleifarvatn

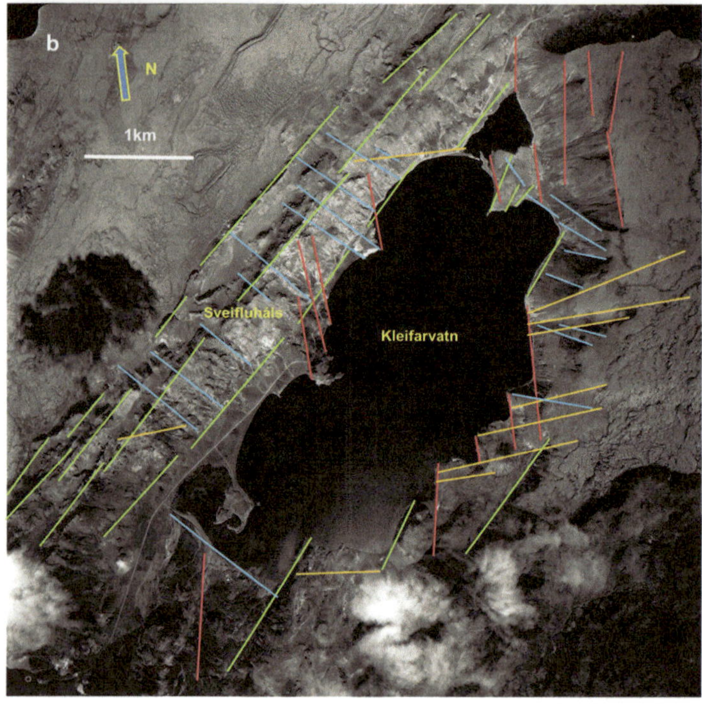

b
N
1km
Sveifluháls
Kleifarvatn

◄ ▣ Abb. 13.7   Luftbild des Hyaloklastit-Rückens Sveifluháls und des Sees Kleifarvatn. **a** Sveifuháls ist ein Nordost–Südwest verlaufender Hyaloklastit-Rücken, der bei vielen Eruptionen im Verlauf von vielleicht rund 200.000 Jahren entstand. Er folgt der Richtung der meisten Vulkanspalten auf der Reykjanes-Halbinsel. Kleifarvatn ist ein See, der dahin gehend ungewöhnlich ist dass 1) keine Flüsse oder Bäche in den See hinein oder aus ihm heraus fließen – er entstammt vollständig dem Grundwasser, das dieses Becken füllt – und 2) seine Form äußerst unregelmäßig ist und sich von den meisten Seen in Island unterscheidet. **b** Schematische Darstellung der wichtigsten tektonischen Lineamente oder Brüche – vor allem Störungen – die die Form oder Geometrie des Kleifarvatn bestimmen. Grün sind die Nordwest–Südost verlaufenden Störungen (überwiegend Abschiebungen) und einige Vulkanspalten. Rot sind die Nord–Süd verlaufenden Störungen (überwiegend Blattverschiebungen). Orangefarben sind die Ostnordost–Westsüdwest verlaufenden Störungen (ebenso überwiegend Blattverschiebungen). Blaue Linien verlaufen Nordwest–Südost, es handelt sich sowohl um Abschiebungen als auch um Kluftsysteme. Die gleichen Bruchscharen treten in Südisland und Teilen von Westisland auf

Erdbeben ausgelöst worden waren. Eines dieser Beben fand am Kerid statt (► Kap. 9), ein anderes am Hengill (► Kap. 12). Und dann ereigneten sich zwei Erdbeben auf der Reykjanes-Halbinsel, eines in ihrem Südostteil (Selvogur) und das andere unter dem östlichen Ufer des Kleifarvatn. Es ist beachtlich, dass das Erdbeben am Kleifarvatn **77 km** weiter westlich stattfand als das Erdbeben vom 17. Juni, das der Auslöser war, und das Kleifarvatn-Erdbeben dennoch Magnitude 5,5 erreichte und die Oberfläche aufriss.

Und Erdbeben treten weiterhin am Kleifarvatn auf. Viele Erdbeben der Magnitude 4–5 ereigneten sich dort in der Folge des Magnitude-5,5-Bebens im Jahr 2000. Zum Beispiel gab es Erdbeben dieser Magnituden, das heißt 4–5, am Kleifarvatn in den Jahren 2005, 2011, 2015 und 2016. Diese Erdbeben hängen meist mit Nord–Süd-Brüchen zusammen, die, wie zu sehen ist (▣ Abb. 13.7b), die Form des Sees stark beeinflussen. Es ist daher deutlich, dass es dieselbe Art von Erdbebenbrüchen, die in Südisland auftreten, auch im Zentralteil der Reykjanes-Halbinsel gibt, insbesondere am Kleifarvatn.

Die **Ostnordost–Westsüdwest verlaufenden Brüche** ergeben sich daraus, dass sie mit demselben Spannungsfeld zusammenhängen, das die Nord–Süd verlaufenden Brüche kontrolliert. Deren Entstehung habe ich bereits in ► Kap. 9 erläutert und icherkläre dies eingehender in ► Kap. 14. Die Ostnordost–Westsüdwest verlaufenden Brüche sind Erdbebenbrüche, die gemeinsam mit den Nord–Süd-Brüchen und in demselben Spannungsfeld entstehen (▣ Abb. 8.2 und 9.2). Wie bei den Nord–Süd-Brüchen handelt es sich bei den Ostnordost–Westsüdwest-Brüchen um Blattverschiebungen.

Wir haben nun die drei wichtigsten Bruchtypen geklärt, die die Form des Kleifarvatn bestimmen. Aber was ist mit den **Nordwest–Südost verlaufenden Brüchen;** wo und wie passen diese dazu? Diese Brüche sind tatsächlich im Südteil Islands sehr häufig. Wir haben sie in den Hyaloklastit-Bergen in der Nähe von Thingvellir (► Kap. 5 und 6) gesehen sowie am Hvalfjördur (► Kap. 11) und am Hengill (► Kap. 14). Sie treten auch innerhalb der Südisländischen Seismischen Zone auf (► Kap. 9 und 14), sind aber nicht so häufig wie die Nord–Süd- oder die Ostnordost–Westsüdwest-Brüche. Wie die Nordwest–Südost verlaufenden Brüche entstehen, war lange Zeit ein Rätsel. Sie werden offenbar nicht bei gewöhnlichem Rifting in den Vulkanzonen gebildet. Und obwohl sie in der Südisländischen Seismischen Zone vorkommen, sind sie durch die vorherrschenden Spannungsfelder, die die Nord–Süd- und die Ostnordost–Westsüdwest-Brüche generieren, nicht so einfach zu erklären. Wie entstehen nun diese Nordwest–Südost verlaufenden Brüche und warum sind sie so weit verbreitet?

Wir bemerken, dass die Nordwest–Südost-Brüche im rechten Winkel, das heißt **orthogonal**, zu den Nordost–Südwest-gerichteten Brüchen stehen (▣ Abb. 13.7b). Daraus folgt, dass die Nordwest–Südost-Brüche genau wie andere orthogonale Brüche entstehen, nämlich durch Fluiddruck, der die bruchbildende Spannung um 90° verlagert oder „wegschnippt". Dies geschieht folgendermaßen: Wenn ein

Gang in die Kruste injiziert wird, ist er in der Lage, das Gestein aufzubrechen, weil sein Magma einen hohen Druck aufweist. Dieser Druck schiebt die Wände des Ganges auseinander. Dieses Auseinanderschieben wiederum biegt die Wände und das umgebende Krustensegment ein wenig und führt, genau wie, wenn Sie einen Kartenstapel oder einen Stock biegen, zu **Zugkraft** im rechten Winkel zum Gang (Abb. 13.8). Wenn also der Gang Nordost–Südwest verläuft, verlaufen die Zugbrüche, großteils Bruchscharen, Nordwest–Südost, das heißt sie sind 90° zum Gang angeordnet. Dies ist die wahrscheinlichste Erklärung für die Nordwest–Südost verlaufenden Brüche, die die Form des Sees Kleifarvatn bestimmen.

Wir können diese Vorstellung weiter verallgemeinern, um die wichtigsten Erscheinungen der wunderschönen **Landschaft** Süd- und Westislands aus den früheren Kapiteln zu erklären. Ich habe erwähnt, wie die Nordwest–Südost verlaufenden Brüche die Berghänge von Hrafnabjörg, Ármannsfell, Botnsúlur, Reynival-

laháls (Hvalfjördur) und Esja durchschneiden und deren Richtung bestimmen. Sie bestimmen auch die Richtungen der Fjorde und Täler in einem großen Teil Westislands. Weiterhin sind Nordwest–Südost verlaufenden Brüche in den älteren Teilen der Oberfläche überall in Südisland häufig. Nun kann ich alle diese Brüche erklären und auch, warum diese die beobachteten Landschaftsformen hervorrufen.

Die Nordwest–Südost verlaufenden Brüche, die die Landschaften in den älteren Teilen West- und Südislands bestimmen, werden nicht innerhalb, sondern eher **außerhalb** der aktiven Vulkanzonen gebildet (Abb. 13.9). Das heißt, diese Brüche entstehen lange nachdem die Krustengesteine, die aus Lavaströmen und Hyaloklastiten bestehen, aus den aktiven Vulkanzonen hinausgewandert sind und im Grunde genommen erst aktiv geworden sind, was Erdbeben und Störungen angeht. Die meisten Nordwest–Südost verlaufenden Brüche sind weder Störungen noch Gänge. Was sonst? Die meisten sind **Klüfte** – das heißt

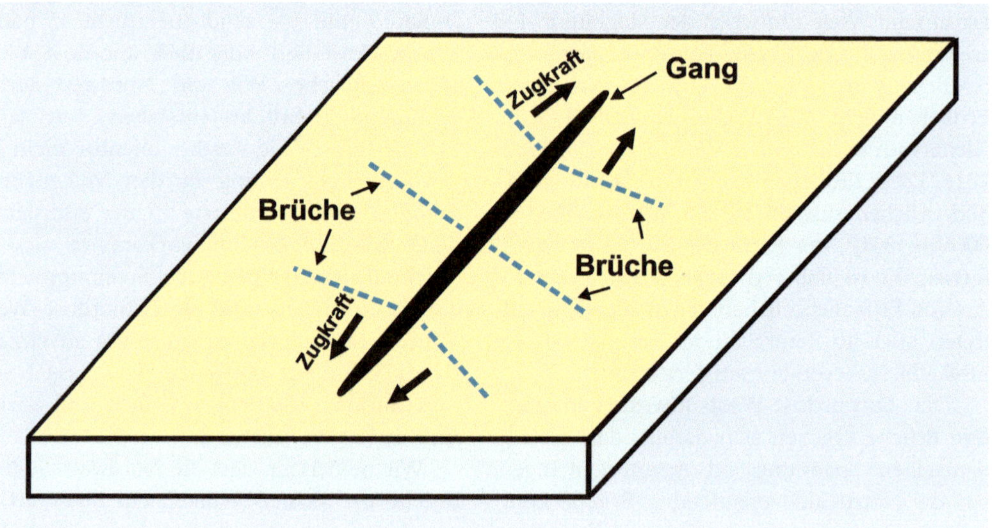

Abb. 13.8 Ein „Gang-Bruch" entsteht, wenn der Magmadruck das Gestein zerbricht und die Bruchwände auseinander schiebt. Der Magmadruck im Inneren des Ganges führt zu Zugkräften parallel zu den Wänden des Ganges. Diese Zugkräfte können zu Zugbrüchen führen, insbesondere Klüften sowie Abschiebungen (und gelegentlich Blattverschiebungen) in einer Richtung annähernd orthogonal (senkrecht) zu den Wänden des Ganges. Die Bruchrichtung verändert sich entlang der Länge des Ganges etwas. Für einen Nordost–Südwest verlaufenden Gang verliefen die so hervorgerufenen Brüche Nordwest–Südost. Dies ist häufig in der Landschaft von Südisland und in einem Teil Westislands zu beobachten

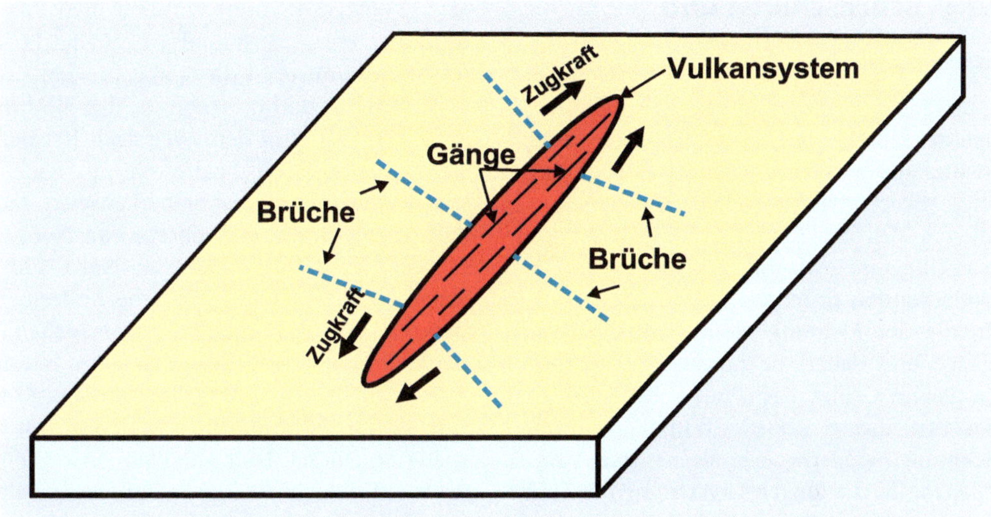

Abb. 13.9 Ein Vulkansystem wirkt im Grunde wie ein elliptisches Loch (genau genommen ein Einschluss), der unter Druck mit Material (Magma) gefüllt wird. Der Druck stammt hauptsächlich aus Ganginjektionen. Ähnlich einem einzelnen unter Druck stehenden Gang (**Abb.** 13.8) kann ein gesamtes Vulkansystem Längen bis zu 190 km erreichen, als elliptisches Loch unter Druck fungieren und zu Zugkräften führen. Die hervorgerufenen Zugspannungen wiederum führen gewöhnlich zur Bruchbildung, sowohl zu Zugbrüchen als auch zu Störungen, mit großem Einfluss auf die Landschaftsentwicklung einschließlich der Form von Bergen, Tälern und Fjorden sowie der Form des Kleifarvatn (**Abb.** 13.7b)

sehr schmale Brüche, die Säulenklüften, die Sie an vielen Stellen gesehen haben, ähneln, die jedoch anders entstehen und viel größere, insbesondere längere Strukturen bilden.

Die Nordwest–Südost verlaufenden Brüche, die die Landschaft in diesen Teilen Islands bestimmen, werden also großteils durch Zugkräfte aufgrund von lateraler Biegung der Kruste hervorgerufen. Im regionalen Maßstab wie hier wird die Zugkraft nicht durch Magmadruck eines einzelnen Ganges hervorgerufen, wie das für Kleifarvatn und allgemein innerhalb von Vulkanzonen gilt, sondern durch den Gesamtdruck vieler Gänge innerhalb der Vulkanzone (**Abb.** 13.9). Aus Messungen, wie bei der Gangplatznahme in der Vulkanzone in Nordisland bei den sogenannten Krafla-Feuern 1975–1984, ist bekannt, dass die Spannungen oder Kräfte in der Kruste bis zu mehr als 100 km vom Gang entfernt wirken. In ähnlicher Weise zeigte der 45 km lange Gang der jüngeren und besser dokumentierten Platznahme im Bárdarbunga-Vulkansystem in Zentralisland 2014–2015 mehr als 100 km vom Gang entfernt Einfluss auf die Spannung und Kraftüber. Mit der Zeit wirken viele Gangplatznahmen in einer Vulkanzone zusammen – so, als ob die gesamte Vulkanzone eine große Intrusion unter magmatischem Druck wäre. Der Einfluss auf die Spannung reicht bis in eine Entfernung ähnlich der Länge der Vulkanzone selbst. Starke Einflüsse sind also mindestens 100 km westlich der Westlichen Vulkanzone sowie bis zu 200 km weit auf beiden Seiten der Nördlichen und der Östlichen Vulkanzone zu spüren.

Der Einfluss ist nicht auf West- und Südisland beschränkt: Viele der Fjorde in Ostisland hängen mit ähnlich gebildeten Spannungsfeldern zusammen, zum Teil durch Gänge in der Nördlichen Vulkanzone und zum Teil durch Gänge in der Östlichen Vulkanzone. In jedem Fall habe ich jetzt alle Hauptrichtungen der Brüche erklärt, die die Geometrie des Kleifarvatn bestimmen. Wir wenden uns nun der vulkanischen Aktivität im Zusammenhang mit den Bruchrichtungen im Gebiet zu.

13.4 Bruchscharen und Vulkanausbrüche

Auf ◘ Abb. 13.7b zeige ich, wie die Seegeometrie durch die hauptsächlichen Bruchrichtungen bestimmt wird. Aber wie hängen diese Bruchscharen und der Vulkanismus in diesem Teil der Reykjanes-Halbinsel zusammen? Beginnen wir mit den **Nordost–Südwest verlaufenden Brüchen.** Diese haben eindeutig dieselbe Richtung wie die meisten Fördergänge und daher die meisten Vulkanspalten in diesem Gebiet. Nicht nur verläuft der Hyaloklastit-Rücken selbst, Sveifluháls, in diese Richtung, sondern auch die meisten Vulkanspalten, die die jungen Lavaströme der Umgebung speisten. Dies ist nicht überraschend. Sie haben bereits erfahren, dass in Süd- und Westisland (und sogar Südostisland, obwohl dieser Landesteil außerhalb unserer Touren liegt) die große Mehrheit der Vulkanspalten und Fördergänge sowie Gänge im Allgemeinen Nordost–Südwest verlaufen. Wir wissen auch, woran dies liegt. Einfach daran, dass alle diese Brüche und die dazugehörigen Störungen ungefähr rechtwinklig beziehungsweise senkrecht zur Richtung der plattentektonischen Spreizung, dem sogenannten **Spreizungsvektor** orientiert sind, wie sie es sein sollten (◘ Abb. 2.2).

Was ist mit der **Nordwest–Südost-Richtung?** Gibt es Vulkanspalten dieser Richtung? Allgemein in Südwestisland: ja. Es gibt beispielsweise Nordwest–Südost verlaufende Intrusionen im Hengill (▶ Kap. 12) und es gibt im Hvalfjördur-Gebiet (▶ Kap. 11) viele Gänge in Nordwest–Südost-Richtung, von denen manche Fördergänge für Eruptionen gewesen sein mögen. Was Vulkanspalten betrifft, die jünger sind als die letzte Eiszeit, das heißt jünger als ungefähr 12.000 Jahre, scheint es auf der Reykjanes-Halbinsel keine in Nordwest–Südost-Richtung zu geben. In geologisch gesehen naher Vergangenheit entstanden auf der Halbinsel also keine Nordwest–Südost verlaufenden Fördergänge.

Gibt es irgendwelche Vulkanspalten/Fördergänge, die **Nord–Süd** verlaufen? Ja, die gibt es tatsächlich. Es gibt mehrere junge (weniger als 12.000 Jahre alte) Vulkanspalten, deren Richtung etwa Nord–Süd ist. Vielleicht die beeindruckendste ist die Spalte, die den Lavastrom **Ögmundarhraun** speiste, den Sie später auf dieser Tour auf dem Weg nach Reykjanes durchqueren. Diese Spalte, die am Südende von Sveifluháls liegt, ist bemerkenswert dafür, dass ihre Richtung sich abrupt von Nordost–Südwest in ihrem Südteil zu Nord–Süd in ihrem Nordteil ändert. Ähnliche Änderungen treten in manchen anderen Vulkanspalten auf der Halbinsel auf. Vielleicht ist es am relevantesten für Ihre Tour, dass die Explosionskrater (Maare) am Südende des Kleifarvatn, wo wir später auf dieser Tour anhalten, anscheinend auch mit einer etwa Nord–Süd ausverlaufenden Vulkanspalte zusammenhängen.

Sind die Nord–Süd-Spalten notwendigerweise Erdbebenbrüche, die dann als Kanäle für den Fördergang des Magmas zur Oberfläche dienen? Nicht unbedingt. Lokale Spannungen unterscheiden sich oft sehr von den regionalen (plattentektonischen) Spannungen, insbesondere wenn es in der Nähe eine oberflächennahe Magmakammer gibt (◘ Abb. 11.3, ▶ Kap. 4 und 11) oder wenn die Gesteine sehr unterschiedliche mechanische Eigenschaften aufweisen (manche sind weich und andere sind steif). Die meisten Gänge bilden ihre eigenen Brüche, wie ich in ▶ Kap. 11 erläutert habe. Man kann jedoch auch häufig erkennen, dass Gänge vorhandene Schwachstellen in der Kruste – wie Erdbebenbrüche – für Teile ihres Weges verwenden, insbesondere nahe der Oberfläche. Und dies ist höchstwahrscheinlich, was wir auf der Reykjanes-Halbinsel sehen. Manche der Nord–Süd-Erdbebenbrüche dienten als Kanäle für Magma, das heißt als Teile von Gängen.

Da die Nord–Süd-Erdbebenbrüche auf der Reykjanes-Halbinsel im Grunde ähnlich entstehen wie diejenigen der Südisländischen Seismischen Zone (▶ Kap. 14), könnten Sie fragen: Warum gibt es in dieser Zone keine Eruptionen beziehungsweise keine Fördergänge entlang solcher Brüchen oder der dazugehörigen Ostsüdost–Westnordwest-Brüche? Die Antwort ist: Weil es unter dem Großteil der Südisländischen Seismischen Zone kein verfügbares Magma gibt. Ein Gang kann nur entstehen und zu einer Eruption führen, wenn Magma verfügbar ist, und unter der Südisländischen Seismischen Zone gibt es kein Magma – das heißt so lange, bis wir zu ihren östlichen und westlichen Ausläufern kommen, die in die Vulkanzonen hineinreichen. Im Westen geht der Ausläufer bis ins Hengill-Gebiet, das ich bereits erläutert habe (▶ Kap. 12). Im Osten erstreckt sich die Zone bis in die Östliche Vulkanzone. Und dort gibt es ein wunderbares – oder dramatisches – Beispiel (je nachdem wie Sie diese Prozesse betrachten) eines **Erdbebenbruchs**, der von **Magma genutzt wird,** das heißt eines Förderganges. Dieses Beispiel ist der berühmteste Vulkan Islands: **Hekla.** Wir wenden uns diesem Punkt in ▶ Kap. 14 noch einmal zu. Hier reicht es aus, zu sagen, dass die Hekla-Vulkanspalte ein Erdbebenbruch im Zusammenhang mit Spannungen in der Südisländischen Seismischen Zone ist. Sie ist jedoch kein Nord–Süd verlaufender Erdbebenbruch, sondern eher ein Westnordwest–Ostsüdost verlaufender Erdbebenbruch des Typs, den wir am Kleifarvatn (◘ Abb. 13.7b), Gullfoss (▶ Kap. 8) und Vördufell in ▶ Kap. 9 gesehen haben und in ▶ Kap. 14 noch einmal sehen werden.

13.5 Die Struktur des Sveifluháls

Dies war nun eine lange Erläuterung der Form des Kleifarvatn und darüber, was uns diese über die Bruchtypen in dieser Gegend und in der Tat in ganz Südisland (und einem Teil Westislands) sagen. Lassen Sie uns nun die Straße bis zum nächsten Halt weiterfahren. Es gibt weder eine für einen Überblick über den See besonders gut geeignete Stelle noch eine, von wo aus wir den gesamten Hyaloklastit-Rücken Sveifluháls sehen. Der **dritte Halt (3)** ermöglicht den besten Überblick über den See vom Boden aus, abgesehen von den nahen

Bergen aus. Hier kann ich auch zwei weitere Themen erläutern, nämlich 1) die Entstehung des Hyaloklastit-Rückens selbst und 2) potenzielle Brüche oder „**Baby-Brüche**".

Auf dem Weg zum dritten Halt sehen Sie die Internstruktur des Sveifluháls (◘ Abb. 13.7 und von Halt 5 gesehen ◘ Abb. 13.10) und wie variabel und komplex diese ist. Diese Komplexität ist anders als bei vielen kleineren Hyaloklastit-Rücken und liegt zum Teil daran, dass Sveifluháls nicht bei ein oder zwei, sondern bei **vielen Eruptionen** entstand. Dies ist vielleicht nicht überraschend, wenn man berücksichtigt, dass der Rücken ziemlich groß ist. Wenn wir die angrenzenden kleineren Rücken und Hyaloklastit-Berge (Sveifluháls selbst ist nur der größte davon, aber Sie brauchen nicht alle einzelnen Namen zu kennen) hinzuzählen, beträgt die Gesamtlänge etwa 25 km und die maximale Breite ungefähr 1,5 km. Dies ist bedeutend länger als die Berge, die Esja (▶ Kap. 4) und Hengill (▶ Kap. 12) aufbauen und viele Male größer als die kleinen Rücken, die ich bisher erläutert habe, wie Sköflungur am Hengill (▶ Kap. 12). Sveifluháls und angrenzende Berge mögen aus rund 20 verschiedenen Gesteinseinheiten bestehen und entstanden daher vielleicht in ebenso vielen Eruptionen.

Sveifluháls entstand in einem beträchtlichen Zeitraum von wahrscheinlich rund **200.000 Jahren.** Er entstand nicht vollständig bei subglazialen Eruptionen, da Eruptionen in dem vom Rücken eingenommenen Gebiet während der letzten Warmzeit (Interglazial, eisfreien Periode) erfolgten. Daher gibt es im Rücken einige subaerische (in der Luft, nicht unter Wasser) eruptierte Gesteine. Diese bilden jedoch keine auffälligen und zusammenhängenden Lavaströme wie diejenigen, die in den letzten 12.000 Jahren entstanden. Sveifluháls zeigt, dass die Annahme, dass Hyaloklastit-Berge bei einer einzigen oder höchstens wenigen Eruptionen entstanden, nicht immer gilt, insbesondere nicht für einen großen Hyaloklastit-Rücken.

▫ Abb. 13.10   Blick nach Norden vom Südufer des Sees Graenavatn (Grænavatn) auf einen Teil des Hyaloklastit-Rückens Sveifluháls. Auch ein Teil des Geothermalfeldes Seltún (die hellen Felsen) ist zu sehen

13.6 Deformationsbänder und Fluidströmung

Eine sehr interessante Art von Strukturen an dieser Stelle sind **potenzielle Erdbebenbrüche**, beziehungsweise das, was man „Baby-Störungen" nennen könnte (▫ Abb. 13.11 und 13.12). Diese potenziellen Brüche heißen in der Geologie **Deformationsbänder.** Wie der Name vermuten lässt, handelt es sich um Bänder oder Zonen, in denen das Gestein deformiert wurde, aber noch keine richtigen Erdbebenbrüche, also Störungen, entwickelte. Einige Deformationsbänder entwickeln sich später zu Störungen, aber viele tun dies nicht. Lassen Sie mich also kurz erläutern, warum Deformationsbänder wichtig sind, bevor ich erkläre, wie diese entstehen.

Deformationsbänder sind hauptsächlich aus zwei Gründen wichtig. Erstens liefern Sie einen Eindruck davon, wie Störungen in bestimmten Gesteinsarten entstehen. Zweitens bestimmen sie in den Gesteinen, in denen sie auftreten, die Fluidzirkulation zum großen Teil. Zunächst zu ihrer Entstehung. Bewegungen von Störungen führen zu fast allen Erdbeben, dennoch verstehen wir noch nicht gut, wie Störungen entstehen und sich entwickeln. Deformationsbänder treten nur in bestimmten Gesteinen auf, nämlich sehr körnigen („granulierten") Gesteinen, die also aus sichtbaren Körnern oder Partikeln bestehen. Die meisten granulierten Gesteine sind **Sedimentgesteine.** Diese entstehen, wenn Partikel von Ton, Sand oder größere Brocken durch Wind, Flüsse und das Meer transportiert werden. Wenn die Partikel auf dem festen Boden liegen bleiben (zum Beispiel dem Grund eines Sees oder Meeres), bilden sie weiche Schichten, die über lange Zeiträume zu harten Festgesteinen werden können. Bekannte Beispiele sind Sandsteine oder Tonsteine und andere häufige Gesteinsarten, die in vielen Ländern vorkommen.

◘ Abb. 13.11　Deformationsbänder im Hyaloklastit des Sveifluháls, wie sie **a** aus der Entfernung und **b** aus der Nähe zu sehen sind. Deformationsbänder sind potenzielle Störungen und insbesondere in Sedimentgesteinen häufig. Deformationsbänder haben große Bedeutung für den Fluidtransport in den Gesteinen, in denen sie auftreten. Die Person dient als Maßstab

Abb. 13.12   Nahansicht der Deformationsbänder im Hyaloklastit des Sveifluháls. Die Bänder sind potenzielle Störungen und bilden hier Systeme aus zwei Scharen von Bändern, die sich in einem Winkel von 70–80° schneiden. Dies ist ein häufiger Winkel zwischen Störungen, die in dem vorherrschenden Spannungsfeld entstehen – zum Beispiel treffen sich einige der roten und orangefarbenen Störungen am Kleifarvatn – die in demselben Spannungsfeld gebildet werden – in diesem Winkel (■ Abb. 13.7)

Die Hyaloklastite mit den Deformationsbändern auf ■ Abb. 13.11 und 13.12 sind nur in gewisser Hinsicht Sedimentgesteine. Es handelt sich, wie ich in ► Kap. 6 erläutert habe, in erster Linie um magmatische Gesteine, die aus Partikeln verschiedener Größe bestehen. Das heißt, es sind **pyroklastische Gesteine** die bei Eruptionen unter Gletschern oder im Meer entstehen. Weil sie in Wasser gebildet werden, wie einem See in einem Gletscher (■ Abb. 6.6), bleiben sie auch als Sedimente am Grunde des Sees liegen. Wenn der Gletscher geschmolzen ist oder wenn die Schichten während der Bildung des Hyaloklastit-Berges noch weich sind, sind zudem Bewegungen durch die Schwerkraft– auf den Berghängen – eine Art Rutschung, **gravitatives Gleiten** – häufig. Es gibt daher einige Prozesse, die Hyaloklastit-

Schichten und deren Entwicklung betreffen, die als analog zu denjenigen angesehen werden können, die bei der Bildung von Sedimentgesteinen eine Rolle spielen. Hyaloklastite sind also in gewisser Weise ähnlich wie Sedimentgesteine.

Des Weiteren sind Hyaloklastite eindeutig **granulierte Gesteine** – Sie können die Partikel leicht erkennen – und enthalten viele kleine Höhlen und Löcher, sind also **porös**. Hyaloklastite verhalten sich daher in Bezug auf Kräfte und Spannungen in sehr ähnlicher Weise wie viele Sedimentgesteine. Daraus folgt, dass die Deformationsbänder an dieser Stelle ähnlich denjenigen sind, die in vielen Sedimentgesteinen weltweit entstehen. Sie vermitteln daher einen Eindruck der allgemeinen Eigenschaften der Bänder und von ihrem Bezug zu Störungen.

Der zweite bereits erwähnte Punkt ist, dass Deformationsbänder großen Einfluss auf die **Fluidzirkulation** in den Gesteinen, in denen sie auftreten, haben. Wie? Insbesondere, weil sie **Barrieren für den Fluidtransport** darstellen. Deformationsbänder entstehen teilweise durch **Zerdrücken und Kompaktion** des Gesteins, was zu kleineren Körnern und weniger Raum dazwischen führt. Dies wiederum bedeutet, dass Fluidströmung durch die Bänder schwierig wird. Mit anderen Worten haben Deformationsbänder eine **niedrige Permeabilität**, wobei Permeabilität einfach ein Maß dafür ist, wie leicht Fluide durch Gesteine fließen können. Daraus folgt, dass Deformationsbänder Fluidströmung durch Grundwasserleiter („Aquifere"), geothermische Reservoire, Erdöl- und Erdgasreservoir und, am wichtigsten für die Geologie Islands, Magmakammern und -reservoire behindern können. Letzteres könnte überraschend sein, weil sich die meisten Leute Magmakammern und -reservoire vollkommen flüssig, völlig geschmolzen, vorstellen. Sie sind es jedoch nicht: Sie bestehen normalerweise überwiegend aus festem Material, einem Kristallbrei oder -netzwerk mit Magma in den Poren oder Hohlräumen zwischen den Kristallen. Wie die Deformationsbänder Magmakammern und -reservoiren sowie andere Gesteinskörper mit Fluiden beeinflussen, hängt zum Großteil damit zusammen, wie die Bänder entstehen – wozu wir jetzt kommen.

Deformationsbänder entstehen auf verschiedene Weise. Hier konzentriere ich mich jedoch auf den häufigsten Mechanismus, wie er auch in Sveifluháls zu sehen ist (◘ Abb. 13.11 und 13.12). Die meisten Deformationsbänder werden durch Spannung im umgebenden Gestein gebildet (hauptsächlich durch gravitative Belastung während und kurz nach der Entstehung des Hyaloklastit-Rückens). Diese führt zum **Zerquetschen** weicher glasiger Körner (im Hyaloklastit bestehen die Körner meist aus Glas statt aus Kristallen). Diese Spannung ist zum Teil Scherspannung wie bei Störungen, sodass

etwa relative Bewegungen der Wände von Deformationsbändern (in entgegengesetzte Richtungen auf beiden Seiten des Bandes) wie bei Störungen zu sehen sind. Die Bewegung ist großteils ähnlich der von Abschiebungen (► Kap. 5 und 11), aber generell viel kleiner als bei Störungen, das heißt nur Millimeter oder Zentimeter, gelegentlich auch größer. Das Zerquetschen der Körner führt dazu, dass diese kleiner, weniger eckig und mehr **zusammengedrückt** werden. Dies bedeutet, dass in Deformationsbändern weniger Raum zwischen den Körnern ist als im umgebenden Gestein, mit dem Ergebnis, dass die Bänder deutlich **weniger permeabel** sind (viel weniger ein Durchströmen von Fluiden ermöglichen) als die angrenzenden Gesteine. Diese Reduzierung der Permeabilität (und Porosität) ist der Hauptgrund dafür, warum Deformationsbänder in den Gesteinen, in denen sie auftreten, Barrieren für die Fluidströmung darstellen.

Viele, vielleicht die meisten, Deformationsbänder entstehen während und kurz nach der Eruption der Hyaloklastit-(Brekzien-)Schichten. Die Bänder erzählen also die Deformationsgeschichte der Gesteinsschichten während ihrer Ablagerung und kurz danach. Die Kräfte, hauptsächlich Schwerkraft, und Spannungen sind für die Bänder hier lokalen Ursprungs. Andere Deformationsbänder werden jedoch später und durch plattentektonische Kräfte gebildet. Dies gilt insbesondere für Sveifluháls, weil dieser über einen vergleichsweise langen Zeitraum entstand und aus vielen Gesteinseinheiten verschiedenen Alters besteht. Daraus folgt, dass manche Deformationsbänder mit regionalen tektonischen Kräften zusammenhängen, die Erdbeben und Eruption auf der Reykjanes-Halbinsel kontrollieren und sich in den Störungen und Spalten auf ◘ Abb. 13.7 widerspiegeln. Diese Bänder können oft anhand ihrer Richtung erkannt werden und liefern daher einen Eindruck davon, wie sich vielleicht später große Erdbebenstörungen entwickeln werden.

13.7 Geothermalfelder

Wir fahren nun weiter zum **vierten Halt (4)** bei den Geothermalfeldern von **Krísuvík**. Diese heißen gewöhnlich so, sind aber auch bekannt als **Seltún** oder Krísuvík-Seltún. Die Geothermalfelder mit einfachen Pfaden sind gewiss einen Besuch wert, selbst wenn Sie bereits das Geothermalfeld in Geysir gesehen haben. Dies liegt zum Teil daran, dass die Geothermalfelder von Krísuvík-Seltún sich deutlich von denen in Geysir unterscheiden. Insbesondere gibt es in Krísuvík-Seltún eine große Vielfalt verschiedener Arten geothermischer Schlote, darunter kochende heiße Quellen und Schlammtöpfe, Fumarolen und gelblicher Schwefelablagerungen (◨ Abb. 13.13, 13.14, 13.15, 13.16 und 13.17).

Warum gibt es an dieser Stelle Geothermalfelder? Gibt es irgendeinen bestimmten Grund, dass sie sich hier befinden und nicht, sagen wir, ein paar Hundert Meter östlich von Seltún? Der wahrscheinlichste Grund ist, dass die Nord–Süd verlaufenden (manche Nordnordwest–Südsüdost) Brüche den Sveifluháls genau dort durchschneiden, wo sich die Hauptgeothermalfelder in Krísuvík-Seltún befinden. Diese Brüche sind ganz ähnlich denjenigen, die wir auf ◨ Abb. 13.7 sehen – Krísuvík-Seltún liegt jedoch südlich von ◨ Abb. 13.7 – und höchstwahrscheinlich handelt es sich um Erdbebenbrüche. Dadurch wird wieder einmal deutlich, dass Erdbebenbrüche Geothermalfelder kontrollieren – wie sie dies in der Tat weltweit tun. Ein Grund dafür ist, dass Erdbebenbrüche, von denen viele sich wiederholt bewegen, die Permeabilität aufrechterhalten – es den geothermischen Fluiden ermöglichen, zur Oberfläche zu fließen. Ein anderer Grund ist, dass große Erdbebenbrüche normalerweise sehr tief reichen, leicht Krustentiefen von einigen Kilometern erreichen. Einige der Nord-Süd verlaufenden Brüche reichen bis zu 10 km tief. In Tiefen von vielen Kilometern ist die Kruste Islands sehr

◨ **Abb. 13.13**   Überblick über einen Teil des Krísuvík-Seltún-Geothermalgebiets mit Blick nach Osten. Die hellen Farben entstehen durch Alteration wegen geothermischer Fluide (vgl. ◨ Abb. 11.2)

◘ Abb. 13.14 Nahansicht der Dampfschlote von ◘ Abb. 13.13. Die Menschen dienen als Maßstab

heiß – Hunderte Grad Celsius. Selbst wenn es keine bekannte Magmakammer unterhalb von Sveifluháls gibt, bedeutet die Tatsache, dass die Erdbebenbrüche große Tiefen und eine sehr heiße Kruste erreichen, dass die heiße, mit Brüchen durchzogene Kruste als Wärmequelle für die geothermischen Fluide dienen kann. Daher ist die **Zirkulation von Wasser** aus Regen und Schnee in **Tiefen von einigen Kilometern** in einem **Erdbebenbruch** die hauptsächliche Erklärung für die Geothermalfelder von Krísuvík-Seltún. Das gleiche gilt für die nahe gelegenen Felder, südwestlich von Seltún (im eigentlichen Krísuvík-Gebiet). Auch diese Felder hängen mit Nord–Süd verlaufenden Erdbebenbrüchen zusammen.

13.8 Explosionskrater – Maare

Einige der Erdbebenbrüche im Zusammenhang mit den Geothermalfeldern von Krísuvík-Seltún treffen im Süden auf einen See, der unseren nächsten Halt darstellt. Dieser See ist berühmt für seine grüne Farbe und trägt passenderweise den Namen „Grüner See" (**Graenavatn, Grænavatn**). Wir fahren also von den Geothermalfeldern Krísuvík-Seltún zum Graenavatn, unserem **fünften Halt (5).** Sowohl Graenavatn, östlich der Straße, als auch ein etwas kleinerer See, **Gestsstadavatn (Gestsstaðavatn),** westlich der Straße, sind **Explosionskrater** – die in der Geologie als **Maare** bezeichnet werden. Es gibt einige weitere Explosionskrater in der Gegend, die weiter unten erwähnt werden. Hier lege ich den Schwerpunkt jedoch auf Graenavatn, dem beeindruckendsten, nicht zuletzt wegen seiner beeindruckenden grünen Farbe (◘ Abb. 13.10 und 13.18).

Graenavatn ist in Ost–West-Richtung etwas länglich, mit einem Durchmesser von etwa 360 m im Vergleich zu einem Durchmesser von 300 m in Nord–Süd Richtung. Seine maximale Tiefe ist etwa 45 m. Die **meeresgrüne Farbe** des Sees hängt hauptsächlich mit Mineralen aus Siliziumdioxid und Schwefel

Abb. 13.15 Gelbliche Schwefelablagerungen in den Krísuvík-Seltún-Geothermalfeldern

zusammen, die beide durch Thermalquellen in den See kommen. Diese hängen vermutlich alle mit den bereits erläuterten Nord–Süd verlaufenden Erdbebenbrüchen zusammen.

Während seiner Entstehung lieferte Graenavatn etwas eruptives Material, Lava und **Pyroklastika** (fragmentiertes Gestein, bei dem die Fragmente bei Explosionen im zugehörigen Krater entstehen). Diese eruptiven Materialien sind dafür bekannt, dass sie ungewöhnlich hohe Anteile Gabbro-**Xenolithe** enthalten. In der Geologie wird der Begriff „Xenolith", was wörtlich „Fremdgestein" bedeutet, für Gesteinsfragmente verwendet, die normalerweise aus der umgebenden Kruste stammen und die das Magma in einem Gang oder anderen Arten von Schloten auf seinem Weg an die Oberfläche aufnimmt.

Abb. 13.16 Schlammige heiße Quelle in den Krísuvík-Seltún-Geothermalfeldern

Abb. 13.17 Schlammtöpfe und Ablagerungen in den Krísuvík-Seltún-Geothermalfeldern

Abb. 13.18   Luftansicht der Explosionskrater (Maare) von Graenavatn (Grænavatn) und Gestsstadavatn (Gestsstaðavatn) südlich des Sees Kleifarvatn. Graenavatn hat einen maximalen Durchmesser von 360 m und eine maximale Tiefe von 45 m. Seine meergrüne Farbe hängt hauptsächlich mit Mineralen aus Siliziumdioxid und Schwefel zusammen

Gabbro entsteht, wenn basaltisches Magma in beträchtlicher Tiefe in der Kruste erstarrt. Sie erkennen die Gabbro-Xenolithe daran, dass sie etwas hellgrau sind, zwischen den viel dunkleren basaltischen Fragmenten in der Umgebung des Sees. Und im Gegensatz zum Basalt, bei dem die das Gestein aufbauenden Kristalle oder Körner kaum zu sehen sind (weil sie zu klein sind), sind die Kristalle im Gabbro leicht mit bloßem Auge zu erkennen.

Warum nun sind diese Gabbro-Xenolithe wichtig? Weil sie uns erzählen, dass es irgendwo unter Graenavatn einen Gabbrokörper gibt, der als Barriere für sich ausbreitende Gänge aus dem tief liegenden Magmareservoir dienen kann, sodass sich eine oberflächennahe **Magmakammer** entwickeln könnte. Wir wissen, wie eine solche oberflächennahe Magmakammer am wahrscheinlichsten aussehen würde. Es wäre nämlich ein lagergangähnlicher Körper wie derjenige, den wir in Stardalshnjúkar gesehen haben (**Abb. 4.7 bis 4.9, Kap. 4). Bisher jedoch gibt es keinen Beweis für eine oberflächennahe Magmakammer in irgendeinem Vulkansystem auf der Reykjanes-Halbinsel (**Abb. 2.3); das Magma scheint direkt aus einem tief liegenden Magmareservoir zu stammen (**Abb. 2.4). Gabbro-Xenolithe hingegen weisen auf dicke Intrusionen, Lagergänge, in geringen Tiefen unterhalb von Graenavatn hin. Und wie wir wissen sind Lagergänge „Baby-Magmakammern". Die Xenolithe könnten daher anzeigen, dass sich unter Graenavatn und vermutlich der Umgebung einschließlich der Geothermalfelder in Krísuvík-Seltún und dem südlichen Teil von Kleifarvatn eine Magmakammer entwickelt.

Zusätzlich zu den Explosionskratern von Graenavatn und Gestsstadavatn gibt es mehrere kleine Explosionskrater etwa einen halben

Kilometer südlich von Graenavatn. Diese Krater heißen **Augun** („die Augen"). Augun sind viel kleinere Krater als Graenavatn und Gestsstadavatn und hängen nicht mit Nord–Süd verlaufenden Brüchen zusammen, sondern folgen eher der gewöhnlichen Richtung von Vulkanspalten im Gebiet, nämlich Nordost–Südwest (◨ Abb. 13.7). Jeder dieser Explosionskrater lieferte vergleichsweise wenig eruptives Material (Lava und pyroklastisches Material). Man glaubt, dass sie in den letzten 10.000 Jahren entstanden; sie können sogar nur 6000–7000 Jahre alt sein, ihr Alter ist aber nicht näher bekannt.

Bekannt ist jedoch, wie Explosionskrater des Maartyps entstehen. Sie sind das Ergebnis von **Explosionen**, die auftreten, wenn das **heiße Magma** im Fördergang auf **Grundwasser trifft.** Erinnern Sie sich daran, dass die Temperaturen basaltischer Magmen gewöhnlich bei 1100–1300 °C liegen? Die plötzliche Verdampfung von Grundwasser resultiert in Explosionen, die die Krater bilden. Genau wie der See Kleifarvatn selbst reichen diese Krater unter den Wasserspiegel (die Oberfläche des Grundwassers). Dadurch sind sie überwiegend mit Grundwasser gefüllt – daher die wunderschönen Seen (◨ Abb. 13.10 und 13.18). Während das größte Maar hier, Graenavatn, einen Durchmesser von 360 m hat, können manche Maare Durchmesser von vielen Kilometer aufweisen und zwischen 100 und 200 m tief sein. Sie reichen bis unter den Wasserspiegel und sind daher Seen.

13.9 **Halbierter Tafelberg**

Wir fahren nun auf Straße 42, bis sie auf Straße 427 trifft. Dort biegen wir nach rechts ab, das heißt nach Westen, auf unserem Weg zum Rand, der „Zehe", der Reykjanes-Halbinsel. Auf Straße 427 passieren wir zuerst durch interglaziale Lavaströme (die zwischen zwei Kaltzeiten eruptierten; vielleicht ungefähr 100.000 Jahre alt sind), kommen jedoch bald in den jungen Lavastrom **Ögmundarhraun.**

Dieser Aa-Lavastrom entstand um das Jahr 1170 und ist daher ungefähr 850 Jahre alt. Er ist einer der jüngsten Lavaströme auf der Reykjanes-Halbinsel und von sehr ähnlichem Alter wie Kapelluhraun – der einen Teil des Standorts der Stadt Hafnarfjördur bildet (◨ Abb. 2.1, Kap. 2) – im Nordteil der Reykjanes-Halbinsel. Tatsächlich ist es wahrscheinlich, dass diese beiden Lavaströme während derselben „Feuer" entstanden. In geologischem Kontext sind solche **Feuer** Ausbruchsserien, extensive vulkanotektonische Episoden, die viele Jahre, manchmal Jahrzehnte, andauern. Die jüngsten waren die Krafla-Feuer in Nordisland von 1975 bis 1984. Wir legen keinen formalen Halt in Ögmundarhraun ein, sondern fahren weiter nach Westen durch die Lavafelder, bis wir den sechsten Halt erreichen.

Der **sechste Halt (6)** ist am **Festarfjall.** Dieser Hyaloklastit-Berg ist aus drei Gründen bemerkenswert: Er wurde durch Erosion durch das Meer halbiert, er weist einen außergewöhnlich gut aufgeschlossenen Fördergang auf und er entstand höchstwahrscheinlich nicht bei einer subglazialen, sondern eher bei einer submarinen Eruption. Festarfjall (◨ Abb. 13.19) ermöglicht uns, das Innere eines jungen Hyaloklastit-Bergs zu untersuchen. Im Grunde hat er die Form eines Tafelbergs, ähnlich denen, die wir zuvor gesehen haben, nämlich Hrafnabjörg in Thingvellir (◨ Abb. 6.5, Kap. 6) und Hvalfell im Hvalfjördur (◨ Abb. 11.23; Kap. 11). Festarfjall ist jedoch viel kleiner als einer dieser Tafelberge. Der Name Festarfjall, was „Berg mit Kette" bedeutet (oder „Tau" oder „Anker", möglicherweise „Halskette") leitet sich vom Fördergang ab, der aus der Ferne wie eine (Hals-) Kette oder ein Tau aussieht (◨ Abb. 13.19). Bitte beachten Sie, dass die Felswand sehr steil ist. Die Küste ist schön, doch sind **Steinschläge** häufig, sodass die Küste manchmal geschlossen ist und generell Vorsicht angebracht ist, wenn Sie hinunter zur Küste gehen möchten. Tatsächlich ist das meiste der Landschaft auch gut aus der Entfernung zu sehen.

◘ Abb. 13.19
Hyaloklastit-Berg Festarfjall, eine Art kleiner Tafelberg, der durch die Erosion durch das Meer halbiert wurde und vermutlich bei einer submarinen Eruption entstand. Blickrichtung ist Nordosten; der Berg besteht großteils aus Kissenbrekzie und Hyaloklastit-Tuff. Sein oberer Teil ruht auf einem Lavastrom. Ein Fördergang (eingetragen) durchschlägt den Berg, um einen kleinen Lavastrom am Gipfel zu speisen

Der Berg selbst steht auf einem interglazialen Basaltlavastrom, vielleicht 100.000 Jahre alt, der wiederum auf Hyaloklastiten ruht. Daher sind die Hyaloklastite und Brekzien unter dem Lavastrom (◘ Abb. 13.19) älter als Festarfjall selbst, der nur 90 m hoch ist, wenn man vom Lavastrom, auf dem er steht, aus misst. Der Berg besteht ebenso aus Hyaloklastiten mit mehreren Gängen und Kegelgängen.

Der **Fördergang** (◘ Abb. 13.19) durchschlägt den gesamten Berg und erreicht den Gipfel, wo er Magma zu einem kleinen Lavastrom lieferte. In diesem Sinne ist Festarfjall daher wie erwähnt ein sehr kleiner Tafelberg. Ich betone jedoch, dass der untere Teil der Felswand, das heißt, der Teil unter dem Lavastrom in der Mitte, älter ist. Dies bedeutet, dass die Felsen bei zwei oder möglicherweise drei Eruptionen entstanden. Die unterste (schwarze) **Brekzie** ändert sich abrupt zu einem sehr feinen bräunlichen Hyaloklastit des Typs, den Geologen **Tuff** nennen. Auf dem Tuff ist ein Basalt-**Lavastrom**, mit deutlich brekziierten Schichten (Schlacke) darüber und darunter.

Dieser Lavastrom bildet das Fundament, auf dem der eigentliche Festarfjall steht. Noch einmal: Es ist wahrscheinlich, dass Festarfjall eher bei einer **Eruption im Meer** als in einem Gletscher entstand. Dies folgt daraus, dass die Gesamthöhe des Berges nur 190 m beträgt und seine Höhe über dem Fundament, dem Basaltlavastrom, nur 90 m. Der Berg wird von mehreren Intrusionen durchschlagen. Die am einfachsten zu bemerkende ist natürlich der **Fördergang** zum Gipfel-Lavastrom (◘ Abb. 13.19). Es ist nicht gewöhnlich, einen Fördergang klar mit seinem Lavastrom verbunden zu sehen. Eine solche Beobachtung ist so selten, weil oft das Magmaniveau im Fördergang am Ende einer Eruption absinkt, was manchmal zur Bildung eines Einsturzkraters führt. Zum Teil jedoch auch deswegen, weil Fördergänge hauptsächlich in den Hauptkraterkegeln eindeutig mit ihren Lavaströmen verbunden sind. Diese Hauptkraterkegel entstehen entlang der Vulkanspalte, und die Kraterkegel stellen nur einen Bruchteil der Länge der Spalte dar. Um also den Fördergang gut verbunden zu sehen, muss das Profil, hier das Küstenkliff, genau dort liegen, wo der Fördergang mit einem Kegel verbunden war. Weiterhin sind die **meisten Gänge keine Fördergänge;** sie erreichten nie die Oberfläche, um eine Eruption zu speisen und enden daher, ohne mit Lava oder pyroklastischen Schichten verbunden zu sein. Später auf dieser Tour (▶ Abschn. 13.13) werden wir außergewöhnliche Beispiele beider Arten von Gängen sehen. Der eine ist ein eindeutiger Fördergang und ganz in der Nähe ist ein außergewöhnlich deutlicher Gang, der kein Fördergang war, das heißt ein gestoppter Gang. Beide liegen nur wenige Meter unter der Oberfläche.

Wie entstand Festarfjall nun bei einer Eruption im Meer? Eindeutig liegt sein Gipfel jetzt 190 m über dem Meeresspiegel. Die Antwort ist, dass während der Kaltzeiten das enorme Gewicht der vielleicht 2000 m dicken Eisdecke Island hinunterdrückte, sodass die Höhe des Landes unter der Eisdecke überall viel niedriger war als heute. Auch jetzt hat das Land unter der größten Eiskappe in Island, Vatnajökull, eine geringere Höhe, als es der Fall wäre, wenn Vatnajökull durch Abschmelzen verschwinden würde – vielleicht bis zu einigen Zehnermetern. Am Ende jeder Kaltzeit erfolgt das Abschmelzen der Eisdecken vergleichsweise schnell und führt dazu, dass die Wassermenge im Meer zunimmt und der Meeresspiegel **schnell** ansteigt. Wenn das Gewicht der Eisdecken während des Abschmelzens abnimmt, steigt auch das Land auf, jedoch viel **langsamer** als der Meeresspiegel ansteigt.

In manchen Gebieten wie Skandinavien steigt das Land noch rund 10.000 Jahre nach dem Abschmelzen der großen Eisdecken weiter auf. Dieser langsame Anstieg kommt daher, dass der Mantel unter Skandinavien im Wesentlichen fest ist und sehr langsam auf Druck- oder Spannungsänderungen reagiert, die durch die Beendigung der Belastung durch Eismassen hervorgerufen werden. Im Gegensatz dazu enthält der Mantel unter Island viel Magma oder Schmelze und reagiert viel schneller als in Skandinavien. Dennoch brauchte Island bis zu 1000 Jahre, um nach dem Abschmelzen der Eisdecke wieder **völlig aufzusteigen.** Der **Meeresspiegel** lag während der **Kaltzeiten (Vereisungsperioden)** viel niedriger als heute (beträchtliche Wassermengen, die sonst einen Teil des Meeres sein würden, bildeten die Eisdecken der nördlichen Hemisphäre, die sich in Nordamerika und Eurasien bis weit nach Süden erstreckten). Daher bedeckte die Eisdecke nicht nur das heutige Island, sondern noch große Flächen von der derzeitigen Küste entfernt ins Meer. Tatsächlich überdeckte während des Maximums der letzten Kaltzeit die Eisdecke auf Island das **Doppelte der aktuellen Landesfläche.** Daher gab es dickes Eis auf der Reykjanes-Halbinsel sowie auf Westisland im Allgemeinen, welches das Land hinunterdrückte.

Als der Meeresspiegel während des Abschmelzens der Eisdecke schnell anstieg, **hinkte** der Anstieg des Landes **hinterher** (erfolgte später), sodass für eine Weile der **Meeresspiegel viel höher** lag als heute. In Westisland war die Küstenlinie zeitweise **100–150 m höher.** Daraus folgt, dass ein Teil des Gebiets des heutigen Festarfjall höchstwahrscheinlich im Meer lag, als sich die den Berg bildende Eruption ereignete – daher die **submarine Eruption**. Wie bereits erwähnt, entstanden wahrscheinlich viele der kleineren Hyaloklastit-Berge auf der Reykjanes-Halbinsel zumindest teilweise bei submarinen Eruptionen.

Gibt es Analogien für solche Eruptionen? Ja, tatsächlich. Einer der berühmtesten Vulkanausbrüche Islands in den letzten Jahrzehnten ist die Surtsey-Eruption. Surtsey ist eine Insel vor der Südküste Islands und Teil der Inselgruppe Vestmannaeyjar (▶ Kap. 14). Sie entstand bei einem Vulkanausbruch im Meer, einer submarinen Eruption, die von 1963 bis 1967 andauerte. Als die Eruption den Meeresspiegel erreichte, bildete sich eine Lavakappe auf der Hyaloklastit-Insel, genau wie bei einem Tafelberg (◨ Abb. 6.5 und 6.6). Obwohl Festarfjall kleiner ist als Surtsey, kann die Entstehung der beiden sehr ähnlich gewesen sein: Eine Eruption in einem flachen Meer.

13.10 Junger Lavastrom und ein Graben

Wir fahren nun weiter nach Westen auf Straße 427 bis zur Stadt Grindavík. Die ganze Stadt liegt auf Lavaströmen mit Altern von ungefähr 2000–8000 Jahren. Grindavík ist eine der sehr wenigen Städte Islands, die vollständig innerhalb der aktiven Vulkanzone liegen. Hinweise auf diese Aktivität sind nicht nur die Tatsache, dass die Stadt auf jungen Lavaströmen steht, sondern auch die nahen Vulkanspalten, nordöstlich der Straße 43 zu sehen, auf der wir stadtauswärts fahren, sowie die

großen Zugbrüche, Abschiebungen und Gräben in der Nähe der Stadt.

Von Grindavík aus fahren wir nach Norden auf Straße 43 zum **siebten Halt (7).** Rechts (östlich) der Straße liegt ein Teil der Vulkanspalte, die einen der Lavaströme bildete, auf denen die Stadt Grindavík erbaut wurde, nämlich **Sundhnúkahraun** oder Sundhnúkshraun, entstanden vor rund 2400 Jahren. Ich zeige Ihnen einen Teil von Sundhnúkahraun sowie deren Vulkanspalte und die dazugehörige Lavarinne vom Gipfel des Hyaloklastit-Berges **Thorbjörn (Þorbjörn)** aus. Ich rate nicht, für einen ähnlichen Ausblick den Berg zu besteigen (der Schotterweg bergaufwärts ist normalerweise geschlossen und nicht zu empfehlen). Der Panoramablick auf ◨ Abb. 13.20 gibt Ihnen jedoch einen guten Überblick über die Vulkanspalte, deren Gesamtlänge etwa 8,5 km beträgt, ihrer Umgebung und dazugehörige Strukturen.

Dieser Halt dient auch für einen Blick auf den leicht erkennbaren **Graben** durch den Berg **Thorbjörn**. Dies ist einer der auffälligsten Beweise des Riftings in dieser Gegend (◨ Abb. 13.21 und 13.22), was wiederum zeigt, dass die Stadt Grindavík innerhalb eines sehr aktiven Riftgebiets liegt. Die Störungen weisen Vertikalversätze von Zehnermetern auf und die Breite des Grabens beträgt etwa 400 m. Der Graben ist in vielerlei Hinsicht sehr ähnlich zum Graben in Brynjudalur im Hvalfjördur (◨ Abb. 11.17 und 11.18; Kap. 11), obwohl der Graben in Brynjudalur schmaler ist als der im Thorbjörn. Auf der Rückfahrt werden wir denselben Graben **von Süden** aus sehen (◨ Abb. 13.23). Es ist auch zu beachten, dass obwohl Thorbjörn als Hyaloklastit-Berg bezeichnet wird – *Móberg* laut isländischer Terminologie – er überwiegend aus **Kissenlava** besteht, wie wir bereits gesehen haben (▶ Kap. 6) und später auf dieser Tour noch einmal sehen werden. Die Höhe des Berges beträgt 243 m über dem Meeresspiegel. Er entstand höchstwahrscheinlich bei einer subglazialen Eruption.

Gräben dieser Art charakterisieren Rifting überall auf der Welt. Mit etwa 400 m ist

Abb. 13.20 Blick auf die Lavaströme, vulkanischen Kraterkegel und Vulkanspalten vom Gipfel des Berges Thorbjörn (Þorbjörn) aus. **a** Blick nach Norden. Arnarsetursrhraun und Illahraun entstanden während der Reykjanes-Feuer vor rund 800 Jahren. Auch ein Teil des Geothermiekraftwerks Svartsengi ist zu sehen. Die Blaue Lagune liegt in Illahraun (■ Abb. 13.24). Sýlingarfell ist ein Hyaloklastit-Berg. **b** Blick nach Nordosten auf einen Kraterkegel und Lavaströme verbunden mit Sundhnúkahraun, etwa 2400 Jahre alt, und dazugehörige Lavaströme. **c** Blick nach Osten auf den Kraterkegel und den „Lavafall" von ■ Abb. 13.20b. **d** Blick nach Osten auf den Kraterkegel und die Vulkanspalte verbunden mit Sundhnúkahraun. **e** Blick nach Südosten auf Lavarinne und Vulkanspalte verbunden mit Sundhnúkahraun. **f** Blick nach Südosten auf Vulkanspalte, kurvige Lavarinne und Fortsetzung des Lavastroms zur Küste, wo ein Teil der Stadt Grindavík auf dem Lavastrom zu sehen ist

Abb. 13.21   Blick nach Südwesten auf einen Teil des Grabens von Thorbjörn (Þorbjörn), nahe der Blauen Lagune. Die grünen Pfeile zeigen die relative Bewegung an den Abschiebungen, die die Grabenrandstörungen bilden. Der Gesteinsblock, der den Graben selbst bildet, ist daher abgesunken, hat sich also abwärts bewegt, relativ zu dem Teil des Berges außerhalb der Störungen. Der Graben ist etwa 400 m breit (vgl. **Abb. 11.17 und 11.18)

dieser Graben recht schmal, aber immerhin mehr als doppelt so breit wie der Graben in Brynjudalur. Wir erinnern uns, dass der tiefste, zentrale Teil des Hengill-Grabens meist 700–1800 m breit ist und der Thingvellir-Graben 5000–7000 m. Die Vertikalversätze Thingvellir-Grabens (**Abb. 5.8, 5.9 und 6.3; Kap. 5 und 6), des Brynjudalur-Grabens (**Abb. 11.21 und 11.22; Kap. 11) und vieler der Störungen im Hengill (**Abb. 12.12 und 12.13) sind tatsächlich ähnlich denen des Thorbjörn-Grabens.

Wie starke Erdbeben hätte es während der Bildung des Thorbjörn-Grabens gegeben? Dies hängt stark davon ab, wie der Graben entstand. Genauer gesagt, ob der Gesamtversatz während eines, zweier oder vieler seismischer Ereignisse erfolgte. Wenn die Subsidenz während weniger Ereignisse oder Störungsbewegungen erfolgte, könnten die Erdbeben während jeder Bewegung Magnitude 7 erreicht haben. Dies sind große Erdbeben, die weithin zu spüren sind. Wahrscheinlicher, basierend auf Analogien mit Absenkungsereignissen im Thingvellir-Graben und anderswo in der Riftzone Islands, wurde der Gesamtversatz durch viele vergleichsweise kleine Versätze erreicht, vielleicht von jeweils 1–3 m. Diese würden normalerweise Erdbeben um Magnitude 6 hervorrufen, die als starke, aber nicht große oder schwere Erdbeben angesehen werden. Erdbeben der Magnitude 6 treten von Zeit zu Zeit auf der Reykjanes-Halbinsel auf und sind über große Gebiete Südwestislands zu spüren.

Abb. 13.22 Nahaufnahme des Grabens durch den Berg Thorbjörn (Þorbjörn) mit Blick nach Süden. Die Absenkung beziehungsweise der Vertikalversatz erreicht Zehnermeter

Am siebten Halt sind wir auch nahe bei der **Blauen Lagune (Bláa Lónið),** einer der beliebtesten Touristenattraktionen Islands (**Abb. 13.24**). Das Thermalwasser der Blauen Lagune stammt aus tiefen Bohrungen durch den Aa-Lavastrom **Illahraun** (**Abb. 13.20a**), der eine der jüngsten Lavaströme auf der Reykjanes-Halbinsel ist und vor rund 800 Jahren eruptierte (irgendwann in den Jahren 1210–1240). Ein Halt an der Blauen Lagune mag interessant sein, ist jedoch nicht Teil dieser Tour mit dem Thema Geologie.

13.11 Vulkanspalte und Strömungsverengung

Wir wenden nun und fahren auf Straße 43 zurück nach Süden bis zur Kreuzung mit Straße 425. Wir fahren nun auf Straße 425 nach rechts, das heißt nach Westen, auf unserem Weg zur Südwestspitze von Reykjanes. Wir halten kurz an, als Teil des siebten Halts, nur um den Thorbjörn-Graben von Südwesten aus anzusehen (**Abb. 13.23**), fahren dann jedoch weiter nach Westen. Von der Straße 425 aus erkennen wir viele tektonische Brüche, sowohl Zugbrüche und Abschiebungen als auch Vulkanspalten. Eine der Vulkanspalten eruptierte etwa zur selben Zeit – bei den gleichen „Feuern" – wie Illahraun (bei der Blauen Lagune). Wir halten kurz an, wo die Straße den dazugehörigen Lavastrom durchquert.

Dieser **achte Halt (8)** ist **Eldvarpahraun (Eldvörp-Lava),** die wohl zur gleichen Zeit gebildet wurde wie Illahraun und Arnarseturshraun (**Abb. 13.20a**) und vielleicht andere Lavaströme. Sie alle entstanden vor rund 800 Jahren wahrscheinlich während einer vulkanotektonischen Episode (Feuer),

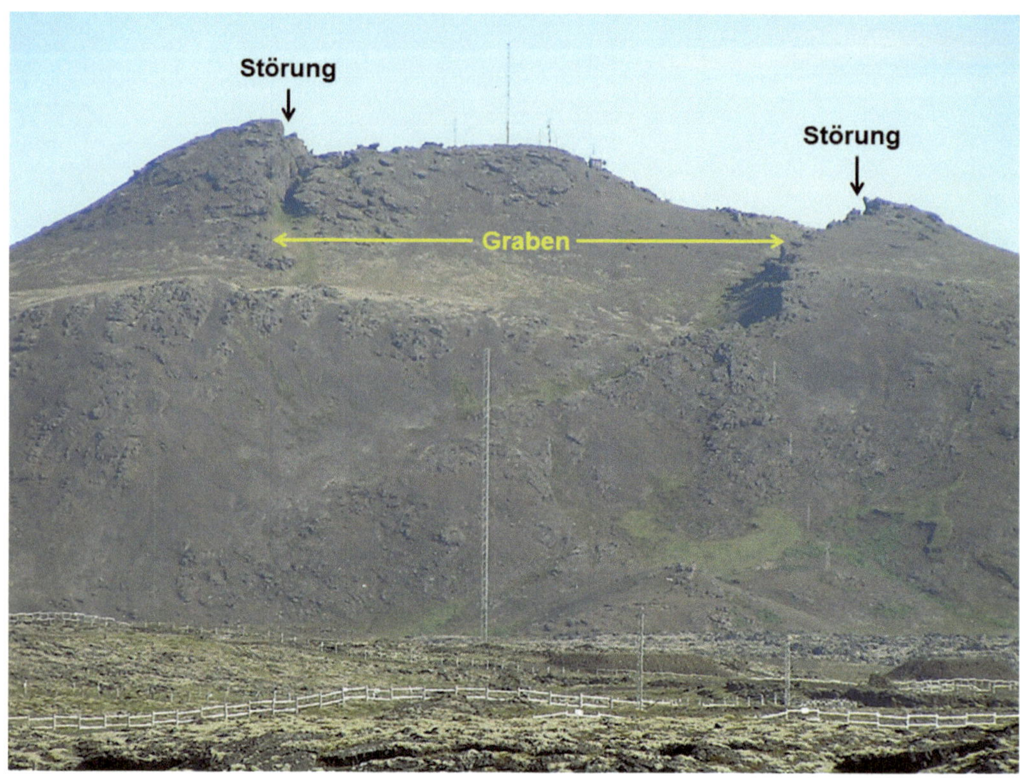

Abb. 13.23   Blick nach Nordosten auf den Graben des Thorbjörn (Þorbjörn), wie er von Südwesten aus zu sehen ist. Gräben dieser Art sind sehr häufig in Gebieten mit horizontaler Extension – Rifting – wie in der Westlichen Vulkanzone (vgl. ■ Abb. 4.14, 13.21 und 13.22)

die viele Jahre andauerte. Beim achten Halt durchquert die Straße einen breiten Lavastrom, der sich den ganzen Weg bis zur Küste erstreckt. Die Vulkanspalte, die diese Lava förderte, auch Eldvörp genannt, ist diskontinuierlich und besteht aus abgesetzten Segmenten. Doch mit einer Gesamtlänge von fast **11 km** ist sie eine der längsten auf der Reykjanes-Halbinsel. Wegen ihrer Länge und Lage sind die Vulkanspalte sowie die dazugehörigen Kraterkegel am besten aus der Luft zu sehen (■ Abb. 13.25).

Die Eldvörp-Lava variiert **zwischen Aa und Pahoehoe**. Nahe der Straße 425 handelt es sich um Pahoehoe-Lava, weiter im Landesinneren jedoch teilweise um Aa-Lava. Die morphologischen Charakteristika von Lavaströmen hängen von vielen Faktoren ab, wie

der volumetrischen Fließrate (der Menge von Lava, die aus der Vulkanspalte in einem gegebenen Zeitraum, zum Beispiel einer Sekunde, gefördert wird), Viskosität (wie leicht die Lava fließt), Temperatur und der Hangneigung, wo die Lava fließt. Auch die Lavazusammensetzung hat einen starken Einfluss. Dieselbe Vulkanspalte kann Aa und Pahoehoe fördern und für gewöhnlich kann Pahoehoe-Lava sich in Aa verwandeln, wenn die Lava abkühlt. Wir haben bereits gesehen, dass auch die Nesjahraun-Lava zwischen Aa und Pahoehoe variiert (▶ Kap. 12).

Eldvörp ist eine typische Vulkanspalte oder **Kraterreihe** (■ Abb. 13.25). Sie besteht aus vielen Segmenten oder Teilen, deren jeweils nahe beieinanderliegenden Enden bis zu 500 m voneinander entfernt sind. Weiterhin liegen

die Segmente nicht auf derselben geraden Linie, sind **nicht kollinear**, sondern eher **abgesetzt**, um bis zu 200 m entweder nach Osten oder Westen auf einer (gedachten) geraden Linie. Wir haben bereits Abschiebungen und Zugbrüche gesehen, die aus vielen abgesetzten Segmenten bestehen (► Kap. 5). Es gibt viele kleine Hügel beziehungsweise **Kraterkegel** auf den Spaltensegmenten. Dennoch ist nur ein Bruchteil der Gesamtlänge der Vulkanspalte mit Kraterkegeln bedeckt.

Es gibt mehrere Gründe für diese geometrischen Eigenschaften von Vulkanspalten. Erstens sind sie segmentiert und abgesetzt, weil dies die Art und Weise ist, wie die **Fördergänge** selbst (und in der Tat alle Gänge) sind. Innerhalb der Zone hoher Spannung (konzentrierte oder erhöhte Spannung) in den Krustengesteinen oberhalb eines sich aufwärts

ausbreitenden Ganges reißen die Schichten dort auf, wo sie am schwächsten sind, also die **geringste Zugfestigkeit** aufweisen. Aufgrund von unterschiedlichen Festigkeiten innerhalb jeder Schicht geschieht das Aufreißen zu jedem Zeitpunkt normalerweise nicht entlang einer geraden Linie oberhalb der Gangspitze, sondern eher an verschiedenen Stellen, die weit voneinander entfernt sein können. Dies führt dazu, dass die Gangfront aus vielen getrennten Segmenten oder „**Fingern**" besteht (Abb. 13.26 und 13.27). Die Eruption beginnt dann, wenn der erste Finger die Oberfläche erreicht. Nachfolgende Finger sind ursprünglich weit voneinander entfernt und bilden eine nicht zusammenhängende Spalte, die aus abgesetzten Segmenten besteht. Wenn die Intensität der Eruption zunimmt und weitere Finger die Oberfläche erreichen, können

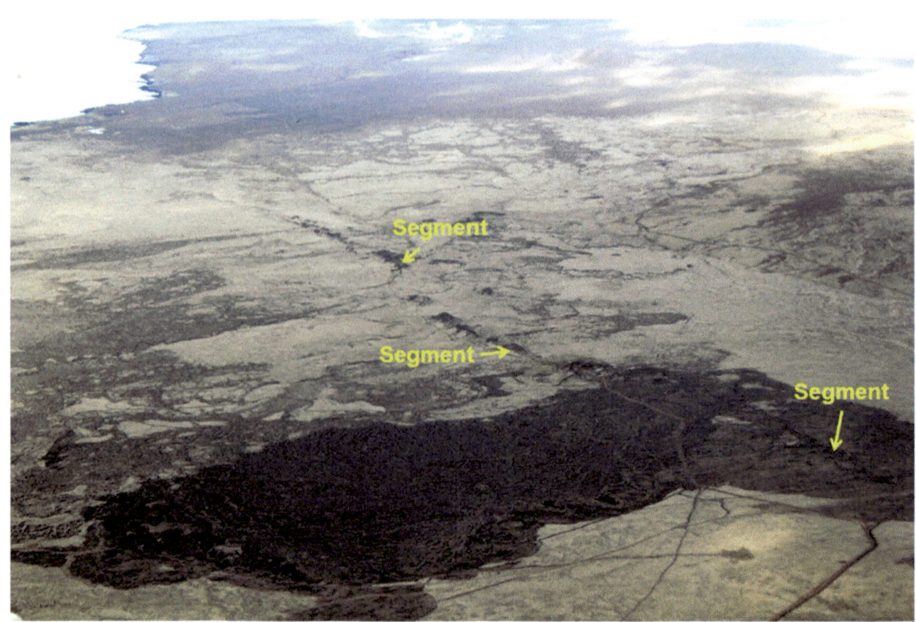

Abb. 13.25 Luftbild mit Blick nach Südwesten auf einen Teil der Eldvörp-Vulkanspalte, entstanden vor rund 800 Jahren. Wie die meisten Vulkanspalten besteht sie aus vielen Segmenten, von denen ein paar hier hervorgehoben sind. Die dunklen Hügelchen sind Kraterkegel. Reykjanes und deren Geothermalfelder sind im Hintergrund zu sehen. Die Gesamtlänge der Vulkanspalte beträgt fast 11 km

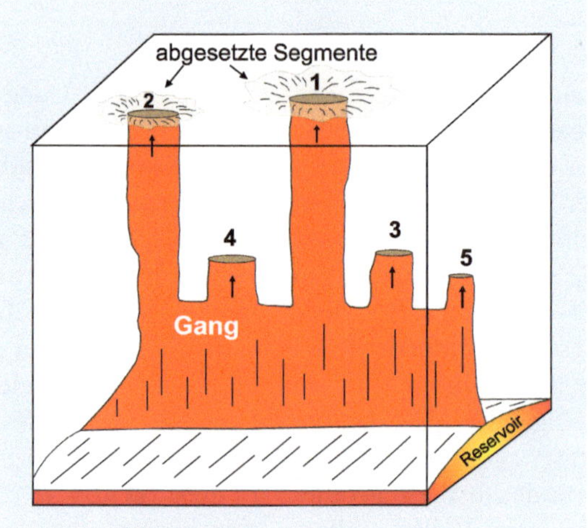

Abb. 13.26 Ein Gang breitet sich aus als abgesetzte, voneinander getrennte Segmente, deren vertikale Ausbreitungsfronten als „Finger" bezeichnet werden. Schließlich können die Finger lateral verbunden werden, oder auch nicht. In dieser schematischen Darstellung haben die Segmente 1 und 2 bereits die Oberfläche erreicht, die Segmente 3 bis 5 hingegen breiten sich noch zur Oberfläche hin aus. Segmente 3 bis 5 können alle die Oberfläche erreichen; andererseits können auch ein paar davon oder alle irgendwo in der Kruste aufgehalten werden und ihre vertikale Ausbreitung beenden. Dies ist ein regionaler Gang, dessen Ursprung ein großes Magmareservoir ist, wie es für den Eldvörp-Fördergang anzunehmen ist (**Abb. 13.25)

Abb. 13.27 Beispiel der ersten Finger eines Ganges, die die Oberfläche erreichen, hier bei der Eruption im Krafla-Vulkansystem in der Nördlichen Vulkanzone im Juli 1980 (diese Zone ist auf ☐ Abb. 2.2 eingetragen). Der erste Finger des Ganges beziehungsweise das erste Segment, das die Oberfläche erreicht, beginnt die resultierende Spalteneruption. Die ersten Segmente an der Oberfläche sind für gewöhnlich kurz, nur Zehnermeter lang. Sie breiten sich gewöhnlich jedoch an der Oberfläche aus und können sich schließlich zu größeren Spaltensegmenten verbinden (☐ Abb. 13.25). Der eingetragene „Gang-Bruch" ist ein Zugbruch, der vor einem Gangsegment entsteht, das noch nicht als Finger die Oberfläche erreicht hat

sich einige der Segmente verbinden und längere Segmente bilden. Es ist jedoch sehr selten, dass die gesamte Vulkanspalte gleichzeitig eruptiert – normalerweise sind nur Teile der Spalte aktiv.

Warum also ist die Eruption auf Teile der Spalte beschränkt? Dies liegt daran, dass von Beginn der Spaltenöffnung an ihre **Öffnungsweite** von einem Messpunkt zum nächsten entlang der Spalte etwas variiert. Dies wissen wir aus Studien an Zugbrüchen oder offenen („klaffenden") Abschiebungen wie in Thingvellir (▶ Kap. 5 und 6). Alle solchen Brüche weisen deutliche Änderungen der Öffnungsweite entlang ihrer Länge auf. Auf ähnliche Weise zeigen Gänge, die lateral entlang ihrer Länge verfolgt werden, deutliche Änderungen der Mächtigkeit („Dicke"), also der ursprünglichen Öffnungsweite des

Gang-Bruchs. Das Volumen an Magma oder Lava, das durch einen Teil der Spalte/des Fördergangs gefördert wird, hängt stark von der Öffnungsweite dieses Teils ab. In der Tat hängt das geförderte Volumen von der Öffnungsweite der Spalte in der dritten Potenz ab. Dies bedeutet, dass bei einem Segment der Spalte mit einer Öffnungsweite von 1 m und einem angrenzenden, gleich langen Segment mit einer Öffnungsweite von 3 m (alles andere gleich bleibt, sodass sie sich nur um den Faktor 3 unterscheiden), das zweite Segment $3^3 = 3 \times 3 \times 3 = 27$-mal so viel Lava/Magma fördern würde als das erste. Dies ist ein **universelles Gesetz,** das Fluidtransport in Brüchen bestimmt, ganz egal ob es sich bei dem Fluid um Grundwasser, Thermalwasser, Erdgas, Erdöl oder Magma handelt. Das Gesetz heißt **kubisches Gesetz,** weil ein

Würfel („Kubus") die Dimensionen der Länge in der dritten Potenz besitzt. Das kubische Gesetz ist der Hauptgrund dafür, warum Fluidtransport einschließlich Magmatransport in Brüchen meist schwerpunktmäßig durch die am weitesten offenen Teile des Bruchs erfolgt. Dieser Prozess des Strömens durch die Brüche mit der größten Öffnungsweite wird als **Strömungsverengung** bezeichnet. Wie beim kubischen Gesetz handelt es sich bei der Strömungsverengung um ein universelles Prinzip, das für das Fließen jeder Art von Fluiden in Brüchen der Erdkruste gilt.

Wie hängt das kubische Gesetz mit den Kraterkegeln zusammen (◘ Abb. 13.20d und 13.25; siehe auch ◘ Abb. 12.21)? Antwort: Die Kraterkegel bilden sich am ehesten an Segmenten beziehungsweise den Teilen von Segmenten, wo die Öffnungsweite am größten ist. Wegen des kubischen Gesetzes wird von Beginn an viel mehr Magma durch die **weit offenen Teile** gefördert. Daraus folgt, dass diese Teile die meiste Lava liefern. Dies sind auch diejenigen Teile, wo das Magma noch fließt, wenn die Eruption abflaut, wenn der Magmadruck abgenommen hat und die Gesamtfließrate gesunken ist. Da das Volumen heißen Magmas, das durch die weit offenen Teile fließt, viel größer ist als das durch die angrenzenden schmaleren Teile, können die weit offenen Teile ihre Öffnungsweite durch teilweises Aufschmelzen und Entfernen von Teilen der Gesteine in der Wand der Spalte weiter vergrößern. Dieses Aufschmelzen und Entfernen des Wandgesteins wird als **thermische Erosion** bezeichnet. Es kann im Lauf der Eruption zur allmählichen Zunahme der Öffnungsweiten derjenigen Teile der Spalte führen, die von Anfang an die größten Öffnungsweiten aufwiesen. All diese Faktoren tragen dazu bei, dass ein Großteil des Magmas durch bestimmte Teile der Spalte transportiert wird. Diese Teile entwickeln sich zu zielgerichteten Förderschlöten, die Lava, Lavafetzen und Schlacke aufstapeln und zu **Kraterkegeln** werden (◘ Abb. 12.21, 13.20d, 13.25; ▶ Abschn. 13.12).

13.12 Reykjanes – Lavaschilde und Lavafelder

Kraterkegel, das Ergebnis des kubischen Gesetzes und der Strömungsverengung, werden wir am nächsten Halt aus der Nähe sehen. Wir fahren also weiter nach Westen zur Spitze der Reykjanes-Halbinsel, unserem **neunten Halt (9).** Hier gibt es viel zu sehen, doch nach dem Parken ist es vielleicht am besten, zuerst zum Südrand des Parkplatzes zu gehen, um die Gesteine zu betrachten, die den Hügel **Valahnjúkur** (auf Karten auch im Plural, Valahnjúkar) aufbauen, den wir hinaufgehen werden. Während dieser kleine Hügel neben dem Parkplatz etwas getrennt von dem großen Hügel im Osten ist, gehören sie zum selben Hyaloklastit-Berg. Wie in der Felswand zu sehen, besteht der Berg hauptsächlich aus **Kissenlaven, Kissenbrekzie und Tuff** (◘ Abb. 13.28). Die Kissenlava ist sehr deutlich ausgebildet, mit Schichten von Hyaloklastit-Tuff (im Grunde Aschenlagen) dazwischen, ist jedoch weiter oben in der Felswand stärker in kleinere Gesteinsfragmente zerbrochen.

Von hier aus folgen wir dem Pfad zum Gipfel des Hügels Valahnjúkur. Ich rate Ihnen, nicht bis zum äußersten Rand des Valahnjúkur vorzugehen, weil die Gesteine dort locker sind und der Wind stark sein kann. Sie können ein kleines Stück weiter entfernt einen ebenso guten Überblick erhalten. Auf dem Weg bemerken Sie vielleicht, dass es mehrere kleine Landzungen gibt, einschließlich derjenigen am Parkplatz, an der wir die Kissenlava angesehen haben. Alle diese Landzungen verlaufen etwa Nordost–Südwest, das heißt parallel zu den großen Störungen auf Reykjanes und hängen mit **Abschiebungen** zusammen. Die deutlichsten liegen zu beiden Seiten der 60–70 m breiten Bucht, die sie auf dem Pfad zum Valahnjúkur selbst durchqueren. Valahnjúkur ist ein Hyaloklastit-Berg, der hauptsächlich aus Kissenlava, Kissenbrekzie und Tuff besteht (◘ Abb. 13.28). Der Berg reicht nur 43 m über den Meeresspiegel

a

b

■ **Abb. 13.28** Kissenlaven und Hyaloklastit (Tuff) am Valahnjúkur. **a** Blick nach Osten auf den scharfen Kontakt zwischen Tuff und Kissenlava. **b** Nahansicht eines Teils der Kissenlava aus **a**. Vergleiche ■ Abb. 6.14 bis 6.18

und entstand bei einem **Vulkanausbruch im Meer,** einer submarinen Eruption, höchstwahrscheinlich am Ende, oder kurz nach dem Ende, der letzten Kaltzeit – vielleicht vor rund 13.000 Jahren, als der Meeresspiegel eine Zeit lang viele Zehnermeter höher war als heute (siehe die Erörterung der Meeresspiegeländerungen am sechsten Halt in ▶ Abschn. 13.9). Obwohl kleiner, ist Valahnjúkur in vielerlei Hinsicht ähnlich Festarfjall. Etwa die Hälfte beider Vulkane wurde von der Erosion durch das Meer entfernt, sodass beide gegenwärtig hohe und vertikale Küstenkliffe bilden.

Von Valahnjúkur aus nach Südosten und Osten sehen wir viele interessante geologische Strukturen. Der „Zeh" von Reykjanes, **Reykjanestá**, ist auf ◘ Abb. 13.29 zu sehen, davor die östliche Randstörung des großen Grabens, die hier an Land kommt. Der große Graben, der als Fortsetzung des Mittelozeanischen Reykjanes-Rückens an Land angesehen werden kann, hat eine Breite von 5–6 km. Die Störung schneidet einen Pahoehoe-Lavastrom, der einen Teil eines kleinen **Lavaschildes** bildet, nämlich **Skálafell.** Kleine Lavaschilde dieser Art (◘ Abb. 13.30) sind häufig auf der Reykjanes-Halbinsel. Sie weisen alle dieselbe „Schildgeometrie" auf, wie wir am deutlichsten am Skjaldbreidur gesehen haben (◘ Abb. 6.7, Kap. 6), sind jedoch viel kleiner als dieser. Skálafell, der von der Störung auf ◘ Abb. 13.29 durchschnitten wird, speiste den Pahoehoe-Basaltlavastrom, der den „Zeh" von Reykjanes bildet. Sein Volumen ist jedoch gering, vielleicht etwa 0,2 km^3 beziehungsweise ein Prozent des Volumens von Skjaldbreidur. Auch wenn Skálafell klein ist, entstand er nicht bei einer einzelnen Eruption; es gibt Hinweise auf eine spätere Eruption aus dem Gipfelkrater. Die Haupteruption, die den Lavaschild bildete, ereignete sich jedoch vermutlich vor rund 9000–10.000 Jahren.

◘ **Abb. 13.29**   Blick nach Südosten auf den „Zeh" von Reykjanes (Reykjanestá). Die Abschiebung (Störung) hier ist die südöstliche Randstörung des 5–6 km breiten Grabens, der hier an Land kommt (als Fortsetzung des Mittelozeanischen Reykjanes-Rückens im Meer). Die andere Randstörung ist auf ◘ Abb. 13.39 zu sehen

◪ **Abb. 13.30** Fortsetzung der Abschiebung (Störung) von ◪ Abb. 13.29 mit Blick nach Osten. Der Lavaschild Skálafell ist 9000–10.000 Jahre alt

Während die meisten Lavaschilde in Island anscheinend bei einer einzelnen Eruption entstanden sind, ist es im Prinzip nicht außergewöhnlich, wenn es mehr als eine Eruption gibt. Es ist bekannt, dass viele Gänge, einschließlich Fördergänge von Eruptionen, „multipel" sind, das heißt durch **viele Magmainjektionen** in dieselbe Spalte entstehen. Viele solche Gänge sind in tief erodierten Anschnitten zu sehen, wie im Hvalfjördur-Gebiet (▶ Kap. 11). Manche Gänge, die Magma zu aktiven Vulkanen befördern, sind bekanntermaßen multipel. Vielleicht der bekannteste ist der Fördergang zu den Gipfeleruptionen des Hekla-Vulkans, wie ich in ▶ Kap. 14 erläutere.

Wenn wir nun nach Nordosten blicken, sehen wir den Hügel, auf dem der Leuchtturm steht, die Lavafelder und das nahe gelegene Geothermalfeld (◪ Abb. 13.31). Der Hügel heißt **Baejarfell (Bæjarfell).** Baejarfell reicht 50 m über den Meeresspiegel und besteht, wie

Valahnjúkar, auf dem wir gerade stehen, zum Großteil aus Kissenlava und entstand höchstwahrscheinlich bei einer **submarinen Eruption** vor rund 13.000 Jahren. Der Leuchtturm stand früher auf Valahnjúkar, wurde jedoch im frühen 20. Jahrhundert wegen der allmählichen Erosion des Hügels durch das Meer landeinwärts nach Baejarfell verlegt.

Rechts (östlich) des Baejarfell liegt das Geothermalfeld **Gunnuhver.** Es ist ein kleines Geothermalfeld mit zahlreichen Dampfschloten und kochenden Schlammtöpfen, einschließlich der größten Schlammtöpfe Islands. Benachbart ist das Reykjanes-Geothermiekraftwerk, das rund 100 MW elektrischen Strom produziert. Der Dampf kommt aus 12 Bohrungen, der Temperaturen am Grund, in einer Tiefe von rund 2700 m, etwa 300 °C betragen. Obwohl das Geothermalfeld sicherlich einen Besuch wert ist, sehe ich es nicht als Teil dieser Tour vor, weil wir auf dieser Tour bereits die größeren Geothermalfelder in

Abb. 13.31   Blick nach Nordosten auf den Hyaloklastit-Berg Baejarfell (Bæjarfell). Er reicht 50 m über den Meeresspiegel und entstand höchstwahrscheinlich bei einer submarinen Eruption vor rund 13.000 Jahren. Er besteht großteils aus Kissenlava. Im Osten liegt das Geothermalfeld Gunnuhver

Krísuvík und bei einer anderen Tour Geysir besucht haben (▶ Abschn. 13.7).

13.13 Eine 800 Jahre alte Spalteneruption

Auf **Abb. 13.31** liegen vor Baejarfell schwarze Lavafelder. Der Pahoehoe-Lavastrom hier stammt von der jüngsten Eruption in diesem Teil der Reykjanes-Halbinsel, nämlich der von **Yngri Stampar** („Jüngere Stampar"). Diese Eruption ist Teil der Reykjanes-Feuer, die auch die Lavaströme Eldvörp (achter Halt), Illahraun (siebter Halt) und Arnarseturshraun (siebter Halt) bildeten. Diese Feuer ereigneten sich zwischen den Jahren 1210 und 1240, das heißt vor ungefähr 800 Jahren. Der Yngri-Stampar-Lavastrom entsprang einer Vulkanspalte, einer Kraterreihe mit vielen Kraterkegeln, wo es auch

einen Fördergang aufgeschlossen gibt. Dies werden wir alles gleich ansehen. Die Lava, die Ihnen auf **Abb. 13.31** am nächsten liegt, ist Teil eines schmalen Stroms zwischen Baejarfell (mit dem Leuchtturm) und Valahnjúkur (wo Sie stehen). Die Lava floss nach Süden hinunter, bis sie auf die Abschiebung traf, die die östliche Randstörung des größten Grabens in dieser Gegend darstellt (**Abb. 13.29**). Der Lavastrom mag das Meer erreicht haben. Dies kann jedoch nicht bestimmt werden, weil die Küste mit Steinen bedeckt ist.

Wenn wir uns jetzt nach Nordwesten wenden, sehen wir einen Großteil des Yngri-Stampar-Lavastroms sowie einen Großteil seiner Vulkanspalte mit zahlreichen großen und kleinen Kraterkegeln (**Abb. 13.32**). Die Spalte und ihr Fördergang reichen bis ins Meer, sodass die Gesamtlänge nicht bekannt ist. Die Länge an Land beträgt ungefähr **4,8 km.** Einer der größten Kraterkegel ist auf

■ Abb. 13.32 Blick nach Nordwesten auf die Vulkanspalte der rund 800 Jahren alten Yngri-Stampar-Eruption. Das Panorama zeigt **a** die mittleren und nördlichen Kraterkegel, **b** die südlichen Kraterkegel und **c** das Südende, aufgeschlossen in der Felswand mit dem Fördergang der Eruption sowie einem Gang, der kein Fördergang war, das heißt ein gestoppter Gang (eingetragen)

a

b

c

■ Abb. 13.32b zu sehen und ich werde Ihnen gleich eine Nahansicht zeigen. Zwei mit dieser Eruption zusammenhängende Gänge sind in der Felswand aufgeschlossen (■ Abb. 13.32c), einer davon der Fördergang. Da Fördergänge nur selten aufgeschlossen sind, dieser nur ungefähr 800 Jahre alt ist und eindeutig mit seiner Vulkanspalte zusammenhängt, lohnt es sich, zur Felswand zu gehen und die Gänge aus der Nähe zu betrachten. Es gibt einen Pfad, dem man die meiste Zeit folgen kann. Während der Wanderung kann die Küstenseeschwalbe (ein kleiner Vogel) recht aggressiv ihr Territorium verteidigen, wenn Sie während der Brutzeit dort sind. Ansonsten ist der Pfad einfach, die Wanderung zur Küste sollte jedoch mit Vorsicht erfolgen. An der Küste liegen auch für gewöhnlich große Brocken, die das Gehen erschweren können. Die Küste verändert sich durch die Wellen ständig, sodass keine verbindlichen Aussagen darüber

möglich sind, wie einfach man zu den Gängen gelangen kann. An der Küste selbst entlang zu gehen erfordert immer große Sorgfalt.

Auf dem Weg zum Profil im Kliff mit den Gängen gelangen wir näher zu einem der größten **Kraterkegel** der Yngri-Stampar-Kraterreihe (■ Abb. 13.33). Dies ist ein typischer **Schlackenkegel**, wie sie gewöhnlich mit den meisten Vulkanspalten und Kraterreihen Islands zusammenhängen (■ Abb. 13.25). Aus ▶ Kap. 9 erinnern Sie sich vielleicht, dass **Schlacke** aus zerbrochenen, steifen Lavafragmenten besteht, die meist Millimeter bis Zentimeter groß sind (im Durchmesser) und aus der „Gischt" von Lavafontänen stammen. Schlackenfragmente sind im Grunde erstarrt und fest, wenn sie den Boden erreichen. Im Gegensatz dazu sind die **Lavafetzen**, wenn sie auf den Boden fallen, noch immer heiß und plastisch. Wir sehen hier sowohl schwarze als auch rote Schlacke. Schwarz

■ **Abb. 13.33** Blick vom Pfad zu den Gängen nach Nordwesten auf einen der größeren Kraterkegel der Yngri-Stampar-Eruption, einen typischen Schlackenkegel. Ganz vorne ist auch ein Vertikalschnitt durch einen Teil des Yngri-Stampar-Lavastroms zu sehen

ist die normale Farbe, während rot durch Oxidation hervorgerufen wird. Dies bedeutet, dass sich Sauerstoff aus der Atmosphäre mit Eisen des Gesteins verbindet. Nahe bei Ihnen auf ◘ Abb. 13.33 ist der **Yngri-Stampar-Lavastrom**. Wie am achten Halt erläutert, hängen Kraterkegel wie die an der Yngri-Stampar-Vulkanspalte mit **Strömungsverengung** zusammen. Diese wiederum wird durch das kubische Gesetz bestimmt, das Fluidtransport in Brüchen (hier einem Fördergang) kontrolliert. Der Prozess der Strömungsverengung des Magmas hin zu den Teilen der Vulkanspalte mit den größten Öffnungsweiten führt zur Bildung von Kraterkegeln.

Während wir hier am Rand der Lava stehen, und bevor wir zur Küste und den Gängen hinuntersteigen, sollten wir kurz nach Südwesten auf einen Felspfeiler sehen, der den Namen **Karl** trägt (was „Mann" bedeutet). Der Felspfeiler Karl (◘ Abb. 13.34) ist Teil eines **Kraterkegels**, der heute großteils durch Meereserosion entfernt wurde. Er entstand während der gleichen Ausbruchsserie (Reykjanes-Feuer) wie die Yngri-Stampar-Vulkanspalte, das heißt vor rund 800 Jahren. Der ungefähr 50 m hohe Felspfeiler ist alles, was von der Insel übrig blieb, das heißt vom Kraterkegel, der bei einer submarinen Eruption gebildet wurde. In der Tat wird angenommen, dass die Reykjanes-Feuer im Meer begannen, einschließlich der Entstehung des Kraterkegels des Karls. Es ist möglich, dass der untere Teil des Lavastroms, auf den die im nächsten Abschnitt erläuterten Gänge treffen, aus dem Kraterkegel des Karls gefördert wurde.

13.14 Details zu den 800 Jahre alten Gängen

Wenn wir zur Küste hinuntersteigen und entlang des Kliffs nach Nordwesten gehen, ist der erste Gang, den wir antreffen, **kein**

◘ **Abb. 13.34** Blick nach Südwesten auf den Felspfeiler Karl, dem Rest eines erodierten Kraterkegels, der zur selben Zeit entstand wie die Yngri-Stampar-Eruption

Fördergang. Das heißt, dieses Gangsegment erreichte niemals die Oberfläche, um Magma zu einer Spalteneruption zu liefern. Dies folgt daraus, dass der Gang vertikal endet, seine Oberseite oder Spitze **aufgehalten** wurde, als er auf einen Lavastrom traf (Abb. 13.35a, b). Dieser Lavastrom, zumindest sein unterer Teil (er ist in zwei Teile geteilt), mag früh während der Reykjanes-Feuer aus dem Kraterkegel des Karls eruptiert worden sein. Das gesamte Lavafeld heißt jedoch **Yngri Stampar,** und diesen Namen verwende ich hier für den Lavastrom im Kliff.

Die allgemeine Richtung – der Verlauf beziehungsweise das Streichen – des Ganges ist 25° östlich von der Nordrichtung, das heißt Nordnordost–Südsüdwest, also ähnlich dem allgemeinen Verlauf der Vulkanspalte des Yngri Stampar, die jedoch etwas mehr in östliche Richtung verläuft (37° östlich der Nordrichtung). Der Verlauf von Gang- und Spaltensegmenten variiert jedoch. Zum Beispiel verläuft der oberste Teil des Ganges 46° östlich von der Nordrichtung. Der Gang ist aus Basalt und enthält zahlreiche Plagioklaskristalle – weiße Flecken – sowie Blasen, das heißt Löcher von entweichendem Gas (Abb. 13.35c). Dies haben Sie bereits im Lavastrom in den Wänden der Almannagjá (▶ Kap. 5) und einigen Gängen im Hvalfjördur (▶ Kap. 11) gesehen. Wie viel des Ganges zu sehen ist und wie der unterste Teil aussieht, hängt davon ab, wann Sie hier sind – die Kraft des Meeres verändert die Küste ständig. Normalerweise jedoch ist der unterste sichtbare Teil des Ganges etwa 35 cm breit und von hier aus wird er allmählich dünner, bis zu wenigen Zentimetern an seinem vertikalen Ende, wo er **aufgehalten** wurde, als er auf den **Yngri-Stampar-Lavastrom** traf. Der Gang durchschlägt **geschichteten Tuff** – sogenannten Lapilli-Tuff (Abb. 13.35c) – dringt jedoch nicht in den Lavastrom ein. Da der Gang beim Auftreffen auf den Lavastrom vertikal endet, ist klar, dass dieser Gang beziehungsweise dieses

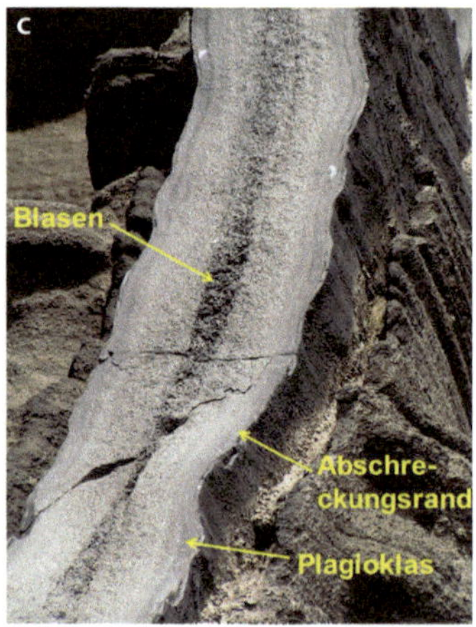

Abb. 13.35   Blick nach Nordosten auf einen Gang, der kein Fördergang war, sondern 5 m unter der Oberfläche des Yngri-Stampar-Lavastroms aufgehalten wurde. **a** Der Gang wurde aufgehalten, bei seiner vertikalen Ausbreitung gestoppt, als er auf den Kontakt des weichen Tuffs mit dem steifen Basaltlavastrom traf. **b** Nahansicht des Ganges, wo er aufgehalten wurde. Zu sehen ist auch die Gesamtmächtigkeit („Dicke") des Lavastroms, was zeigt, dass der Gang höchstwahrscheinlich vor rund 800 Jahren knapp unterhalb der Oberfläche der Vulkanzone aufgehalten wurde. Keine Abschiebungen oder Gräben treten oberhalb der gestoppten Spitze auf. **c** Nahansicht des Ganggesteins. Das Gestein ist Basalt mit zahlreichen Blasen, deren Häufigkeit in der Mitte des Ganges am höchsten ist, sowie Plagioklas-Einsprenglingen. Ebenso gekennzeichnet ist der Abschreckungsrand. Dies ist der dunklere, feinkörnige bis glasige Rand, der bei der äußerst schnellen Abkühlung entstand, als das heiße Magma (1100–1200 °C) mit dem umgebenden Nebengestein, geschichtetem Tuff, in Kontakt kam

Gangsegment, **kein Fördergang** ist. Er wurde vor rund 800 Jahren nur 5 m unterhalb der Oberfläche aufgehalten.

Der zweite Gang, ungefähr 25 m weiter nordwestlich, ist eindeutig ein **Fördergang**. Im Gegensatz zum vorherigen Gang reicht der Gang ungefähr bis zur **Mitte** des Yngri-Stampar-Lavastroms, der hier etwa 8 m dick ist (Abb. 13.36a). Dieser Gang ist ungefähr doppelt so breit wie der Gang, der kein Fördergang ist, mit einer maximalen Breite von rund 70 cm. Seine Breite ändert sich nicht sehr, wo er den unteren Teil des Lavastroms erreicht; sie nimmt nur abrupt von etwa 50 auf 30 cm ab. Dies ist genau dort, wo die Front des Ganges den **weichen** oder nachgiebigen Tuff verlässt und in den viel **steiferen,** unteren Teil des Lavastroms eindringt. Der Gang ist eindeutig mit der Lava im Mittelteil des geschichteten Lavastroms selbst verbunden. Es ist möglich, dass der untere Teil des Lavastroms aus dem Kraterkegel des Karls eruptierte und der obere Teil aus diesem Fördergang, der nahezu sicher den Fördergang des Hauptteils der Yngri-Stampar-Vulkanspalte darstellt (Abb. 13.32).

Während dieser Gang dem Ersten in seiner Internstruktur oder Textur ähnelt, gibt es auch deutliche Unterschiede. Die Ähnlichkeiten umfassen die Gesteinsart, die glasigen (abgeschreckten) Ränder (**Abschreckungsränder**) – was zeigt, dass das Nebengestein (der Tuff) vergleichsweise kühl war, als das Gang-Magma eindrang – zahlreiche Plagioklaskristalle (Einsprenglinge) und Blasen (Löcher von entweichendem Gas). In beiden Gängen treten die Blasen in **Bändern** auf, parallel zu den Rändern des Ganges, und sind in der Gangmitte am häufigsten. Unterschiede zwischen den Gängen umfassen erstens, dass die **Blasen** im Fördergang häufiger und insbesondere viel größer sind (Abb. 13.36b) als in dem anderem (Abb. 13.35c). Zweitens ist der Fördergang viel **breiter** als der andere. Drittens wird der Gang, der kein Fördergang ist, nahe der Basis des Lavastroms **schnell dünner,** um einen Faktor von 3 bis 4. Im Gegensatz dazu verringert der Fördergang seine Breite an der Basis des Lavastroms nur geringfügig, das heißt um ungefähr ein Drittel beziehungsweise einen Faktor von $1/3$. Sie sollten diese Unterschiede im Kopf behalten,

 Abb. 13.36   Blick nach Nordosten auf den Fördergang der Yngri-Stampar-Vulkanspalte. **a** Der Fördergang dringt in den unteren Teil des Lavastroms ein und speiste eindeutig zumindest den mittleren Teil des Lavastroms. **b** Nahansicht eines Teils des Fördergangs, der einen welligen Abschreckungsrand und Blasenzonen aufweist, mit besonders häufigen und großen Blasen in der Mitte

wenn ich weiter unten die Entstehung der Gänge erläutere.

Den Zusammenhang zwischen Erdbebenbrüchen, insbesondere Abschiebungen und Gräben, und Gängen habe ich mehrfach erläutert. In Hinblick auf diese beiden Gänge hier ist interessant, dass es in deren Zusammenhang **weder Gräben** noch **Abschiebungen** gibt. Der Gang, der kein Fördergang ist, wies im Prinzip keinen Magmadruck auf, als er aufgehalten wurde, und der Fördergang war nicht in der Lage, irgendwelche Störungen zu bilden oder zu reaktivieren. Tatsächlich gibt es keinen mit der Yngri-Stampar-Vulkanspalte verbundenen Graben. Ein Teil des Yngri-Stampar-Lavastroms in den Kliffen (■ Abb. 13.35 und 13.36) war offenbar bereits entstanden, als der Gang auf ihn traf, sonst könnte der Lavastrom den Gang nicht aufgehalten haben. Weil die Reykjanes-Feuer, von denen der Yngri-Stampar-Lavastrom ein Teil ist, viele Jahre angedauert haben mögen – im Zeitraum von 1210 bis 1240 – gab es ausreichend Zeit für den Lavastrom, zu erstarren und fest zu werden, bevor der Gang auf ihn traf.

Ich habe nun beträchtlichen Aufwand betrieben, diese Gänge zu beschreiben, sodass Sie sich vielleicht fragen, warum sie so wichtig sind. Es gibt mehrere Gründe für ihre Bedeutung. Erstens ist es sehr selten, dass Sie einen eindeutigen **Fördergang verbunden mit seinem Lavastrom** sehen können (■ Abb. 13.36). Zweitens ist es sogar noch seltener, einen Fördergang und einen Nichtfördergang Seite an Seite zu sehen. Drittens führte keiner der Gänge zur Bildung eines Grabens oder von Abschiebungen an der Oberfläche, eine Beobachtung von großer Bedeutung für das Verständnis der Bewegung beziehungsweise Ausbreitung von Gängen, mit Folgen für die **Vorhersage von Vulkanausbrüchen.** Und viertens sind weltweit kaum Gänge bekannt, wenn überhaupt, die nur 5 m unter der Oberfläche aufgehalten wurden (■ Abb. 13.35). Diese Beobachtung hat bedeutende Folgen für das Verständnis sowie die Vorhersage von Vulkanausbrüchen. Es bedeutet, dass sogar, wenn ein Gang sehr nahe an die Oberfläche kommt, es nicht sicher ist, dass er bis

zur tatsächlichen Oberfläche durchbrechen und eruptieren wird. Die Eigenschaften der Gesteine, insbesondere der Kontrast der mechanischen Eigenschaften wie der Steifigkeit, und die lokalen Kräfte oder Spannungen in der Kruste können sogar in sehr geringer Tiefe zum Stoppen von Gängen führen.

Dies bringt uns zu der Frage: Warum erreichte einer der Gänge die Oberfläche und eruptierte, der andere hingegen nicht? Die Antwort auf diese Frage ist, wenn verallgemeinert, von fundamentaler Bedeutung für verlässliche **Vorhersage von Vulkanausbrüchen,** sodass ich hier die mir maßgeblich scheinenden Gründe für den Erfolg des einen Ganges und Versagen des anderen beim Erreichen der Oberfläche erläutere. Die Gründe können folgendermaßen aufgezählt werden:

- Das Magma im Fördergang enthält viel mehr und insbesondere viel größere Blasen. Dies bedeutet, dass es gasreicher war und daher vermutlich eine niedrigere Dichte hatte („leichter" war) als das Magma des anderen Ganges. Leichtes Magma besitzt **Auftrieb,** was normalerweise bedeutet, dass es höheren **Antriebsdruck** oder Überdruck (Druck zum Aufreißen des Gesteins und Fortschreiten der Gangfront) hervorruft als dichteres, schwereres Magma.
- Der Fördergang ist **doppelt so breit** wie der andere am tiefstgelegenen Aufschluss und 10- bis 20-mal breiter beim Auftreffen auf die Basis des Yngri-Stampar-Lavastroms.
- Die Plagioklaskristalle (Einsprenglinge) sind seltener im Fördergang als in dem anderen Gang. Wenn der Anteil von Einsprenglingen im Magma ansteigt, nimmt normalerweise die **Viskosität** des Magmas zu, sodass sie nicht mehr so leicht fließt. Basierend auf den vorhandenen Daten war die Viskosität des Magmas im Fördergang vermutlich etwas niedriger als die des Magmas des anderen Ganges.
- Der Fördergang ist vermutlich älter und durchschlägt die untere Hälfte des Lavastroms (■ Abb. 13.36). Der Antriebsdruck

des Fördergangs führte daher zur Entstehung von **Druckspannung** in diesem unteren Teil, die zum Stoppen des anderen (als später gebildet angenommenen) Ganges beigetragen haben mag.

- Alle diese Faktoren weisen darauf hin, dass der Antriebsdruck höher und die Viskosität im Fördergang etwas geringer war als in dem anderen Gang. Dies mag zumindest teilweise erklären, warum der Fördergang in der Lage war, die Oberfläche zu erreichen, während der andere aufgehalten wurde.

Bevor wir die Kliffe und die Diskussion um Fördergänge und andere Gänge verlassen, fragen wir uns vielleicht: Sind dies wirklich zwei getrennte Gänge, oder einfach nur ein abgesetzter Teil von ein und **demselben Gang?** Bei der Verwendung von Standardmethoden von Gang- und Bruchstudien würden diese als **zwei Gänge** angesehen werden. Dies einfach, weil sie etwa 25 m weit entfernt voneinander liegen. Es ist jedoch möglich, dass sie in gewisser Tiefe in der Kruste, vielleicht in mehreren Hundert Metern oder gar Kilometern, verbunden sind und zwei Segmente oder „Finger" desselben Ganges darstellen (◘ Abb. 13.26). In diesem Fall könnten die Gänge in den Kliffen **überlappende Segmente** sein. Diese Vorstellung, obwohl möglich, wird vielleicht weniger plausibel durch die Tatsache, dass der Lavastrom bereits als abgekühlter erstarrter Gesteinskörper existierte, als der Nichtfördergang auf ihn traf und am Lava-Tuff-Kontakt aufgehalten wurde. In jedem Fall wird deutlich, dass ein Gang/Gangsegment kein Fördergang ist, sondern vertikal 5 m unter der Oberfläche endet, nachdem er sich aus einer Tiefe von einigen Kilometern vertikal ausbreiten konnte – höchstwahrscheinlich aus einer Tiefe von rund 10 km. Dass ein Gang/Gangsegment in einer solch geringen Tiefe aufgehalten wurde, nachdem er sich über eine solch lange vertikale Entfernung ausbreiten konnte, ist in der Tat geologisch gesehen **sehr selten** – vielleicht einzigartig.

13.15 Brücke zwischen zwei Kontinenten

Wir gehen nun zurück zum Parkplatz, fahren zur Straße 425 und folgen dieser nach Norden. Auf dem Weg durchqueren wir die Yngri-Stampar-Vulkanspalte und sehen viele Kraterkegel. Manche sind hauptsächlich Schlackenkegel, von denen zwei als **die Stampar** bekannt sind (wovon der Name der Vulkanspalte abgeleitet wird). Wir folgen der Straße durch mehrere junge Lavaströme, bis wir zum letzten Halt dieser Tour kommen, dem **zehnten Halt (10)**, einem Parkplatz östlich der Straße, von dem aus Sie zur sogenannten **Brücke zwischen zwei Kontinenten** gehen können. Die Brücke führt über einen tektonischen Bruch, genauer gesagt einen reinen **Zugbruch** (◘ Abb. 13.37). Der Bruch entstand durch dieselben plattentektonischen Zugkräfte beziehungsweise -spannungen wie die Zugbrüche in Thingvellir (◘ Abb. 5.11 bis 5.13, Kap. 5).

Der Bruch hier ist jedoch nicht mit Grundwasser gefüllt wie die Brüche in Thingvellir, sondern mit Sand. Der Zugbruch verläuft Nordost–Südwest und seine maximale Öffnungsweite beträgt bis zu **30 m** (ungefähr 15 m bei der Brücke selbst). Mit einer Öffnungsweite von 30 m gehört er zu den größten Zugbrüchen Islands. Solch große Brüche sind in mancher Hinsicht wie **schmale Gräben,** wie ich im Zusammenhang mit der Almannagjá, der westlichen Randstörung des Thingvellir-Grabens, erläutert habe (▶ Kap. 5). Wie die meisten anderen Zugbrüche in Island liegt dieser in einem Pahoehoe-Lavastrom, der in diesem Fall von dem Lavaschild **Langhóll** stammt. Die Struktur der Lavaströme sowie die Fließeinheiten und **Tumuli** im Anschnitt sind in den Wänden des Zugbruchs zu sehen (◘ Abb. 13.38). Vielleicht erinnern Sie sich an die Lava-Tumuli an der Oberfläche einiger Pahoehoe-Lavaströme auf dem Weg von Keflavík nach Reykjavík (◘ Abb. 2.8, Kap. 2).

Abb. 13.37   Zugbruch von der „Brücke zwischen zwei Kontinenten" aus mit Blick nach Südwesten gesehen. Die maximale Öffnungsweite des Zugbruchs beträgt etwa 30 m, aber nur etwa 15 m, wo die Brücke den Bruch überquert. Dies ist ein reiner Zugbruch, wie durch die orangefarbenen Pfeile angedeutet, was daran zu erkennen ist, dass die Bruchwände auf beiden Seiten der Öffnung auf gleicher Höhe liegen. Die Person auf der linken (östlichen) Bruchwand dient als Maßstab

13

Markiert der überbrückte Zugbruch wirklich die Grenze zwischen zwei Kontinenten? Kaum, denn Island ist kein Kontinent oder Teil eines Kontinents. Der Zugbruch ist jedoch zweifellos ein Teil der Fortsetzung des Reykjanes-Rückens an Land, welcher die **Grenze zweier tektonischer Platten** darstellt, nämlich der Eurasischen Platte und der Nordamerikanischen Platte. Wenn Sie diese Plattengrenze an einem einzelnen Bruch festmachen wollen, dann ist dieser so gut wie jeder andere. In Wirklichkeit ist der überbrückte Zugbruch jedoch Teil einer viel größeren Schar von Zugbrüchen und Abschiebungen, die gemeinsam den Nordwestrand des größten, **5–6 km Kilometer breiten Grabens** bilden, der die Fortsetzung des Mittelozeanischen Reykjanes-Rückens an Land darstellt. Sie haben die südöstliche Randstörung dieses Grabens von Valahnjúkur aus gesehen (Abb. 13.29) und die Bruchschar hier mag als Nordwestrand dieses Grabens angesehen werden. Ein Teil der größten Störung, der Abschiebung, die tatsächlich den Grabenrand anzeigt, ist auf Abb. 13.39 aus der Nähe zu sehen. Auf dieser Abbildung sind auch ein großer **Tumulus** und Fließeinheiten des Lavastroms vom Langhóll-Lavaschild erkennbar.

Wie tief in die Kruste hinein erstreckt sich der Bruch auf Abb. 13.37? Unter Verwendung der in ▶ Kap. 5 erklärten Theorie beträgt die maximale Tiefe dieses Zugbruchs **mehrere Hundert Meter.** Falls der Bruch versuchte, in größere Tiefen vorzudringen, würde er sich in eine Abschiebung wie derjenigen auf Abb. 13.39 verwandeln. Die Spannungen,

◘ Abb. 13.38 Blick nach Süden auf einen Tumulus und Pahoehoe-Fließeinheiten in einem Vertikalschnitt der südöstlichen Wand des Zugbruchs aus ◘ Abb. 13.37. Vgl. Fließeinheiten in den Wänden der Almannagjá (◘ Abb. 5.5 und 5.6) sowie einen Tumulus an der Oberfläche (◘ Abb. 2.8) und im Vertikalschnitt (◘ Abb. 13.39)

die den Zugbruch auf ◘ Abb. 13.37 entstehen ließen, sind nicht groß – aus dem einfachen Grund, dass Gesteine bei Zug sehr schwach sind. Die Zugfestigkeit von Pahoehoe-Lavaströmen wie dem auf ◘ Abb. 13.38 und 13.39 beträgt wenige Megapascal, und dies ist die Zugspannung, die für die Bildung von Zugbrüchen nötig ist. Sie erinnern sich vielleicht, dass ein Megapascal dem Druck beziehungsweise der Spannung entspricht, die Ihr Körper in einer Tiefe von etwa 100 m in einem See oder dem Meer erfahren würde (▶ Kap. 5).

Dies ist der letzte formale geologische Halt dieser Tour. Wir kehren nun zur Straße 425 zurück und fahren zunächst entlang des Randes der Reykjanes-Halbinsel zum Dorf **Hafnir** und von dort aus auf Straße 44 nach Nordosten, bis sie nahe der Stadt **Njardvík (Njarðvík)** auf Straße 41 trifft. Wir sind nun auf derselben Straße wie bei der ersten Tour, nämlich der Straße vom Flughafen Keflavík nach Reykjavík. Alle wichtigen geologischen Strukturen entlang der Straße wurden bereits in ▶ Kap. 2 beschrieben und erläutert.

Abb. 13.39 Nordwestliche Hauptrandstörung des 5–6 km breiten Grabens auf Reykjanes, einer Fortsetzung des Mittelozeanischen Reykjanes-Rückens an Land (die südöstliche Grabenrandstörung ist auf ◘ Abb. 13.29 zu sehen). Ebenso zu sehen ist ein Vertikalschnitt durch Fließeinheiten und einen großen Tumulus (vgl. ◘ Abb. 2.8 und 13.39). Die Person dient als Maßstab

13

Reykjavík-Eyjafjallajökull-Reynisfjara

© Springer-Verlag GmbH Deutschland 2018
Á. Gudmundsson, *Die faszinierende Geologie von Islands Südwesten*,
https://doi.org/10.1007/978-3-662-56025-9_14

Diese letzte Tour führt uns durch einige kürzlich aktive Gebiete Islands, sowohl was Vulkanausbrüche als auch was Erdbeben angeht. Insbesondere die Südisländische Seismische Zone, bereits in ► Kap. 9 und 13 erwähnt, sowie die berühmten Vulkane Hekla (1991 und 2000 eruptiert) und der majestätische Eyjafjallajökull (2010 eruptiert) werden erläutert. Weiterhin gibt es die wunderschönen Wasserfälle Seljalandsfoss und Skógarfoss sowie die Küste von Reynisfjara, die für ihre schönen Basaltsäulen berühmt ist und einen Blick auf den nahe gelegenen Punkt Dyrhólaey ermöglicht, der ebenso bei Touristen beliebt ist (◘ Abb. 14.1).

Wir folgen Straße 1 nach Südisland. Zuerst fahren wir durch Gegenden mit Lavaströmen und Bergen, die bereits in ► Kap. 9 beschrieben und erläutert wurden. Es gibt auch mehrere Städte unterwegs. Dazu gehören **Hveragerdi (Hveragerði)** mit seinen Gewächshäusern und **Selfoss** am Fluss **Ölfusá,** der eine Fortsetzung des Getscherflusses **Hvítá** mit dem Wasserfall Gullfoss (► Kap. 8), sowie des quellgespeisten Flusses **Sogid (Sogið),** der im See Thingvallavatn entspringt, ist. Da wir bereits alle wesentlichen geologisch interessanten Punkte bis zur Kreuzung zwischen Straße 35 und Straße 1 erläutert haben (◘ Abb. 4.1, ► Kap. 9), können wir die eigentliche Tour an dieser Kreuzung beginnen (siehe ◘ Abb. 14.1).

14.1 Der weltweit größte Lavastrom der letzten 10.000 Jahre

Unser **erster Halt (1)** erfolgt am Nordufer des Flusses **Ölfusá** (◘ Abb. 13.2). Es gibt mehrere Gründe für diesen Halt. Der erste ist, dass Ölfusá, was die Durchflussmenge betrifft, der **größte Fluss** Islands ist. Die durchschnittliche Durchflussmenge beim Eintritt ins Meer beträgt etwa 420 m³/s. Um diese Durchflussmenge ins Verhältnis zu setzen: sie ist ungefähr 6-mal so viel wie die der Themse in England und ungefähr $^1/_6$ der Durchflussmenge des Rheins. Ölfusá selbst ist nur ungefähr 25 km lang, weil er landeinwärts bald in zwei andere Flüsse aufgespalten wird, Hvítá und Sogid, wobei letzterer der größte quellgespeiste (grundwassergespeiste) Fluss Islands ist.

◘ **Abb. 14.1**   Karte der Tour zum Eyjafjallajökull und nach Reynisfjara. Die vorgeschlagenen Halte sind durch die eingekreisten Zahlen von 1 bis 10 gekennzeichnet. Die Namen einiger Sehenswürdigkeiten dieser Tour sind eingetragen, doch viele weitere auf ◘ Abb. 14.12b. und 14.18 zeigt den südlichsten Teil in vergleichsweise großem Maßstab, aber ohne Namen

Der zweite Grund für diesen Halt ist, dass die Felsen an den südlichen und östlichen Ufern des Ölfusá einen Teil des nach aktuellem Kenntnisstand größten Lavastroms bilden, der der innerhalb der letzten 10.000–12.000 Jahre (im Holozän) auf der Erde eruptierte (Abb. 14.2). Dies ist **Thjórsárhraun (Þjórsárhraun),** der vor 8600 Jahren aus einer Vulkanspalte irgendwo in der Östlichen Vulkanzone kam. Der genaue Ursprungsort, die fördernde Vulkanspalte, ist nicht bekannt, weil die Spalte von jüngeren Lavaströmen dieser Zone überdeckt wird. Der Thjórsárhraun-Lavastrom bedeckt nahezu 1000 m², das heißt ungefähr **ein Prozent** der Gesamtfläche Islands. Er ist mehr als 20 m mächtig („dick") und hat ein geschätztes Volumen von rund **25 km³**. Zum Vergleich betragen typische eruptive Volumen an den Vulkanen Hekla und Eyjafjallajökull, die ich beide später auf dieser Tour erläutere, ungefähr ein 1 % oder 1/100 der Thjórsárhraun-Lava.

Die beiden größten Flüsse Islands in Hinblick auf die Durchflussmenge zeigen die Ränder der Thjórsárhraun-Lava. Im Westen ist es der Fluss Ölfusá, wie bereits erwähnt, und im Osten der **Thjórsá (Þjórsá),** der **längste Fluss** Islands (230 km) und zweitgrößter in Hinblick auf die Durchflussmenge (etwa 350 m³/s). Vom Thjórsá leitet sich der Name des Lavastroms ab. Der Fluss folgt über viele Kilometer hinweg dem östlichen und dem südlichen Rand der Lava.

Ein anderer interessanter Punkt bei diesem Lavastrom ist, dass zu der Zeit, als er den ganzen Weg zur Küste hinunterfloss (auch das Fundament der Dörfer Eyrarbakki und Stokkseyri, südlich des Selfoss, ist Thjórsárhraun), der **Meeresspiegel** bis zu **15 m niedriger** lag als heute. Als Folge davon reicht die Thjórsárhraun-Lava als gewöhnliche Lava (nicht als Kissenlava) bis ungefähr 1000 m südlich der heutigen Küste. Warum nun war der Meeresspiegel vor 8600 Jahren niedriger? Die Antwort liegt hauptsächlich im langsamen Schmelzen der weltgrößten Eisdecke am Ende der letzten Kaltzeit. Das Abschmelzen der Eisdecke Islands war vor rund 9000 Jahre beendet, aber einige der großen Eisdecken in Nordamerika und Skandinavien schmolzen erst vor 6000 Jahren vollständig ab. Daher war zur Zeit der Eruption der Thjórsárhraun-Lava noch viel Wasser in den kontinentalen Eisdecken gefroren und befand sich deswegen nicht im Meer. Folglich blieb der Meeresspiegel niedriger, bis diese Eisdecken geschmolzen

Abb. 14.2   Blick nach Süden über den Fluss Ölfusá, den größten Fluss Islands in Hinblick auf die Durchflussmenge. Sein Südufer hier besteht aus dem Thjórsárhraun-Lavastrom (Þjórsárhraun), dem weltweit größten Lavastrom der letzten 10.000–12.000 Jahre

waren und ihr Wasser das Meer erreicht hatte. Daraus folgt, dass vor 8600 Jahren, zur Zeit der Eruption der Thjórsárhraun-Lava, der Meeresspiegel noch viel niedriger lag.

Wir fahren nun vom Ölfusá auf Straße 1 weiter durch die Stadt Selfoss nach Osten. Dabei fahren wir einen Teil des Weges auf dem Thjórsárhraun-Lavastrom. Sie merken dies auf beiden Seiten der Straße an der rauen Oberfläche im Gegensatz zu den Wiesen weiter östlich, wenn wir uns dem Fluss Thjórsá nähern. Wir kommen nun auch in den aktivsten Teil der Südisländischen Seismischen Zone. Leider sind die Erdbebenbrüche in der Thjórsárhraun-Lava und anderen Lavaströmen der Umgebung kaum zu erkennen. Es lohnt sich jedoch, am Parkplatz an der Kreuzung der Straßen 1 und 30 anzuhalten und einige der Fotos der Erdbeben im Jahr 2000 zu betrachten.

14.2 Erdbebenbrüche aus dem Jahr 2000

Der **zweite Halt (2)** ist am Parkplatz (nördlich der Straße) an der Kreuzung zwischen den Straßen 1 und 30. Dies ist genau die Stelle, wo einer von zwei großen Erdbebenbrüche im Juni 2000 den Boden aufriss, wobei jeder der beiden Brüche ein Erdbeben der Magnitude 6,6 erzeugte. Im Norden sehen Sie zwei nahe gelegene Berge (siehe ◘ Abb. 4.1). Der eine ist **Hestfjall,** der 2000 von der westlichen Erdbebenstörung durchschnitten wurde. Der andere ist **Vördufell (Vörðufell),** in dem es viele Störungen von früheren Erdbeben in der Gegend gibt (◘ Abb. 9.2 und 9.3). Bei den Erdbeben im Juni 2000 wurde er jedoch nicht aufgerissen.

Die Hauptstörung im Zusammenhang mit dem zweiten Erdbeben im Juni 2000 in dieser Gegend war etwa 25 km lang und erreichte eine Krustentiefe von 8–10 km. Die Störungen sind nahezu vertikal und vom Typ her **Blattver-schiebungen.** Bei diesen erfolgt die vorherrschende Bewegung der Felswände auf beiden Seiten der Störung **horizontal,** im Gegensatz zur vorherrschend vertikalen Bewegung der Wände auf beiden Seiten von Abschiebungen wie in Thingvellir (► Kap. 5) und Reykjanes (► Kap. 13, ◘ Abb. 4.5, 4.14 und 5.9). Blattver-schiebungen sind sehr häufig – vielleicht die berühmteste ist die San-Andreas-Störung in Kalifornien, USA – und ihr Bruchmuster an der Oberfläche ist tendenziell komplexer als das von Abschiebungen.

Wie sehen Blattverschiebungen also an der Oberfläche aus? Ich zeige Ihnen zuerst, wie die Störungen kurz nach den Erdbeben im Juni 2000 aussahen; Sie können sie heute nicht mehr so sehen, weil sie schon lang mit Boden gefüllt und bedeckt wurden. Zu jener Zeit gab es ein Ferienhaus südwestlich des zweiten Haltes (südlich der Straße), das bei einem der Erdbeben ungefähr einen Meter horizontal bewegt wurde. Es gab auch zahlreiche Brüche im Asphalt des Parkplatzes, auf dem Sie gerade stehen.

◘ Abb. 14.3 ist eine Luftansicht eines Teils des Erdbebenbruchs, der das Ferienhaus traf. ◘ Abb. 14.4 zeigt einen Teil desselben Bruchs auf dem Boden. Bei beiden Erdbeben, dem am 21. Juni auf den Bildern und dem früheren, am 17. Juni (Islands Nationalfeiertag), das sich rund 18 km weiter östlich ereignete, wurden Gebäude beschädigt (◘ Abb. 14.5). Während die Erdbeben also beträchtlichen Schaden anrichteten, beispielsweise an Gebäuden in der Stadt Hella, durch die wir später auf dieser Tour fahren, starben glücklicherweise keine Menschen bei diesen Erdbeben. Erdbeben der Magnitude 6,6 – oder genauer gesagt Erdbeben mit Magnituden zwischen 6,1 und 6,9 – werden als **stark** bezeichnet und können in städtischen Gebieten großen Schaden anrichten. Mit weltweit ungefähr 100 starken Erdbeben jährlich sind sie recht häufig.

Größere Erdbeben treten in der Südisländischen Seismischen Zone jedoch ungefähr einmal pro Jahrhundert auf. Diese Erdbeben erreichen Magnituden über 7, möglicherweise 7,2. Hier sollte ich erwähnen, dass die Energie, die in einem Erdbeben frei wird und teilweise zur Zerstörung von Gebäuden und anderen Bauwerken führt, mit jeder

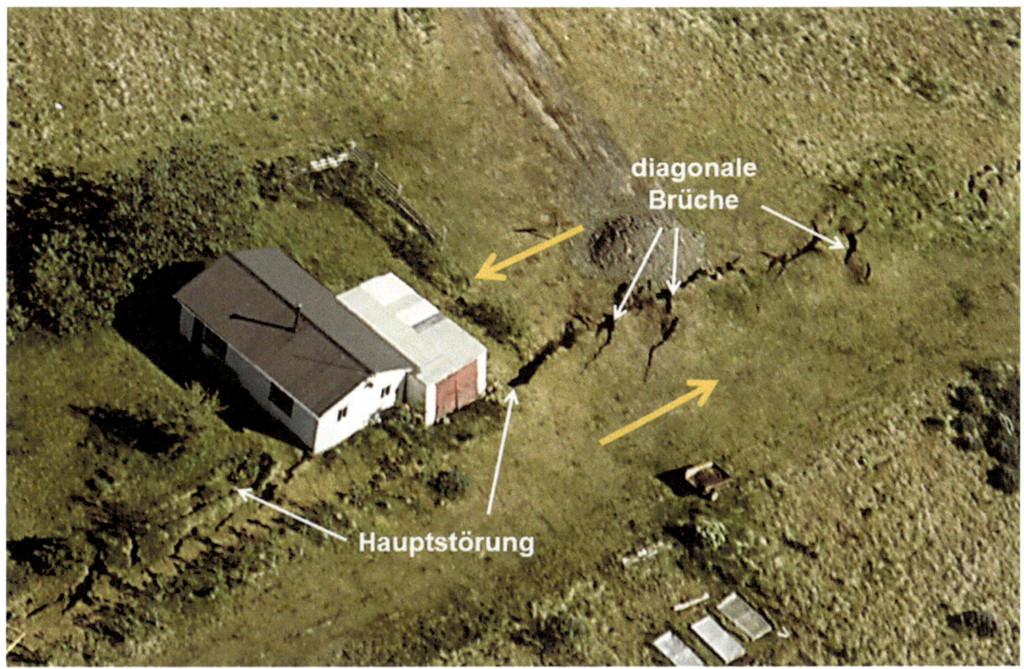

◘ **Abb. 14.3** Luftansicht eines der Erdbebenbrüche der Erdbeben mit Magnitude 6,6 im Juni 2000 in der Südisländischen Seismischen Zone. Dies ist eine Blattverschiebung vom Typ A. Derselbe Störungstyp ist auf ◘ Abb. 8.3, 9.2, 13.7, 14.6 und 14.10 zu sehen

◘ **Abb. 14.4** Ansicht vom Boden aus auf einen offenen Bruch, der bei den Erdbeben im Juni 2000 entstand

◼ Abb. 14.5   Erdbebenbruch der Erdbeben im Juni 2000, der ein Bauernhofgebäude in Südisland durchquert. Der obere Teil des Gebäudes hat sich relativ zum unteren Teil nach rechts bewegt. Dieser Bruch ist eine Blattverschiebung vom Typ C. Derselbe Störungstyp ist auf ◼ Abb. 8.3, 9.2, 13.7, 14.6 und 14.10 zu sehen

zusätzlichen Magnitude um den Faktor 32 zunimmt. Mit anderen Worten, wenn man auf der Erdbeben-Magnitudenskala eine Magnitude hinauf oder hinab geht, ändert sich die frei werdende Energie um einen **Faktor von ungefähr 32** (genauer: 31,6). Wenn man die Skala um zwei Einheiten hinaufgeht, sagen wir von einem Erdbeben der Magnitude 6 zu einem Erdbeben der Magnitude 8, nimmt die frei werdende Energie um fast das 1000-fache zu (31,6 mal 31,6). Glücklicherweise sind Erdbeben der Magnitude 8 sehr selten – ungefähr eines pro Jahrzehnt weltweit – und sie treten in Island nicht auf. Erdbeben größer als Magnitude 7 ereignen sich in Südisland und ich zeige Ihnen nun Fotos von einem davon.

Die zugehörigen Erdbebenbrüche treten am Bauernhof/Hotel **Leirubakki** auf, das weit landeinwärts an Straße 26 liegt, also außerhalb der Halte auf dieser Tour. Es lohnt sich jedoch, die Erdbebenbrüche anzusehen, weil deren Oberflächenstrukturen und Größen zeigen, was von Zeit zu Zeit in Südisland zu erwarten ist. Die aufgeschlossene beziehungsweise sichtbare Länge des größten Erdbebenbruchs beträgt etwa 8 km. Er schneidet glatte Basaltlavaströme, die irgendwann in den letzten 10.000 Jahren entstanden. Der Erdbebenbruch muss jünger sein als der Lavastrom, den er durchschneidet, ist also jünger als 10.000 – aber das genaue Alter ist nicht bekannt. Die Richtung der Störung ist 10° östlich von der Nordrichtung, eine sehr häufige Richtung in der Südisländischen Seismischen Zone (► Kap. 9).

Die Oberflächenstrukturen der Störung sind typisch für **Blattverschiebungen** (◼ Abb. 14.6); ähnliche Strukturen sind an der Oberfläche der San-Andreas-Störung in den USA, der Anatolischen Störung in der Türkei und ähnlichen berühmten Blattverschiebungen zu sehen. Die wichtigsten Charakteristika sind **Hügelchen** und kleine **Rücken,** gemeinsam

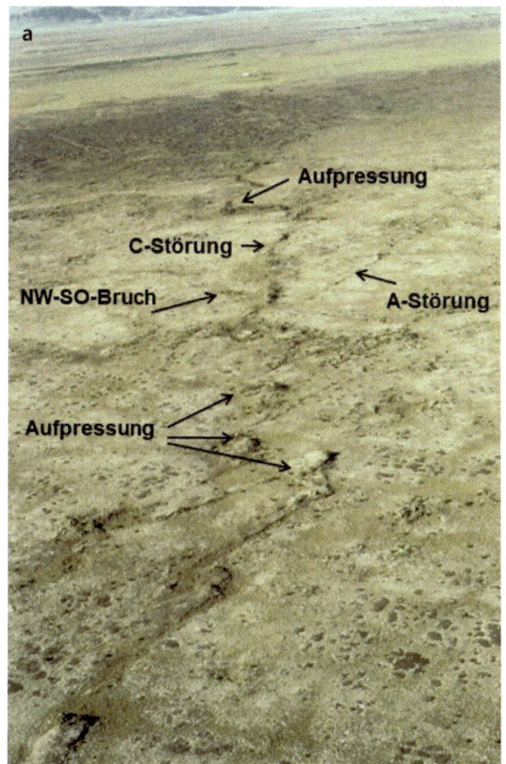

Abb. 14.6   Luftansicht mit Blick nach Norden auf die wesentlichen Erdbebenbrüche beim Bauernhof/Hotel Leirubakki in der Südisländischen Seismischen Zone. **a** Blattverschiebungen wie diese sind durch Hügelchen und Rücken, die als „Aufpressungen" bezeichnet werden, charakterisiert. Die Hauptstörung hier ist eine Nord–Süd verlaufende C-Störung, es treten jedoch auch Nordost–Südwest verlaufende A-Störungen sowie ein Nordwest–Südost verlaufender Bruch auf. **b** Nahansicht des Nordteils der Störung aus (a). Alle Hauptstrukturen sind hier zu sehen: die C-Störungssegmente, mehrere A-Störungen, der Nordwest–Südost verlaufende Bruch sowie Aufpressungen, einschließlich des Aufpressungsrückens von Abb. 14.7. Alle Bruchtypen hier treten auch am Kleifarvatn (Abb. 13.7) auf, der sich in einer Fortsetzung der Südisländischen Seismischen Zone auf der Reykjanes-Halbinsel befindet

mit verschiedenen **Brüchen.** Die Hügelchen und Rücken entstehen durch Kompression und Zerdrücken des Gesteins an der Störung, wenn deren Wände sich bei einem Erdbeben abrupt bewegen. Einer der Rücken/Hügelchen ist auf Abb. 14.6, aufgenommen aus der Luft, und vom Boden aus auf Abb. 14.7 zu sehen. Bei der Betrachtung dieser gebogenen und zerbrochenen Schichten aus harter Basaltlava verstehen wir die **starken Kräfte** und Spannungen besser, die bei Erdbeben wirken.

Die gebogenen Schichten können auch dazu verwendet werden, den Versatz – die relative Oberflächenbewegung der Wände – quer zur

Störung zu messen. Die Messungen ergeben, dass die Bewegung fast **3 m** beträgt, viel mehr als die durch die Erdbeben des Juni 2000. Aus dem Versatz können wir die Erdbebenmagnitude als 7,1 ermitteln sowie die Gesamtlänge des Erdbebenbruchs als etwa **50 km.** Was die Energie betrifft, setzte dieses Erdbeben ungefähr 6-mal so viel Energie frei wie die im Juni 2000.

Südisland ist eines der am besten **überwachten** Erdbebengebiete der Welt. Wir kennen die Geschwindigkeiten der Plattenbewegungen, wir zeichnen alle Erdbeben auf bis hin zu von Menschen nicht spürbaren – sogar bis zu negativen Magnituden

Abb. 14.7   Blick nach Norden auf den Aufpressungsrücken von Abb. 14.6 aus der Nähe. Die Höhe beträgt 4,3 m. Die Aufpressung entsteht durch Druckspannungen, die während der Störungsbewegungen gebildet werden. Aus dieser und anderer Aufpressungen sowie Strukturen entlang der Störung (Abb. 14.6) ist es möglich, sowohl den zugehörigen Störungsversatz (ungefähr 3 m) sowie die Erdbebenmagnitude (etwa M7,1) abzuschätzen

(Erdbebenmagnituden sind Exponenten, sodass negative Magnituden einfach sehr schwache Erdbeben bedeuten, ähnlich wie die Zahl 10 hoch −1 [hier einer Magnitude entsprechend] $10^{-1} = 0{,}1$ ist). Es gibt zahlreiche Aufzeichnungsinstrumente und -objekte auf dem Boden (Seismometer, Verformungsmesser, geodätische Vermessungspunkte) sowie Messungen von oben durch Satelliten (GPS, InSAR). Dennoch können wir in Südisland, wie anderswo, Erdbeben (ihren Zeitpunkt, Ort und Magnitude) **nicht genau vorhersagen.** Moderne Gebäude in Island sind jedoch normalerweise sehr stabil; die meisten werden aus Stahlbeton gebaut. Auch wenn bei starken Erdbeben, mit Magnituden zwischen 6 und 7, der Erdbebenbruch ein Gebäude durchquert und beträchtlichen Schaden anrichtet (Abb. 14.3, 14.4 und 14.5), stürzt das Gebäude nur selten ein. Glücklicherweise sind daher bei Erdbeben in Island Todesfälle selten.

14.3 Der Vulkan Hekla

Wir fahren nun weiter auf Straße 1 nach Osten. Der nächste Halt hängt von der Sicht ab und kann an verschiedenen Stellen nahe der Stadt Hella erfolgen. Unter der Annahme, dass die Sicht gut genug ist für den berühmtesten Vulkan Islands, können wir kurz vor oder nach der Stadt Hella unseren **dritten Halt (3)** einlegen. Dieser Halt dient dazu, den Vulkan **Hekla** aus einer Entfernung von rund 40 km zu betrachten (Abb. 14.8). Hekla ist in vieler Hinsicht ein einzigartiger Vulkan. Erstens ereignen sich alle richtigen Hekla-Ausbrüche entlang **derselben Spalte** (Abb. 14.9), die eine Länge von etwa 6 km hat und **Hekla-Spalte** genannt wird. Dies ist ein Gegensatz zu vielen Zentralvulkanen, bei denen sich verschiedene Ausbrüche an verschiedenen Vulkanspalten oder Fördergängen (Abb. 11.2, 11.3 und 11.4) oder durch einen elliptischen oder kreisförmigen Schlot

(■ Abb. 11.13) ereignen. Zweitens – und teils als Folge davon, dass sich alle Ausbrüche Heklas entlang derselben Spalte ereignen – hat der Vulkan die **Form eines Rückens** (■ Abb. 14.9). Er ist ein Vulkanrücken, während die typische Form eines Schichtvulkans tendenziell kreisförmig oder ungefähr elliptisch in der Draufsicht ist. Drittens wurde, trotz intensiver Forschung unter Verwendung geodätischer und seismischer Messungen und einer Überwachung über viele Jahrzehnte, keine Magmakammer unter Hekla gefunden. Wir wissen, dass es eine Magmakammer geben muss – aus dem einfachen Grund, dass die Zeit von den ersten Erdbeben, die Magmabewegung aufwärts entlang der Hekla-Spalte oder dem Fördergang anzeigen, bis zum Beginn der Eruption sehr kurz ist; manchmal nur ungefähr **eine halbe Stunde.** Daher liegt der Ursprungsort des Magmas, eine Art Magmakammer, wahrscheinlich in geringer Tiefe (in der Größenordnung von einem Kilometer oder weniger), aber wurde bisher nicht nachgewiesen.

Warum folgt der Fördergang immer demselben Weg zur Oberfläche, zur Hekla-Spalte? Die wahrscheinlichste Erklärung ist, dass die Hekla-Spalte durch externe tektonische Kräfte immer wieder geöffnet wird. Genauer gesagt hat die Hekla-Spalte eine sehr ungewöhnliche Richtung, etwa **65°** östlich der Nordrichtung. Alle umgebenden Brüche in der Östlichen Vulkanzone hingegen, einschließlich der Vulkanspalten und Hyaloklastit-Rücken (alte Vulkanspalten), verlaufen 45° östlich der Nordrichtung (■ Abb. 14.10). Die Richtung der Hekla-Spalte verläuft also um 20° anders als die nahe gelegenen Spalten. Weiterhin ist die Richtung der Hekla-Spalte ähnlich der Hauptrichtungen von Erdbebenbrüchen in Südisland – sowie weiter westlich auf der

Abb. 14.9   Luftansicht des schneebedeckten Vulkans Hekla während des Ausbruchs 1991. Die Rückenform wird auf diesem Foto deutlich. Schwarze Lava, die während der Eruption gefördert wurde, bildet einen scharfen Kontrast zu den älteren, schneebedeckten Lavaströmen. Die Hekla-Spalte ist eingetragen sowie der Kraterkegel, der während der gesamten Dauer der Eruption von 53 Tagen aktiv war. Die eruptierte Lava bedeckte 23 km^2 und hatte ein geschätztes Volumen von 0,15 km^3. Während des Höhepunktes des Ausbruchs betrug die geförderte Lavamenge etwa 800 m^3/s, etwa das doppelte der Durchflussmenge des Ölfusá (■ Abb. 14.2)

Reykjanes-Halbinsel, nämlich die der sogenannten **A-Störungen** (■ Abb. 8.2, 9.2, 13.6, 13.7 und 13.11). Es ist daher wahrscheinlich, dass die Hekla-Spalte ein **alter Erdbebenbruch** ist (eine Blattverschiebung), der immer wieder durch plattentektonische Kräfte reaktiviert wird. Da dieser alte Erdbebenbruch bis in eine Vulkanzone hineinreicht, in der es in der Tiefe Magma gibt, nutzt das Magma diesen als Weg zur Oberfläche. Daraus folgt, dass viele Gänge denselben Bruch benutzen, um die Oberfläche zu erreichen, wodurch sie zu der ungewöhnlichen Form und Ausbruchsaktivität Heklas führen.

Hekla eruptierte viele Ascheschichten (Tephra, Pyroklastika) sowie zahlreiche Lavaströme, alles **Aa-Lavaströme** (■ Abb. 14.9 und 14.11; s. a. ■ Abb. 13.3, 13.4). Der Vulkan erhebt sich bis etwa 1490 m über den Meeresspiegel und ist daher aus einer Entfernung von 40 km gut zu sehen, solange die Sicht

gut ist (■ Abb. 14.8). Die Straßen 26 (die wir bereits passiert haben) und 271 bringen Sie zur Hekla. Den Vulkan zu erreichen ist jedoch eine beträchtliche Fahrt, die außerhalb dieser Tour liegt. In der Tat kann man Hekla am besten aus der Luft sehen; die Nahaufnahmen der Hekla auf ■ Abb. 14.9 sind aus der Luft aufgenommen und zeigen die schneebedeckte Hekla während ihrer Eruption 1991. Seit dieser Zeit gab es einen weiteren Ausbruch, im Jahr 2000, und neue Eruptionen können sich jederzeit ereignen. Hekla wird mit verschiedenen Instrumenten gut überwacht, doch die Zeit vom Beginn einer Unruheperiode (normalerweise durch Erdbeben angezeigt) bis zum Beginn einer Eruption ist ungewöhnlich kurz – nur Zehnerminuten – sodass man sich Hekla, der Königin der isländischen Vulkane, mit größtem Respekt und Vorsicht nähern sollte.

Abb. 14.10 Blick nach Südwesten auf zwei Ostnordost–Westsüdwst verlaufende C-Störungen, die den Hyaloklastit-Berg Búrfell nahe des Hekla-Vulkans schneiden (beide sind auf ■ Abb. 14.12b eingetragen). Die Hekla-Spalte verläuft in dieselbe Richtung wie diese Störungen, 65° östlich von der Nordrichtung, und ist sehr wahrscheinlich eine reaktivierte C-Störung

Von etwa diesem Halt aus sind manchmal gute Überblicksaufnahmen des berühmten **Vulkans Eyjafjallajökull** möglich (■ Abb. 14.12), in dessen Richtung wir fahren. Je nach Sicht kann es auch besser sein, Überblicksaufnahmen erst näher beim Vulkan zu machen, das heißt weiter östlich auf Straße 1. Das Foto, das ich Ihnen hier zeige, wurde kurz nach Ende der Eruption im Mai 2010 aufgenommen. Die sanft geneigte Säule entsteht, wie eine Eruptionssäule, hauptsächlich durch die Aufheizung der Atmosphäre. Hier stammt die Hitze aus dem abkühlenden eruptierten Material im Hauptkrater des Vulkans. Dies führte dazu, dass der Luftraum in Teilen Westeuropas viele Tage lang wegen der Asche geschlossen wurde (weil die feinen Aschepartikel die Düsentriebwerke von Flugzeugen beschädigen können).

14.4 Wasserfall Seljalandsfoss

Die Struktur des Eyjafjallajökulls und seinen Ausbruch 2010 beschreibe ich gleich. Wir legen jedoch zuerst unseren **vierten Halt (4)** bei einem der bekannteren Wasserfälle Islands ein, nämlich **Seljalandsfoss** (■ Abb. 14.13 und 14.14). Um diesen Wasserfall zu erreichen, überqueren wir zuerst die Brücke über den Gletscherfluss **Markarfljót.** Das Gletscherwasser stammt vor allem von den Eiskappen auf Eyjafjallajökull und Mýrdalsjökull, die ich beide später auf dieser Tour eingehender erläutere (■ Abb. 14.12b). Markarfljót ist normalerweise klein, wie viele Gletscherflüsse, kann aber bei Gletscherfluten (Überschwemmungen durch Aufschmelzen von Gletschereis) groß werden. Insbesondere führen Vulkanausbrüche unter diesen beiden

◨ Abb. 14.11   Typischer Aa-Lavastrom, hier vom Ausbruch der Hekla 1991. Alle richtigen Lavaströme der Hekla sind vom Aa-Typ. Der Lavastrom von 1991 hat meist eine Mächtigkeit („Dicke") von 6–7 m. Die Person dient als Maßstab

Gletschern zu Durchflussmengen von vielen Tausend Kubikmetern pro Sekunde.

Wenn Sie den Fluss Markarfljót erreichen, ist zudem die Inselgruppe **Vestmannaeyjar** (◨ Abb. 14.1 und 14.12b) zu erwähnen. Die Hauptinsel **Heimaey** ist normalerweise von hier – nahe der Küste – aus zu sehen. Vielleicht erkennen Sie auch einen Teil der Stadt Vestmannaeyjar. Bei sehr guter Sicht können Sie von hier oder schon früher von Straße 1 aus ein paar der anderen Inseln sehen – einschließlich der südlichsten, der Insel **Surtsey** (◨ Abb. 14.12b), einem Tafelberg, der bei einem Ausbruch im Meer entstand (◨ Abb. 6.6, Kap. 6 und 13), der von 1963 bis 1967 andauerte.

Auf der Fahrt zum vierten Halt stellen die Felsen, die den Seljalandsfoss-Wasserfall bilden, ein altes **Küstenkliff** dar – hier mit einer Höhe von etwa 60 m. Wie bereits erwähnt (▶ Kap. 13) lag am Ende der letzten Kaltzeit vor rund 13.000 Jahren der Meeresspiegel in Island rund 100–150 m höher als der heutige Meeresspiegel. Der vertikale 60 m hohe Felsen, von dem das Wasser hinunterfällt, entstand daher hauptsächlich durch Wellenerosion, als der Meeresspiegel eine Zeit lang höher war als heute. Das gleiche gilt für die meisten vertikalen Felsen, die den unteren Teil des Eyjafjallajökull bilden. Diese werden wir gleich sehen.

Die Gesteine, die diese Felsen aufbauen, hier wie auch beim Großteil des aufgeschlossenen Teils des Eyjafjallajökull, sind Hyaloklastit. Dies ist basaltische Brekzie, die bei Eruptionen unter Eisdecken entstand – während der Vereisungen – und möglicherweise auch (die untersten Teile) bei Eruptionen im Meer (siehe ▶ Kap. 13 für eine Erläuterung von Eruptionen im Meer). Seljalandsfoss ist als Wasserfall bekannt, den man nicht nur von vorne, sondern auch von hinten ansehen kann. Es gibt einen Fußpfad **hinter den Wasserfall.** Ein paar Leute auf diesem Pfad sind auf ◨ Abb. 14.13 zu sehen. Das Wasser im Wasserfall ist sehr klar und sauber und bildet den kleinen Fluss **Seljalandsá** (◨ Abb. 14.14).

Abb. 14.12 **a** Blick nach Osten auf den Vulkan Eyjafjallajökull aus der Ferne. Diese Aufnahme entstand kurz nach dem Ausbruch 2010. Die geneigte weiße Wolke entsteht durch Aufheizung durch das eruptierte Material in der Caldera. Der Dunst wurde durch in der Luft vom Wind mitgeführte Asche hervorgerufen. **b** Lage des Eyjafjallajökull mit seiner Caldera sowie Namen und Lage anderer wichtiger Berge und Landschaftsphänomene, die in ▶ Kap. 14 erläutert werden

◘ Abb. 14.13   Blick nach Norden auf den Wasserfall Seljalandsfoss. Die 60 m hohe Felswand, von der das Wasser hinunterfällt, ist ein altes Küstenkliff, das durch Wellenerosion entstand, als der Meeresspiegel vor rund 13.000 Jahren viel höher war als heute

14.5 Vulkan Eyjafjallajökull – Internstruktur und Ausbruch 2010

Von hier fahren wir weiter auf Straße 1 nach Osten entlang der hohen Felsen des **Eyjafjallajökull** (Abb. 14.12b). Der Name bedeutet wörtlich „Gletscher der Inselberge". Ob damit „Inselberge" (durch Erosion herausstehende Felsen) auf den Sanderflächen oder eher die nahen Inseln Vestmannaeyjar gemeint sind (Abb. 14.1 und 14.12b), ist nicht sicher. Bei guter Sicht ist der sichtbare Teil des Berges beeindruckend und schön, zusätzlich dazu, dass er geologisch sehr interessant ist. Um das Innere des Vulkans zu erforschen und zu verstehen – wie auch dessen Zusammenhang zum Ausbruch 2010 – gibt es viele Stellen, an denen Sie anhalten können. Den **fünften Halt** (5) habe ich einfach so gewählt, weil dort das Küstenkliff sehr sauber und deutlich ist und die Struktur leicht zu betrachten und zu verstehen ist. Ich zeige Fotos von diesem Halt aus sowie ein weiteres, das ein kleines Stück weiter aufgenommen wurde. Es ist insgesamt ein großer Küstenkliffaufschluss in der Nähe des fünften Halts.

Wir sehen zuerst eine hohe Felswand, zwischen 200 m (Abb. 14.15) und maximal **350 m** (Abb. 14.16 und 14.17) hoch. Diese Felswand ist, wie bereits erwähnt, hauptsächlich ein altes Küstenkliff, obwohl das Meer niemals höher als etwa 100–150 m über den heutigen Meeresspiegel reichte. Als die Einwirkung des Meeres die unteren Teile der Kliffe erodierte, stürzten die oberen ein, wodurch das gesamte Kliff nahezu vertikal blieb. Die Felswände bilden den untersten aufgeschlossenen Teil des Vulkans, der sich am Gipfel 1666 m über den Meeresspiegel erhebt. Auf dem Gipfel befinden sich die Eiskappe Eyjafjallajökull sowie eine kleine Caldera mit einem Durchmesser von ungefähr 3 km (Abb. 14.12c und 14.18).

Abb. 14.15, 14.16 und 14.17 zeigen, dass der Vulkan aus vielfältigen unterschiedlichen

Abb. 14.15 Vertikale Felswand auf der Südwestseite des Eyjafjallajökull (für die Lage des Berges siehe **Abb. 14.1 und 14.12b; siehe auch** Abb. 14.18). Es handelt sich um ein altes Küstenkliff, das entstand, als der Meeresspiegel vor rund 13.000 Jahren viel höher war als heute. Die vertikale Felswand ist etwa 200 m hoch und besteht hauptsächlich aus Hyaloklastit

Gesteinsschichten besteht. Dazu gehören Hyaloklastit-Schichten, Lavaströme, würfelförmig geklüftete Laven (isländisch: *kubbaberg*), Kissenlaven, Sedimentgesteinsschichten (glaziale Sedimente, Tillite), Lagergänge und Gänge. Eyjafjallajökull ist ein Vulkan, der aus Schichten sehr unterschiedlicher Eigenschaften besteht, und ist daher ein **Schichtvulkan.** Der Vulkan ist seit ungefähr **800.000 Jahren** aktiv, also schon ziemlich alt. Die meisten Zentralvulkane (Schichtvulkane und Calderen) in Island sind ungefähr 500.000 bis 1 Mio. Jahre lang aktiv – nur wenige länger als 1 Mio. Jahre.

Eyjafjallajökull eruptiert selten – verglichen mit beispielsweise Hekla und Katla (**Abb. 14.1 und 14.12b**). In Islands historischer Zeit, das heißt in den letzten 1100 Jahren, eruptierte Hekla 23 Mal, Katla 21 Mal, aber Eyjafjallajökull nur 4 Mal. Die häufigsten Vulkanausbrüche in historischer Zeit ereigneten sich weder an Hekla noch an Katla,

sondern in der Caldera **Grímsvötn.** Grímsvötn liegt im Vatnajökull-Gletscher (siehe **Abb. 2.1**), also außerhalb dieser Tour, ist jedoch der aktivste Vulkan Islands, was die Häufigkeit von Eruptionen betrifft. Während der letzten 1100 Jahre eruptierte Grímsvötn ungefähr 70 Mal, beziehungsweite ungefähr alle 16 Jahre. Die vier historischen Ausbrüche des Eyjafjallajökulls schließen die Eruption 2010 ein, die ich im Folgenden kurz beschreibe.

Eine typische basaltische, **effusive Spalteneruption** begann am 20. März 2010 im Pass zwischen den Gletschern Eyjafjallajökull und Mýrdalsjökull (**Abb. 14.1, 14.12b und 14.18**). Diese Spalteneruption förderte niedrigviskosen primitiven Basalt. Die dazugehörige Vulkanspalte ist etwa 500 m lang, hat eine geschätzte maximale Öffnungsweite (Breite des Fördergangs) von etwa 1 m und eine Nordnordost–Südsüdwest-Richtung. Das

◘ **Abb. 14.16** Vertikale Felswände, die die Internstruktur eines Teils des Eyjafjallajökulls (siehe ◘ Abb. 14.1 und 14.12b) von Straße 1 aus zeigen. **a** Die Felswand hier ist bis zu 350 m hoch und besteht aus vielfältigen Gesteinsschichten und -einheiten. **b** Nahansicht eines Teils der Felswand aus Bild (a). Eyjafjallajökull besteht hauptsächlich aus Hyaloklastit und Lavaströmen, einschließlich Kissenlava im untersten Teil. Es gibt auch viele Intrusionen, vor allem Lagergänge und Gänge

14

□ Abb. 14.17   Weitere Details der Internstruktur des Eyjafjallajökulls (siehe □ Abb. 14.1 und 14.12b) von Straße 1 aus gesehen. **a** Die Internstruktur des Eyjafjallajökulls wird durch mächtige („dicke") Hyaloklastit-Schichten mit Lavaaströmen charakterisiert (siehe □ Abb. 14.16). Weiterhin wurde der Vulkan von vielen, meist dünnen, Gängen und normalerweise viel mächtigeren Lagergängen intrudiert. **b** Direkte Fortsetzung der Felswand (Panorama) von (a) nach Osten, mit denselben Gesteinsschichten und Intrusionen

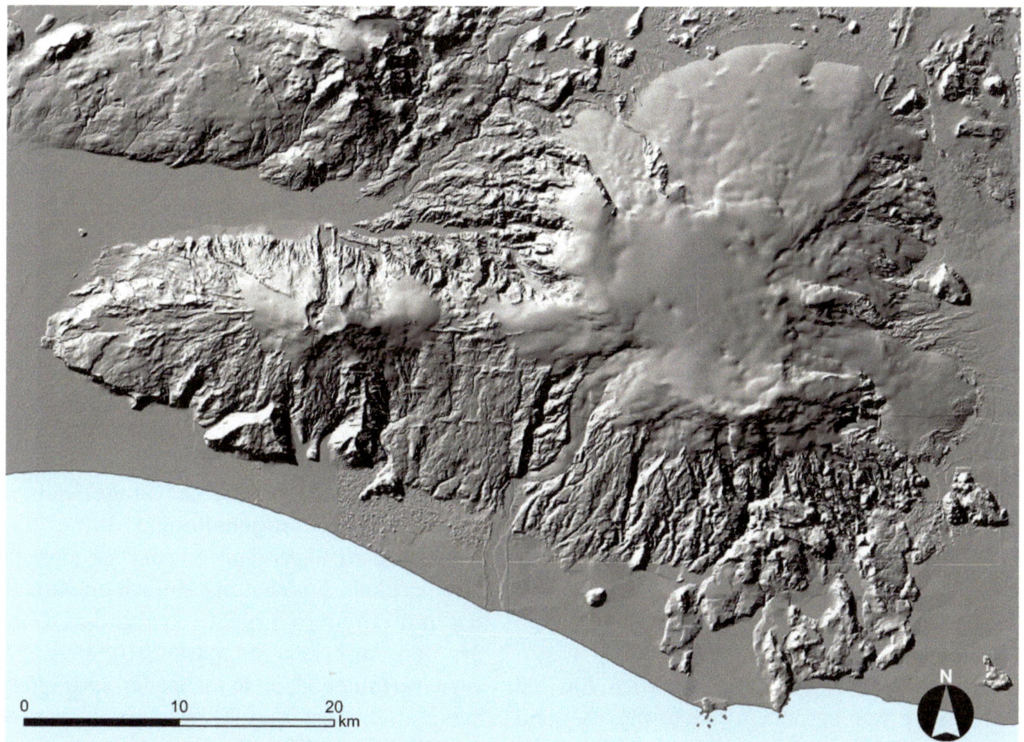

⧉ Abb. 14.18   Digitale Höhenkarte von Eyjafjallajökull und Mýrdalsjökull, die die Formen der Vulkane und ihrer Calderen zeigt. Die Namen und Strukturen sind auf den ⧉ Abb. 14.1 und insbesondere ⧉ Abb. 14.12b eingetragen

Längen-Breiten-Verhältnis dieser Spalte bzw. dieses Fördergangs stimmt gut mit gemessenen Verhältnissen anderswo in Island überein (▶ Kap. 11). Es zeigt, dass der Überdruck oder Antriebsdruck des Magmas niedrig war (wenige Megapascal), als der Fördergang die Oberfläche erreichte. Folglich war die Eruption ein sehr kleiner (Gesamtvolumen 0,02 km³) „sachter" Erguss von Aa-Lava (⧉ Abb. 14.11) – die Art von Eruption, die von manchen heutzutage „touristischer Vulkanausbruch" genannt wird.

Die erste Eruptionsphase klang ab und endete schließlich am 12. April. Dann begann am 14. April 2010 eine **zweite Eruptionsphase,** doch diesmal unter der Eiskappe in der **Gipfelcaldera** (⧉ Abb. 14.12b und 14.18). Diese Eruption schmolz sich ihren Weg durch die 250 m dicke Eiskappe, war sehr explosiv war, und förderte Asche intermediärer (andesitischer) Zusammensetzung. Dies bedeutet, dass das eruptierte Magma gasreicher und viskoser war als das der ersten Eruption. Das während der Eruption geförderte Magma kam aus einer oberflächennahen **Magmakammer** in etwa 4–5 km Tiefe, die zur Gipfelcaldera gehört. Die Eruptionssäule erreichte eine maximale Höhe von ungefähr 11 km und die resultierenden Aschenwolken wirkten sich viele Tage lang stark störend auf den **Flugverkehr** Europas aus. Die Eruption endete am 22. Mai 2010.

Die zweite, explosive, Eruptionsphase förderte etwa 0,18 km³ Asche und Lava. Das Gesamtvolumen der Asche (umgerechnet auf Festgestein ohne Porenraum) und Lava beider Eruptionsphasen betrug also ungefähr 0,2 km³. Es handelte sich also um eine in Island typische **kleine Eruption,** in Hinblick auf das Volumen des eruptierten Materials, umgerechnet als

Festgestein (bzw. Magmavolumen), aus einem Zentralvulkan. Das Volumen geförderter Asche oder Tephra war jedoch groß im Vergleich zur allgemeinen Größe der Eruption. Das Volumen frischer Asche (nicht auf Festgestein oder Magma umgerechnet) betrug etwa 0,3 km³. Um Ihnen einen Eindruck davon zu geben, was dies bedeutet, können wir den folgenden hypothetischen Fall betrachten (der in der echten Welt nie passieren könnte). Stellen Sie sich vor, dass all diese Asche auf Reykjavík fällt (❏ Abb. 2.1 und 3.1), das eine Gesamtfläche von ungefähr 275 km² hat. Dann wäre die Gesamtfläche mit einer gut 1 m dicken Aschenschicht bedeckt gewesen. In der Realität fiel ein Großteil der Asche auf Eyjafjallajökull selbst sowie dessen nahe Umgebung, und ein Teil kam nach Europa. Die nach Europa getragenen Aschenwolken beeinträchtigten viele Tage lang stark den Flugverkehr Europas. Genauer gesagt mussten viele Flughäfen mehrere Tage lang wegen der Aschenwolken geschlossen werden. Ein Teil der Asche war besonders **feinkörnig** (bestand aus sehr kleinen Partikeln). Diese können die Düsentriebwerke der Flugzeuge beschädigen, weshalb der Luftraum geschlossen wurde.

Zum Ausbruch 2010 gehörten drei Spalten, die jeweils mehrere Hundert Meter lang waren (maximal 600–700 m). Zwei der Spalten verlaufen Nordnordost–Südsüdwest; eine davon innerhalb der Caldera, die andere außerhalb. Die dritte Spalte, die den Großteil des eruptierten Materials förderte, verläuft Ost–West. Diese drei Spalten spiegeln also die hauptsächlichen tektonischen Richtungen im Eyjafjallajökull wider. Dies sind die Ost–West-Richtung, die auch die Richtung der langen Achse des Vulkans selbst ist (❏ Abb. 14.12b und 14.18) sowie die Nordost–Südwest-Richtung, die dem allgemeinen Verlauf der Östlichen Vulkanzone entspricht (❏ Abb. 14.12b).

Der Ausbruch 2010 war der Höhepunkt eines Unruheprozesses, der **Jahrzehnte** lang andauerte. Genauer gesagt gab es vor dem Ausbruch 2010 mehrere Erdbeben- und Deformationsepisoden im Eyjafjallajökull. Es gab mindestens vier Erdbebenschwärme in den 1990-ern, von denen zwei eindeutig

mit Aufdomung oder Hebung des Vulkans zusammenhingen, nämlich 1993–1994 und 1999. Es gab wenige Erdbeben und geringe Deformation im Vulkan von 2000 bis 2009, als Erdbeben und Deformation wieder begannen. Deformationsrate und Erdbeben nahmen ab Anfang März 2010 deutlich zu, bis der Ausbruch am 20. März begann.

Alle diese großen Erdbeben- und Deformationsepisoden im Eyjafjallajökull wurden als Folgen von **Ganginjektionen** aus großen Tiefen (rund 20 km) interpretiert, die in Tiefen zwischen etwa 3 und 6 km unter dem Vulkangipfel zu **Lagergängen** abgelenkt wurden (❏ Abb. 14.16, 14.17 und 14.19). Es wurden also alle injizierten Gänge während dieser 17 Jahre **aufgehalten,** im Sinne einer Änderung zu Lagergängen, oder sie stoppten ihre vertikale Ausbreitung einfach an Kontakten und eruptierten nicht – bis zu dem Gang, der den Ausbruch im März 2010 speiste. Es wird vermutet, dass manche der Lagergänge laterale Dimensionen (Durchmesser) von bis zu 17 km erreichen. Bemerkenswert ist, dass der Fördergang der ersten Eruptionsphase im März 2010 anscheinend in der Tiefe zu einem Lagergang abgelenkt wurde, doch ein weiteres Mal zu einem Gang abgelenkt wurde, der die Oberfläche erreichte. Solche Änderungen des Verlaufs von Gängen sind eigentlich häufig. Dieser verlief jedoch anscheinend ungewöhnlich lang lateral als Lagergang, bevor er wieder zum Gang wurde und eruptierte.

Ist an diesen intrusiven Ereignissen (Gang und Lagergang-Intrusionen) der letzten 17 Jahre irgendetwas ungewöhnlich? Sicherlich nicht. Die Felswände zeigen **genau dasselbe,** sogar in geringen Tiefen, nämlich Gänge und Lagergänge. Insbesondere zeigen ❏ Abb. 14.16 und 14.17 viele Lagergänge und Gänge. Wie gewöhnlich sind die Gänge tendenziell viel dünner als die Lagergänge (❏ Abb. 14.19). Die meisten Lagergänge werden durch Gänge mit Magma gespeist und nur sehr wenige Lagergänge erreichen die Oberfläche. Dies bedeutet, dass die meisten Lagergänge, die Sie in den Felswänden des Eyjafjallajökulls sehen, von Gängen gespeist

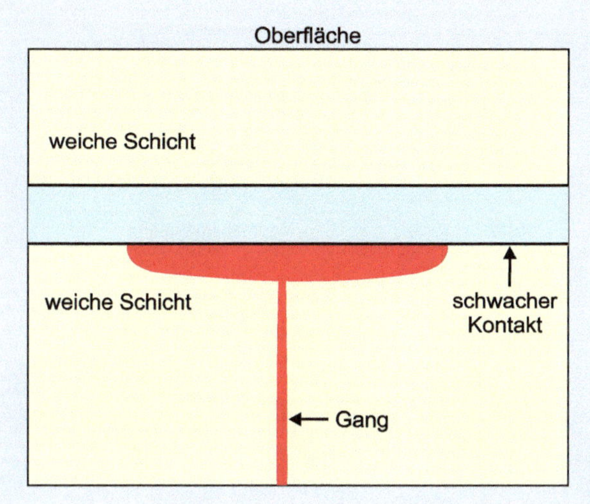

◘ Abb. 14.19 Gänge werden an Kontakten zwischen mechanisch unterschiedlichen Gesteinsschichten oft abgelenkt und verwandeln sich in Lagergänge. Hier geschah dies am Kontakt zwischen einer steifen Schicht (beispielsweise einem Basaltlavastrom oder einem älteren Lagergang) darüber und einer weicheren (nachgiebigeren) Schicht darunter (beispielsweise Hyaloklastit oder Tuff). Viele Lagergänge im Eyjafjallajökull entstanden an solchen Kontakten. Andererseits kann es bei geringem Antriebsdruck des Magmas im Gang (Überdruck, siehe ▶ Kap. 11) sein, dass das Magma nicht in der Lage ist, den Kontakt zu öffnen und einen Lagergang zu bilden und der Gang endet einfach vertikal (◘ Abb. 13.35)

wurden, die niemals die Oberfläche erreichten und eruptierten. Daraus folgt, dass die Prozesse, die in Tiefen von 3–6 km unter dem Gipfel des Eyjafjallajökull im Zeitraum 1993–2010 abliefen, genau dieselben sind, die in Tiefen von 1 bis 1,6 km unterhalb des Vulkangipfels in den Felswänden zu sehen sind (◘ Abb. 14.16 und 14.17): Nämlich injizierte Gänge, die die Oberfläche nicht erreichen – aufgehalten werden – und häufig zu Lagergängen werden (◘ Abb. 14.19).

Warum sind gestoppte Gänge sowie Gangablenkung zu Lagergängen im Eyjafjallajökull (und Schichtvulkanen im Allgemeinen) so häufig? Antwort: Weil Eyjafjallajökull und andere ähnliche Vulkane aus Schichten mit deutlich **unterschiedlichen mechanischen Eigenschaften** bestehen. Einige Schichten sind steif und spröd, andere welch (nachgiebig) und duktiler. Beispielsweise sind Hyaloklastit-Schichten tendenziell recht weich, besonders wenn sie jung sind, Lavaströme (und vorhandene Lagergänge) hingegen eher steif. Solche Materialien werden allgemein als **Verbundmaterialien** bezeichnet, wovon Sperrholz vielleicht das bekannteste Beispiel ist. Verbundmaterialien werden für viele Dinge, einschließlich Flugzeuge, verwendet, um diese fest zu machen. Sie sind fest in dem Sinne, dass die Kontakte zwischen Schichten dazu neigen, Brüche zu stoppen oder abzulenken. Schichtvulkane werden im Englischen auch als *composite volcanoes* bezeichnet und verhalten sich mechanisch sehr ähnlich wie künstliche Verbundmaterialien (englisch *composite materials*). Wenn sich also ein Gang ausbreitet, führt er zu Spannungen vor seiner Spitze oder Oberseite. Die Spannungen mögen in steifen Schichten hoch sein und Gangausbreitung erleichtern, sind aber in weichen Schichten gering und begünstigen das Stoppen von Gängen. Gewöhnlicherweise wird also ein Gang, wenn er auf einen Kontakt zwischen steifen und weichen Schichten trifft, völlig aufgehalten – seine Spitze hört auf, sich auszubreiten – oder der Gang wird entlang des Kontakts zu einem Lagergang abgelenkt

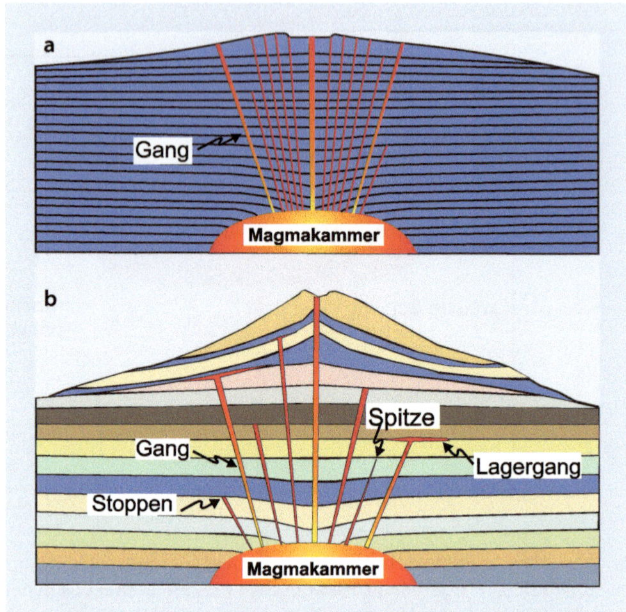

◙ Abb. 14.20 Basaltvulkane bestehen aus Gesteinsschichten, die alle ähnliche mechanische Eigenschaften besitzen (Basaltlavaströme). Schichtvulkane (Zentralvulkane) hingegen bestehen aus Gesteinsschichten mit sehr unterschiedlichen mechanischen Eigenschaften (einschließlich Lavaströmen verschiedener Zusammensetzung, Schichten von Pyroklastika [beispielsweise Hyaloklastite], Sedimente und Intrusionen). Es ist daher einfacher für jede Art von Bruch, sich durch Basaltvulkane auszubreiten (**a**) als durch Schichtvulkane (**b**). Dies liegt einfach daran, dass viel mehr Brüche wie Gänge aufgehalten oder zu Lagergängen abgelenkt werden. Sie erreichen daher die Oberfläche in Schichtvulkanen seltener als in Basaltvulkanen. Das Profil des Basaltvulkans (a) basiert auf dem Schildvulkan Mauna Loa, Hawaii, das des Schichtvulkans (b) auf dem Fuji in Japan

(◙ Abb. 14.19 und 14.20). Letzteres sehen wir häufig in den Felswänden hier (◙ Abb. 14.16 und 14.17) und es ergibt sich auch aus geodätischen und seismischen Messungen im Eyjafjallajökull vor dem Ausbruch 2010.

Weil Schichtvulkane, die aus sehr unterschiedlichen Schichten bestehen, wie Eyjafjallajökull Brüche einfacher aufhalten oder ablenken – nicht nur Gänge, sondern alle Brüche – als Vulkane, deren Schichten im Grunde alle dieselben mechanischen Eigenschaften besitzen wie Basaltvulkane (zum Beispiel die Schildvulkane Hawaiis), sind Schichtvulkane mechanisch gesehen **fester** als **Basaltvulkane** (◙ Abb. 14.20). Es ist daher einfacher, einen Bruch in einem Lavaschild zu bilden, als in einem Schichtvulkan. Dies ist ein Grund dafür, warum Abschiebungen und Zugbrüche in den Lavaschilden Islands (► Kap. 2, 5, 6 und 13) viel

häufiger sind als in Gegenden, die aus deutlich unterschiedlichen Gesteinsarten aufgebaut sind, wie Hyaloklastit-Berge und Schichtvulkane.

14.6　Wasserfall Skógarfoss

Wir fahren nun weiter auf Straße 1 nach Osten entlang der Felsen des Eyjafjallajökulls, bis wir zum **sechsten Halt (6)** kommen, nämlich dem Fluss **Skógá**. Dieser befindet sich ungefähr an der Grenze zwischen dem Eyjafjallajökull und dem nächsten Vulkan weiter östlich, nämlich **Katla**. Der Fluss Skógá (◙ Abb. 14.21a) markiert jedoch nicht nur die Grenze zwischen diesen beiden großen und aktiven Vulkanen, er stürzt auch über den berühmten und wunderschönen Wasserfall **Skógarfoss** (siehe ◙ Abb. 14.21b). Es lohnt

◘ Abb. 14.21   Der Fluss Skógá und sein Wasserfall Skógarfoss. **a** Blick nach Westen, Skóga befindet sich etwa an der Grenze zwischen den Vulkanen Eyjafjallajökull im Westen und Mýrdalsjökull/Katla im Osten. **b** Der Wasserfall Skógarfoss, 60 m hoch, ist eine der bekanntesten Sehenswürdigkeiten Islands

sich, die Straße zum Skógarfoss zu fahren, um diesen außergewöhnlich wohlgeformten Wasserfall aus der Nähe anzusehen. Wie Seljalandsfoss (◘ Abb. 14.13) fällt Skógarfoss von 60 m hohen Felsen, einem alten Küstenkliff, das entstand, als der Meeresspiegel vor rund 13.000 Jahren viel höher lag als heute. Die Breite des Wasserfalls ist etwa 25 m. Meist gibt es durch das Zusammenspiel der Sonnenstrahlen mit der Gischt des Wasserfalls einen Regenbogen (◘ Abb. 14.21b). Das Gestein der Felsen ist hauptsächlich Hyaloklastit, ähnlich wie in den Felsen des Eyjafjallajökull sowie am Seljalandsfoss. Es gibt einen Pfad zur Oberseite des Wasserfalls.

14.7 Pétursey – eine Insel auf dem Trockenen

Vom Wasserfall Skógarfoss aus fahren wir zurück zur Straße 1 und dann weiter nach Osten. Vielleicht möchten Sie Straße 221 zum Gletscher **Sólheimajökull** folgen – der dazugehörige Fluss, den Sie auf Straße 1 überqueren, ist bekannt für seinen starken Schwefelgeruch – doch diese Fahrt ist kein Teil dieser Tour. Stattdessen fahren wir weiter bis zu dem kleinen Berg **Pétursey,** unserem **siebten Halt (7).** Der Berg (Lage siehe ◘ Abb. 14.12b, unbeschriftet auf ◘ Abb. 14.18) kann von Osten oder Westen gut betrachtet werden, was zum Teil von der Tageszeit (dem Stand der Sonne) abhängt. Hier sehen wir Pétursey von Osten aus (◘ Abb. 14.22). Südlich des Berges, nicht auf (◘ Abb. 14.22), ist eine kleine Intrusion, ein erstarrter Schlot, das heißt ein Schlotgang ähnlich dem auf ◘ Abb. 11.15, jedoch kleiner.

In welcher Hinsicht ist Pétursey bemerkenswert? Streng genommen ist er ein typischer kleiner Hyaloklastit-Berg, höchstwahrscheinlich bei einer Eruption im Meer entstanden, einer submarinen Eruption, irgendwann in den letzten 100.000 oder 200.000 Jahren. Der Berg ist nicht sehr hoch,

◘ **Abb. 14.22**   Blick nach Westen auf den Hyaloklastit-Berg Pétursey. Die Lage des Berges ist auf ◘ Abb. 14.12b zu erkennen, unbeschriftet auch auf ◘ Abb. 14.18

reicht maximal bis zu einer Höhe von etwa 274 m über den Meeresspiegel, und ähnelt in vielerlei Hinsicht einigen Hyaloklastit-Bergen, die wir bereits gesehen haben (beispielsweise ► Kap. 4 bis 6 und 13). Bis auf eine Sache: Er war wohl eine Insel und befindet sich nun auf trockenem Land. Der Name Pétursey bedeutet **„Peters Insel".** Die südlichsten Felsen von Pétursey liegen heute ungefähr 3 km von der Küste entfernt. Wie die meisten Namen von Geländeformen in Island ist der Name Pétursey etwa 1100 Jahre alt. Der Berg erhielt ihn während der Besiedlung (hauptsächlich durch Skandinavier, Briten und Iren) vor rund 1100 Jahren. Vor 1100 Jahren also war Pétursey wohl eine Insel (obwohl dies nicht sicher ist), wohingegen er derzeit 3–6 km landeinwärts liegt (der Berg hat einen Durchmesser von einem guten Kilometer). Pétursey wäre dadurch ein Anzeichen dafür, dass die Südküste Islands an dieser Stelle nach Süden gewandert ist – die Küstenlinie sich Richtung Meer verlagerte – und zwar mit einer Rate von etwa 3 m pro Jahr während der letzten 1100 Jahre. Wir sehen später auf dieser Tour, dass es noch weitere Anzeichen für die Südverlagerung der Küstenlinie gibt.

Warum also verlagert sich die Küstenlinie nach Süden? Die Antwort liegt teilweise in den von Gletscherflüssen transportierten Sedimenten, aber hauptsächlich in den Sedimenten, die bei Gletscherfluten während Vulkanausbrüchen in den nahe gelegenen Gletschern abgelagert werden, insbesondere im **Vulkan Katla.** Katla befindet sich in der Eiskappe des Mýrdalsjökull (■ Abb. 14.1, 14.12b und 14.18). Katla werde ich am vorletzten Halt dieser Tour etwas genauer erläutern. Während der Ausbrüche dieses Vulkans gibt es normalerweise enorme Gletscherfluten durch Schmelzwasser (weil die Eruptionen das Eis schmelzen), die Sedimente (Sand) zur Küste befördern. Dabei fügen sie Sedimente zur Küste hinzu und verschieben die Küstenlinie. Die Sedimente werden zum Teil von Meeresströmungen zu anderen nahe gelegenen Küsten wie der bei Pétursey transportiert

und tragen dazu bei, dass sich die Küstenlinie verlagert. Zusätzlich gibt es von Zeit zu Zeit Gletscherfluten durch Schmelzwasser auf den Sanderflächen bei Pétursey, vor allem **Sólheimasandur,** die gerade westlich von Pétursey liegt und zum Gletscher Sólheimajökull gehört. Ein Beispiel solch einer schlammführenden Gletscherflut, viel weiter östlich an der Südküste, ereignete sich bei der Gjálp-**Eruption** 1996 im Vatnajökull-Gletscher (■ Abb. 14.23). Die Gletscherfluten während Katla-Eruptionen sind viel größer als die bei Gjálp, wie später auf dieser Tour erläutert wird. Als Folge dieser schlammführenden Gletscherflut wird die Küstenlinie immer weiter nach Süden verlagert.

14.8 Ein von den Ausbrüchen der Katla bedrohtes Dorf

Wir fahren nun weiter nach Osten. Je nach Sicht ist die Eiskappe Mýrdalsjökull vom Weg zum nächsten Halt aus zu sehen. Daher schlage ich keinen spezifischen Halt vor, zeige jedoch später auf dieser Tour Fotos, die von den Sanderflächen aus aufgenommen wurden. Auf unserem Weg zum nächsten Halt queren wir das Tal **Mýrdalur** sowie Straße 215 östlich des Tals. Straße 215, die zur Küste von Reynisfjara führt, wird der letzte Halt dieser Tour sein, weil sie sich als letzter Halt gut eignet. Wir fahren daher zu unserem **achten Halt (8),** dem Dorf **Vík í Mýrdal.**

Hier gibt es zwei wesentliche geologische Strukturen zu beobachten: Eine ist die wunderbare **Schichtung** in den Hyaloklastiten hinter den Ferienhäusern (■ Abb. 14.24). Die andere ist die Küste sowie die Felspfeiler (■ Abb. 14.25). Dieselben Felspfeiler werden wir von unserem zehnten Halt dieser Tour, Reynisfjara, aus anderer Perspektive sehen. Die Schichtung ist typisch für Hyaloklastit-Berge, hier jedoch außergewöhnlich deutlich (vgl. ■ Abb. 6.9, 6.10 und 6.11). Jede Aschenschicht (Tephra oder Pyroklastika) entspricht einer Explosion im Krater, als der

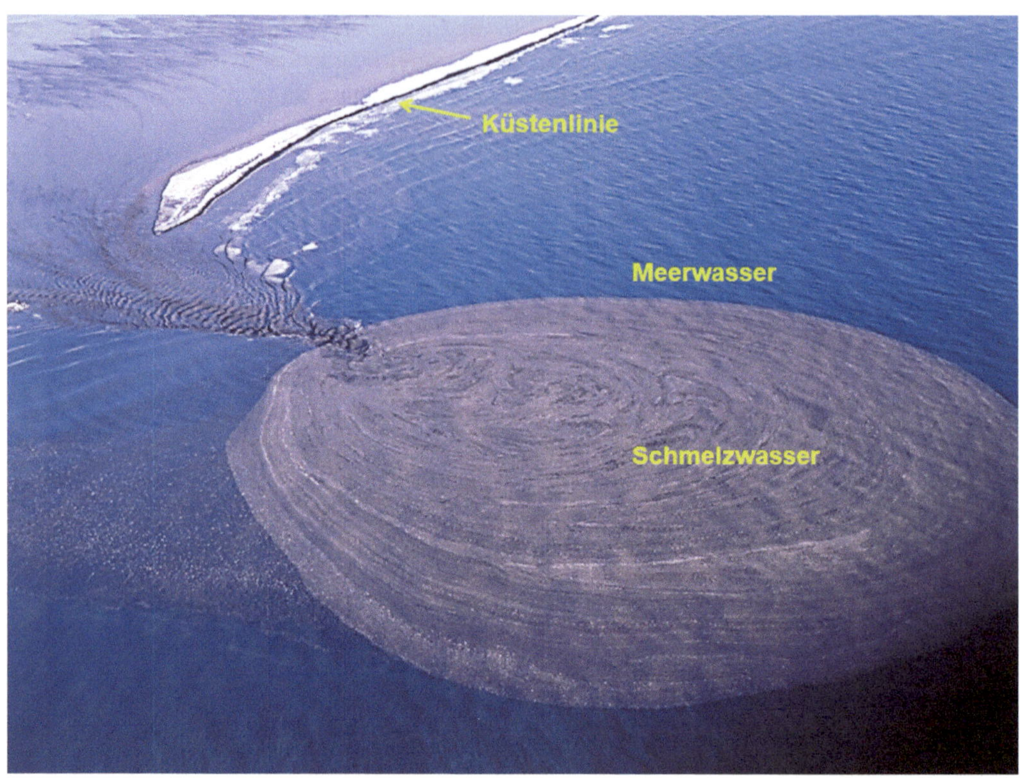

◘ Abb. 14.23   Luftansicht einer schlammführenden Gletscherflut, die das Meer während der Gjálp-Eruption 1996 im Vatnajökull-Gletscher erreicht (zur Lage des Vatnajökull siehe ◘ Abb. 2.2). Die Gletscherfluten während Katla-Eruptionen sind noch viel größer als diese

Berg entstand. Manche Schichten wurden jedoch später gefaltet, als die Aschenschichten an dem entstehenden Berg hangabwärts glitten (vgl. ◘ Abb. 13.6). Diese Schichten sind wie die im Pétursey (siebter Halt), Reynisfjara (zehnter Halt) und generell im **Mýrdalsjökull-Vulkan** – von dem Katla ein Teil ist – überwiegend jünger als 200.000 Jahre. Alle Felswände und Berge in dieser Gegend bestehen also hauptsächlich aus Hyaloklastit, die Schichtung ist jedoch, wie erwähnt, außergewöhnlich deutlich in den kleinen Felsen hinter den Ferienhäusern und mag eine kurze Wanderung wert sein, um sie genauer anzusehen.

Die Felspfeiler namens **Reynisdrangar** erreichen eine maximale Höhe von rund 66 m (◘ Abb. 14.25). Alle Felspfeiler bestehen aus Basalt und bestehen wie der Berg Reynisfjall, von dem sie eine Fortsetzung

bilden, aus einer Mischung extrusiver und intrusiver Gesteine. In Island sind die meisten Felspfeiler dieser Art frühere Schlote. Viele davon sind zylinderförmig (◘ Abb. 11.13), in welchem Fall das Gestein gewöhnlich eine Mischung aus Brekzie (fragmentiertes Gestein, das zu hartem Gestein zusammengeklebt wurde) und dünnen Intrusionen (vor allem Gängen) besteht. Andere sind länglich und dann meistens ziemlich breite regionale Gänge (◘ Abb. 11.7, 11.8, 11.9 und 11.10). Hier gibt es drei große Felspfeiler. Einer davon ist sehr schmal, wie ein Finger, und liegt etwas weiter westlich als die beiden anderen, die zur selben Vulkanspalte gehören. Ein weiterer (nahe der Küste) ist kegelförmig, der dritte hat drei Gipfel. Am zehnten Halt erläutere ich die Felspfeiler nochmals und zeige weitere Fotos von ihnen.

Abb. 14.24 Blick nach Nordosten auf geschichteten Hyaloklastit nahe des Dorfes Vík í Mýrdal. Die Ferienhäuser dienen als Maßstab

14.9 Mýrdalssandur

Von Vík í Mýrdal fahren wir auf Straße 1 weiter nach Osten, bis wir den Fluss **Múlakvísl** überqueren und die Ebenen von **Mýrdalssandur** erreichen, unseren **neunten Halt (9)**. Als Erstes sehen wir uns den Hyaloklastit-Berg Hjörleifshöfdi **(Hjörleifshöfði)** im Südosten an (■ Abb. 14.26). Seine maximale Höhe über dem Meeresspiegel beträgt etwa 220 m. Er entstand höchstwahrscheinlich genau wie Pétursey bei einer Eruption im Meer und ist auch ähnlich alt. Der Berg ist nach einem der beiden ersten Siedler in Island benannt, Hjörleifur Hróðmarson. Er soll gemeinsam mit seinem Ziehbruder (und Cousin) Ingólfur Arnarson sowie ihren Familien ungefähr 874 nach Island gekommen sein, das heißt vor mehr als 1140 Jahren. Ingólfur siedelte in Reykjavík, doch Hjörleifur in Hjörleifshöfdi (Hjörleifur wurde später von seinen Sklaven getötet, was Ingólfur rächte, aber diese Geschichte gehört thematisch nicht zu dieser Tour). Zu jener Zeit, das heißt im Jahr 874, gab es einen Fjord westlich von Hjörleifshöfdi, sodass Hjörleifshöfdi als echtes Kap ins Meer reichte (*höfði* bedeutet Kap). Der Südteil von Hjörleifshöfdi reichte noch bis zum 14. Jahrhundert ins Meer. Dann wurden die Ausbrüche der Katla größer, wie vermutlich auch die dazugehörigen Gletscherfluten, die Sedimente (Sand und Schluff vulkanischen Ursprungs) mit sich führten und bis zur Küste nach Süden reichten. Zum Beispiel zeigen Messungen, dass während der Katla-Eruption 1918 mit einer großen Gletscherflut (siehe unten) die Küstenlinie bei Hjörleifshöfdi um etwa 1,5 km nach Süden verlagert wurde und rund 14 km^2 neues Land hinzugefügt wurden. Heute liegt der Südrand von Hjörleifshöfdi etwa 3 km von der Küste entfernt, doch diese Entfernung wird zweifellos beim nächsten Ausbruch der Katla zunehmen.

Als nächstes wenden wir uns nach Norden zum Hyaloklastit-Berg **Hafursey** (■ Abb. 14.27).

◘ **Abb. 14.25**   Blick nach Südwesten auf die Reynisdrangar-Felspfeiler, die aus Basalt bestehen und maximal 66 m hoch sind. ◘ Abb. 14.36 und 14.37 zeigen Nahansichten dieser Felspfeiler

◘ **Abb. 14.26**   Blick nach Osten auf den Hyaloklastit-Berg Hjörleifshöfdi (Hjörleifshöfði) mit einer maximalen Höhe von etwa 220 m. Er entstand höchstwahrscheinlich bei einer submarinen Eruption

☐ Abb. 14.27   Blick nach Norden auf den Hyaloklastit-Berg Hafursey. Er erreicht eine maximale Höhe von gut 580 m über dem Meeresspiegel und entstand höchstwahrscheinlich bei einer oder mehreren subglazialen Eruptionen

Dieser Berg erreicht eine maximale Höhe von gut 580 m über dem Meeresspiegel und entstand höchstwahrscheinlich bei Eruptionen unter den Eisdecken der Kaltzeit während der letzten 100.000 oder 200.000 Jahre. Der Name bedeutet „Haferinsel". Die Frage ist also: War er einmal eine Insel? Gegenwärtig liegt Hafursey etwa 14 km von der Südküste entfernt. Die Sanderflächen um den Berg erheben sich fast 100 m über den Meeresspiegel, doch dies vermutlich hauptsächlich wegen der Gletscherfluten von Katla in den letzten Jahrhunderten. Es besteht kaum Zweifel daran, dass Hafursey tatsächlich gegen Ende der letzten Kaltzeit, also vor rund 13.000 Jahren, als der Meeresspiegel viel höher lag, eine Insel war. Aber es ist unwahrscheinlich, dass es während der Besiedlung und kurz danach, vor rund 1100 Jahren, eine Insel im gängigen Sinn war. Zu dieser Zeit und mehrere Jahrhunderte danach gab es nämlich Bauernhöfe im Flachland südlich von Hafursey. Diese Bauernhöfe wurden später von den Gletscherfluten der Katla-Eruptionen zerstört. In den ersten Jahrhunderten nach der Besiedlung waren die Sanderflächen, die wir gegenwärtig sehen, bis zu einem gewissen Grad mit Vegetation bedeckt.

Die Sanderfläche gab es zu jener Zeit vermutlich nur nahe der großen Flüsse, wie Múlakvísl, den wir gerade überquert haben. Es gibt Anzeichen dafür, dass bis zum 15. Jahrhundert die Gletscherfluten kleiner waren und sich mehr auf den östlichen Teil der heutigen Mýrdalssandur-Ebene beschränkten. Sie hatten daher weniger Auswirkungen auf das Gebiet zwischen Hafursey und Hjörleifshöfdi und ermöglichten dort Landwirtschaft. Ab dem späten 15. Jahrhundert wurden die Gletscherfluten jedoch größer und zerstörerischer. Auch betrafen sie nun den westlichen Teil der Ebene genauso wie den östlichen. Die Gletscherfluten werden auf Isländisch *jökulhlaup* genannt. Wörtlich bedeutet dies „Gletscherlauf", der Begriff wird vermehrt auch in der internationalen Fachliteratur verwendet.

14.10 Wie groß sind die Gletscherfluten?

Wie groß sind also die Gletscherfluten oder Jökulhlaups (Gletscherläufe) während der Katla-Eruptionen? Es gibt schriftliche Aufzeichnungen von einigen, die sich vor

Jahrhunderten ereigneten, diese sind jedoch normalerweise knapp. Bei Weitem die beste Beschreibung, sogar mit Fotografien, ist die der Gletscherflut im Zusammenhang mit dem Ausbruch der Katla 1918. Die Schätzungen variieren, doch die maximale Abflussmenge während des Jökulhlaup wird im Allgemeinen als zwischen 200.000 und 300.000 m^3/s angenommen. Sie hat wohl einen Großteil der Mýrdalssandur-Ebene bedeckt. Zum Vergleich betrug die maximale Abflussmenge während der Gjálp-Eruption 1996 (◼ Abb. 14.23) etwa 50.000 m^3/s. Die größten Vulkanausbrüche im Mýrdalsjökull könnten vielleicht sogar noch größere Gletscherfluten hervorrufen – möglicherweise mit maximalen Abflussmengen bis zu **1 Mio. m^3/s.**

Lassen Sie mich diese Abflussmengen nun einordnen. Wie bereits erwähnt, beträgt die maximale Abflussmenge des größten Flusses in Island (in Hinblick auf die Abflussmengen), nämlich Ölfusá (◼ Abb. 14.2), etwa 420 m^3/s. Die Abflussmenge der Gletscherflut bei der Katla-Eruption 1918 war also rund **500-mal größer** als die des größten isländischen Flusses. Wir müssen also anderswo nach einem passenden Vergleich suchen, immer bezogen auf die Abflussmenge an der Flussmündung ins Meer. Die Wolga ist der größte Fluss Europas, mit einer durchschnittlichen Abflussmenge von etwa 8100 m^3/s. Sankt Lorenz und Mississippi sind die größten Flüsse Nordamerikas, jeweils mit einer durchschnittlichen Abflussmenge von etwa 16.800 m^3/s. Ganges ist der größte Fluss Asiens mit einer durchschnittlichen Abflussmenge von ungefähr 38.100 m^3/s und Kongo ist der Größte Afrikas mit einer durchschnittlichen Abflussmenge von etwa 41.200 m^3/s. All diese großen Flüsse haben also durchschnittliche Abflussmengen von weniger als **einem Fünftel** der Abflussmenge während der Jökulhlaups großer Katla-Eruptionen. In der Tat ist der einzige Fluss der Welt mit einer durchschnittlichen Abflussmenge ähnlich den maximalen Abflussmengen der Katla-Jökulhlaups der größte Fluss Südamerikas (und der Welt, was die Abfluss-

menge betrifft), nämlich des Amazonas, dessen durchschnittliche Abflussmenge etwa 209.000 m^3/s beträgt. Die maximale Abflussmenge der Jökulhlaups bei Katla-Eruptionen ist also **vergleichbar** mit der durchschnittlichen Abflussmenge des größten Flusses der Welt, **Amazonas.**

Da wir nun die Größenordnung der Gletscherfluten kennen, ist die nächste Frage: Was sind ihre Geschwindigkeiten – wie schnell werden die Sanderflächen geflutet, und wie schnell erreicht das Wasser das Meer? Schriftliche Aufzeichnungen sowie Modellberechnungen zeigen, dass die Geschwindigkeit mehrere Meter pro Sekunde betragen kann (rund **15 km pro h**). Zum Vergleich geht ein Spaziergänger vielleicht 1 m/s, ein Jogger läuft vielleicht 12 km/h. Falls der nächste Jökulhlaup ähnliche Wege nimmt wie derjenige der Eruption 1918, würde er Ihren derzeitigen Standort vom Rand des **Kötlujökull**-Gletscher (◼ Abb. 14.12b) in weniger als einer Stunde erreichen. Dies ist einer der Gründe, warum Straße 1 über den Fluss Múlakvísl und Mýrdalssandur im Allgemeinen gesperrt wird, sobald es im Krustensegment unter dem Mýrdalsjökull-Gletscher irgendeine ungewöhnliche Erdbebenaktivität gibt.

14.11 Der Vulkan Katla

Um den „Übeltäter", den Vulkan Katla, etwas besser zu sehen, fahren wir über die Sanderflächen etwas weiter nach Osten. Nun haben wir gute Sicht auf den Mýrdalsjökull, der den **Vulkan Katla** beheimatet (◼ Abb. 14.28). Die Eiskappe ist im Detail auch auf den Abbildungen ◼ Abb. 14.12b und 14.18 zu erkennen. Was wissen wir also über diesen zerstörerischen, gewissermaßen berühmt-berüchtigten Vulkan? Hier das Wichtigste: Erstens liegt Katla in der Südost-Ecke des viel größeren Zentralvulkans **Mýrdalsjökull** (◼ Abb. 14.12b). Mýrdalsjökull, mit einer maximalen Höhe von 1450 m über dem Meeresspiegel, ist der zweitgrößte Vulkan Islands – nur Hofsjökull

Abb. 14.28 Blick nach Osten auf die Eiskappe und den Zentralvulkan Mýrdalsjökull, von dem der Vulkan Katla ein Teil ist. Zur Lage siehe ◻ Abb. 14.1 und 14.12b, unbeschriftet auf ◻ Abb. 14.18

(in Zentralisland) ist größer. (Zentralvulkane sind allerdings Teile von Vulkansystemen, ◻ Abb. 2.2, und Hofsjökull ist nicht das größte System, sondern das des Bárdarbunga (Bárðarbunga), der 2014–2015 eruptierte). Zweitens ist Katla eine Einsturzcaldera (◻ Abb. 14.12b, vgl. ◻ Abb. 4.10 und 11.14), die zweitgrößte in Island (nach der Torfajökull-Caldera in der Östlichen Vulkanzone). Die Katla-Caldera hat einen maximalen Durchmesser von etwa 14 km und eine Fläche von ungefähr 110 km². Diese Caldera ist also viele Male größer als die des Eyjafjallajökulls, die ebenfalls auf ◻ Abb. 14.12b und 14.18 zu sehen ist. Drittens gibt es eine Magmakammer mit einem Dach in einer Tiefe von etwa 2 km unter dem Boden der Caldera (Oberfläche der Kruste) – das heißt ungefähr 2,5 km unter der Oberfläche der Eisdecke, die die Katla-Caldera füllt

und bedeckt. Dies ist eindeutig eine oberflächennahe Magmakammer, deren Mächtigkeit („Dicke") mindestens 1 km und deren lateraler Durchmesser mindestens 5 km erreicht.

Katla ist der drittaktivste Vulkan Islands in historischer Zeit (den letzten 1100 Jahren). Nur Hekla (23 historische Ausbrüche) und Grímsvötn (im Vatnajökull, 70 Ausbrüche) haben eine höhere Eruptionshäufigkeit als Katla (21 Ausbrüche). In den letzten 11.000–12.000 Jahren, das heißt nach der letzten Kaltzeit, ereigneten sich an Katla und der Umgebung mehr als 400 Eruptionen. Manche historische Eruptionen haben viel Asche oder Tephra gefördert, vor allem wegen der Wechselwirkung des Schmelzwassers der Eiskappe mit dem Magma – auf ähnliche Weise wie es während der zweiten Eruption des Eyjafjallajökull 2010 geschah. Zum Beispiel wurden bei der Katla-Eruption 1918 rund 700 Mio. m^3 Asche oder Tephra gefördert. Dies ist ungefähr das Doppelte der Eyjafjallajökull-Eruption 2010. Umgerechnet auf Magma entsprechen 700 Mio. m^3 jedoch nur etwa 300 Mio. m^3 (0.3 km^3). Dies bedeutet, dass die Eruption nur ein typischer kleiner Ausbruch eines Zentralvulkans war.

Die meisten historischen Eruptionen waren ähnlich der von 1918 oder kleiner und förderten vor allem Asche oder Tephra, mit einer Ausnahme. Dies ist die **Eldgjá**-Eruption im Jahr 934. Dieser Ausbruch erfolgte an einer Vulkanspalte, die sich teilweise unter der Mýrdalsjökull-Eiskappe, aber großteils nördlich davon befindet (sodass Sie sie von hier aus nicht sehen können). Die Vulkanspalte ist etwa 75 km lang, besteht jedoch aus Segmenten (hängt also nicht 75 km weit zusammen – siehe ■ Abb. 13.25 sowie die Erläuterung zu Spaltensegmenten in ▶ Kap. 13). Die Eldgjá-Eruption förderte rund 4,5 km^3 frischer (gerade gefallener) Asche – 15-mal so viel wie die Eyjafjallajökull-Eruption 2010 (4,5 km^3 frischer Asche entsprechen in etwa 1,5 km^3 Magma, weil die Dichte der Asche viel niedriger ist als die des Magmas, aus dem die Asche gebildet wurde). Die Hauptförderung der Eldgjá-Eruption war jedoch ein Basaltlavastrom, der rund **800 km²** bedeckte und ein Volumen von rund **18 km³** hatte. Was also die Förderung eruptierten Materials angeht, war die Eldgjá-Eruption **100– mal größer** als die Eyjafjallajökull-Eruption 2010.

Der Eldgjá-Lavastrom wird teilweise von den Gletschersedimenten, Sandern, jüngerer Jökulhlaups Katlas bedeckt. Es ist jedoch klar, dass der Lavastrom sehr umfangreich war – wie erwähnt beträgt seine geschätzte Fläche 800 km². Daher verwüstete und zerstörte er viel landwirtschaftliche Fläche und dazugehörige Bauernhöfe in diesem Teil Islands. Die Eruption mag viele Jahre lang angedauert haben. Vulkanausbrüche dieser Größenordnung sind glücklicherweise selten – sie ereignen sich vielleicht durchschnittlich alle tausend Jahre in Island, jedoch nicht regelmäßig.

14.12 Strand von Reynisfjara

Wir fahren nun zurück nach Westen auf Straße 1 durch das Dorf Vík í Mýrdal und weiter bis zur Straße 215. Dann fahren wir diese Straße nach Süden zum Strand von **Reynisfjara,** unserem **zehnten Halt (10).** Auf dem Weg vom Parkplatz zum Strand sehen wir die berühmte Sehenswürdigkeit **Dyrhólaey** im Westen (■ Abb. 14.29). Vielleicht möchten Sie diesen Ort auch besuchen. Dies geht einfach über Straße 218. Dyrhólaey ist derzeit der südlichste Punkt Islands (eine lange Zeit lang nach der Katla-Eruption 1918 war Kötlutangi, der Landzipfel südlich von Hjörleifshöfdi [neunter Halt] der südlichste Teil Islands). Dyrhólaey ist das Überbleibsel eines Hyaloklastit-Berges, der bei einer Eruption im Meer entstand, sehr ähnlich wie Pétursey, Hjörleifshöfdi und andere Berge ähnlichen Alters, die heute nahe der Küste zu sehen sind. Die maximale Höhe von Dyrhólaey beträgt 120 m über dem Meeresspiegel. Dyrhólaey war früher eine Insel (daher die Endung „ey", was „Insel" bedeutet, im Namen), ist aber inzwischen ein Landzipfel. Sie besteht hauptsächlich aus Hyaloklastit, der teilweise mit einer Kappe von Pahoehoe-Basaltlavaströmen bedeckt ist, die sich als Felspfeiler ins Meer erstrecken. Das berühmte **halbkreisförmige Loch** durch den südlichsten Teil von Dyrhólaey entstand durch Erosion.

An der Küste von Reynisfjara selbst ist als Erstes anzumerken, dass es plötzliche große und sehr gefährliche **Wellen** geben kann. Achten Sie also immer auf die Wellen und passen Sie auf! Mit dieser Warnung im Kopf sehen wir uns zuerst den Berg selbst an, **Reynisfjall** (■ Abb. 14.30). Wir haben seine östlichen Hänge aus der Entfernung vom achten Halt aus betrachtet (■ Abb. 14.25) und sehen uns nun die westlichen Hänge aus der Nähe an. Reynisfjall ist ein typischer Hyaloklastit-Berg, genau wie Pétursey, Hjörleifshöfdi und Dyrhólaey. Die Länge des Berges beträgt etwa 5 km. Er ist länglich und hat eine maximale Breite von ungefähr 0,7 km (700 m). Sein

Gipfel ist bemerkenswert flach. Die maximale Höhe ist ungefähr 340 m über dem Meeresspiegel und befindet sich im nördlichen Teil. Nahe der Küste (◻ Abb. 14.30) beträgt die Höhe etwa 150 m über dem Meeresspiegel. Reynisfjall ist ähnlich alt wie die oben erwähnten Berge. Er entstand während der letzten 200.000 Jahre höchstwahrscheinlich bei mehreren Eruptionen, teils im Meer und vielleicht teils unter Eiskappen.

Reynisfjall besteht aus vielfältigen Gesteinseinheiten und -schichten. Diese umfassen Einheiten von Hyaloklastiten (Basaltbrekzien und Tuff), Basaltlavaströme (am Gipfel), Kissenbrekzien und Intrusionen (Gänge, Lager- und Kegelgänge). Die vielleicht auffälligsten Strukturen sind jedoch die Gesteine, die die wunderschönen **Säulen** an der Basis des Kliffs bilden (◻ Abb. 14.30). Säulen dieser Art entstehen, wenn sich der Magma-/Gesteinskörper (hier eine basaltische Intrusion) während der Abkühlung des Magmas – von ursprünglich 1200–1300 °C – zusammenzieht oder schrumpft. Das Schrumpfen kommt daher, weil Festkörper (einschließlich Gesteine) normalerweise ein geringeres Volumen haben als die gleiche Masse wärmerer Fluide desselben Materials (mit der bekannten Ausnahme gefrorenen Wassers: Eis hat ein größeres Volumen als flüssiges Wasser).

Die Brüche heißen **Säulenklüfte.** Wir haben sie bereits einige Male gesehen: In Lagergängen (◻ Abb. 4.9), Lavaströmen (◻ Abb. 5.5 und 5.6) und Gängen (◻ Abb. 11.6 und 11.10), aber nicht so schön wie hier. Die Entstehung der Klüfte, die diese wunderschönen Basaltsäulen bilden, beginnt, wenn das Magma auf etwa 800 °C abgekühlt ist, und ihre Entwicklung setzt sich während der weiteren Abkühlung fort. Wärmetransport oder „Wärmestrom" erfolgt immer hauptsächlich entlang des steilsten Temperaturgradienten. Dies ist ähnlich wie bei einer Flüssigkeit, die

Abb. 14.30   Blick nach Osten auf den südlichsten Teil des Hyaloklastit-Berges Reynisfjall und den Strand von Reynisfjara. Der Berg ist 5 km lang und erreicht eine maximale Höhe von 340 m über dem Meeresspiegel. Hier an der Küste beträgt die Höhe jedoch etwa 150 m. Am Gipfel befindet sich eine Kappe aus Lavaströmen, die von einem Fördergang mit Magma versorgt wurden (jeweils eingetragen). Im unteren Teil des Berges gibt es einen Kegelgang sowie einen Lagergang. Nahansichten zeigen den Lagergang (Abb. 14.31 und 14.32) sowie den Fördergang (Abb. 14.34). Die Personen dienen als Maßstab

immer hangabwärts fließt – in die Richtung des steilsten Hanges. Dies ist jedoch nur eine Analogie; beim Wärmetransport gibt es genau genommen nichts, was „fließt". Wärme ist ungeordneter **Energietransfer** durch unkoordinierte Bewegung von Teilchen (Atomen und Molekülen), das heißt „bewegte Energie". Der steilste Temperaturgradient ist in der Richtung des größten Temperaturunterschieds zwischen dem heißen Magma und dem umgebenden kalten Gestein. Die Säulenklüfte entstehen also am Kontakt zwischen Magma und dem umgebenden Gestein, dem Nebengestein. Die gebildeten Säulen richten sich senkrecht, im rechten Winkel, zu den Kontakten aus. Deswegen sind Säulenklüfte und daher auch die Basaltsäulen in vertikalen Gängen horizontal (Abb. 11.6 und 11.10) und in horizontalen Lagergängen (Abb. 4.9 und

14.17) sowie Lavaströmen (Abb. 5.5 und 5.6) vertikal.

Auf Abb. 14.30 sehen wir, dass die Säulen im oberen Teil steil, aber geneigt sind. Dies bedeutet, dass die Abkühlungsfläche, der Kontakt zum Nebengestein, zur Zeit der Entstehung der Säulen ebenfalls geneigt gewesen sein muss – tatsächlich ähnlich wie die heutige Wiese auf dem Foto. Es handelt sich um einen Kegelgang. Im unteren Teil, unten am Strand, sind die Säulen fast vertikal. Dieser Teil hatte also einen horizontalen Kontakt zum Nebengestein, als die Säulen entstanden – und ist ein Lagergang.

Wenn wir nun den unteren Teil genauer betrachten (Abb. 14.31), erkennen wir, dass die Säulen außergewöhnlich gut ausgebildet sind. So gut entwickelte Säulen sind in Lavaströmen sehr selten und sie sind normalerweise

Abb. 14.31 Nahansicht des Lagerganges aus Abb. 14.30. **a** Vertikale Basaltsäulen zeigen, dass die Abkühlungsflächen horizontal waren, wie es für eine Lagergangintrusion typisch ist. **b** Detail einiger Säulen aus (a). Alle Basaltsäulen entstehen durch die Ausbreitung von Abkühlungs- oder Säulenklüften, wenn das Magma nach der Platznahme als Lagergang abkühlt

nur in Intrusionen zu finden. Der Hauptgrund dafür ist, dass für die Entwicklung solch regelmäßiger und wohlgeformter Säulen die Zeit für das Erstarren („Gefrieren") des Magmas sowie die weitere Abkühlung des Gesteins auf die Temperatur des Nebengesteins lang sein muss – die Abkühlung muss langsam erfolgen. Wenn das Magma an der Oberfläche Platz nimmt, erfolgt die Abkühlung normalerweise schnell (das Magma kommt in Kontakt mit Luft oder Wasser oder beidem). Wenn das Magma hingegen in der Tiefe innerhalb älterer Gesteine Platz nimmt, führt die schlechte Wärmeleitfähigkeit von Gesteinen zur langsamen Abkühlung des Magmas, das heißt der Intrusion. Wenn man berücksichtigt, dass die Basaltsäulen in diesem Teil sehr gut ausgebildet sind, muss die Abkühlung langsam erfolgt sein. Es handelt sich also um eine Intrusion. Aus der vertikalen Ausrichtung der Säulen können wir ableiten, dass die Intrusion selbst horizontal war, also ein **Lagergang** war. Die Säulen in Reynisfjara sind bis zu 10 m hoch (◘ Abb. 14.32). Ähnliche Säulen sind in vielen Lagergängen in Island zu finden (◘ Abb. 4.9 und 14.17), allerdings selten so gut entwickelt und schön geformt wie hier.

Um eine bessere dreidimensionale Ansicht der Säulen zu erhalten, können wir in die Höhle **Hálsanefshellir** gehen, die gleich um die Ecke liegt (◘ Abb. 14.33). Im Höhlendach sehen wir, dass die Säulen in der Draufsicht eine Vielfalt an Formen bieten. Die meisten sind Fünf- oder Sechsecke. Wenn eine Intrusion hinsichtlich ihrer Zusammensetzung, Mächtigkeit („Dicke") und anderen Eigenschaften einheitlich ist sowie die Abkühlungsflächen gerade sind und gleichförmige Eigenschaften haben, sind **Sechsecke** am häufigsten. Normalerweise gibt es jedoch,

wie auch hier, gewisse Variationen bei den Eigenschaften der Intrusion und ihrer Mächtigkeit sowie der Nebengesteine, sodass Fünfecke und andere Geometrien ebenfalls häufig sein können.

Ein kurzer Spaziergang bis östlich von Hálsanefshellir erlaubt uns, einen Basalt-**Fördergang** der Lavaströme am Gipfel des Reynisfjall anzusehen (◘ Abb. 14.34). Der untere Teil des Ganges ist steil, leicht geneigt und meist 1–2 m breit. Der obere Teil hingegen ist fast vertikal und dünner. Diese Änderung der Geometrie von Gängen bei Annäherung an die Oberfläche ist sehr häufig und folgt daraus, dass die Kräfte und Spannungen in der Kruste bedingen, dass Gänge in ungefähr einem **rechten Winkel** auf die Erdoberfläche treffen. Das umgebende Gestein, das Nebengestein, ist überwiegend Hyaloklastit, Brekzie und Tuff.

Wir beenden diese Tour damit, uns die Felspfeiler **Reynisdrangar** anzuschauen. Diese basaltischen Felspfeiler mit einer maximalen Höhe von **66 m,** wurden bereits beim achten Halt beschrieben (◘ Abb. 14.27). Da wir ihnen jetzt viel näher sind und sie aus einem anderen Blickwinkel mustern können, sind sie eine nähere Betrachtung wert. Auf ◘ Abb. 14.35 sind alle drei aus größerer Entfernung abgebildet; nur der Dritte (von dem wir die beiden Gipfel sehen) ist etwas versteckt hinter dem uns Nächstgelegenen. Auf ◘ Abb. 14.36 wird der Dritte jedoch völlig verdeckt, sodass wir nur zwei erkennen. Reynisdrangar ist eine berühmte Sehenswürdigkeit Islands und angemessen für den letzten formal geologischen Halt dieser Tour.

Von hier aus fahren wir zur Straße 1 zurück und dann nach Westen zu unserem allerletzten Halt dieser Tour, Reykjavík.

Abb. 14.32 Blick nach Südosten auf einige der Basaltsäulen im Lagergang von **Abb. 14.30** und 14.31. Sie sind mit etwa 10 m sehr hoch

Abb. 14.33   Formen der Basaltsäulen im Querschnitt, wie sie in der Decke der Höhle von Hálsanefshelli zu sehen sind. Während die Säulen vielfältige Formen aufweisen, sind Fünf- und Sechsecke am häufigsten. **a** Überblick über die Decke der Höhle. **b** Nahaufnahme einiger Säulen

Lavaströme
Gang
Gang
Hyaloklastit
Kissenbrekzie

■ **Abb. 14.35**   Blick nach Südosten auf die drei Felspfeiler, die Reynisdrangar bilden. Alle drei Felspfeiler sind hier zu sehen, auch wenn der Dritte (dessen zwei Gipfel zu sehen sind) etwas von dem uns am nächsten gelegenen verdeckt wird. Die Felspfeiler erreichen eine maximale Höhe von 66 m

■ **Abb. 14.36**   Nahansicht mit Blick nach Südosten auf zwei der Felspfeiler, die Reynisdrangar bilden. Alle bestehen aus basaltischen Gesteinen

Serviceteil

© Springer-Verlag GmbH Deutschland 2018
Á. Gudmundsson, *Die faszinierende Geologie von Islands Südwesten*,
https://doi.org/10.1007/978-3-662-56025-9

Glossar

Aa-Lava *(Aa lava)* Einer der beiden wichtigsten morphologischen Typen von Lavaströmen (der andere ist **Pahoehoe-Lava**). Aa-Lava wird durch eine raue Oberfläche aus eckigen, unregelmäßigen Blöcken charakterisiert, sie fließt normalerweise langsamer und hat eine höhere Viskosität als Pahoehoe-Lava. **Blasen** in Aa-Lavaströmen sind eher länglich und unregelmäßig (eckig) als diejenigen in Pahoehoe-Lavaströmen wegen der höheren Viskosität der Aa-Lava.

Abgesetzt *(offset)* Abgesetzte **Brüche** oder Bruch**segmente** liegen nicht auf einer Linie, das heißt sind nicht **kollinear.**

Abkühlungskluft *(cooling joint)* Ein schmaler **Bruch,** gebildet während des Erstarrens und Schrumpfens (Kontraktion) eines **Magma-/Lava**körpers wie eines Lavastroms oder einer **Intrusion** (beispielsweise ein **Gang** oder ein **Lagergang**). Idealerweise bilden Abkühlungsklüfte ein durch hexagonale Säulen charakterisiertes Netzwerk. Daher werden sie auch als **Säulenklüfte** bezeichnet.

Abschiebung *(normal fault)* **Störung,** bei der die Bewegung des Gesteinsblocks oberhalb der Störungsfläche abwärts erfolgt. Sie charakterisieren Extensionsgebiete wie **Mittelozeanische Rücken** und divergente Plattengrenzen allgemein. Zwei Abschiebungen, die zu einem gemeinsamen Zentrum hin geneigt sind, bilden einen **Graben.** Der häufigste Störungstyp in Island.

Abschreckungsrand *(chilled margin)* Dunklerer, **feinkörniger** bis glasiger Rand, der bei der äußerst schnellen Abkühlung eines Magmas entsteht, wenn das heiße Magma (1100–1200 °C) in einem Gang mit dem umgebenden, vergleichsweise kühlen **Nebengestein** in Kontakt kommt und dadurch „abgeschreckt" wird.

Aktiver Vulkan *(active volcano)* Ein Vulkan, der innerhalb der letzten 10.000 Jahre mindestens einmal ausgebrochen ist

Asche *(ash)* Vulkanische Asche ist das feinste durch die Luft beförderte Material, das während eines **Vulkanausbruchs** gefördert wird. Asche besteht aus Partikeln, die 2 mm oder kleiner (im Durchmesser) sind und daher ähnlich gewöhnlicher Staubpartikel. Asche ist ein Teil der Klasse **pyroklastischer Gesteine** und besteht hauptsächlich aus Kristallbruchstücken und vulkanischem Glas. Vulkanische Asche wird gelegentlich auch allgemeiner als Synonym für pyroklastisches Material verwendet.

A-Störung *(A-fault)* Hier verwendeter Begriff für eine **Blattverschiebung** des Typs, der in der Geologie als **sinistral** oder links-lateral bezeichnet wird.

Aufpressung *(push-up)* **Blattverschiebungen** werden durch Hügelchen und Rücken charakterisiert, die als Aufpressungen bezeichnet werden.

Auftrieb *(buoyancy)* **Magma,** das (spezifisch) leichter (weniger dicht) ist als das umgebende Gestein (oder Magma), erfährt Auftrieb und neigt dazu, zur Oberfläche aufzusteigen. Saures oder **felsisches** (beispielsweise rhyolithisches) Magma erfährt im Allgemeinen eher Auftrieb als **basisches** oder mafisches **Magma** (beispielsweise **Basalt**).

Basalt *(basalt)* Dunkles (das heißt **mafisches**), **feinkörniges, magmatisches** Gestein. Es ist das häufigste Gestein der Erde; beispielsweise besteht die ozeanische Kruste aus Basalt. Basalt tritt vor allem in Form von **Lavaströmen** auf; jedoch auch als **Intrusionen** wie **Gänge** und **Lagergänge**. Die meisten **Pahoehoe-Lavaströme** sind aus Basalt sowie auch viele **Aa-Lavaströme**. Große Intrusionen basaltischen Magmas wie fossile oberflächennahe **Magmakammern** bestehen aus einem **grobkörnigen** Äquivalent des Basalts mit Namen **Gabbro.**

basaltisch *(basaltic)* Adjektiv zu **Basalt.**

Basaltvulkan *(basaltic edifice)* Ein großer **polygenetischer** (in vielen Eruptionen entstandener) Vulkan, der überwiegend oder vollständig aus **Basalt** aufgebaut ist. Ein Basaltvulkan wird auch als **Schildvulkan** bezeichnet, insbesondere die Hawaii aufbauenden Schilde. Beachten Sie, dass der Begriff Schildvulkan auch für (hauptsächlich **monogenetische** – in einer einzigen Eruption entstandene) Lavaschilde verwendet wird. In diesem Buch bedeuten die Begriffe „Schildvulkan" und „Basaltvulkan" dasselbe.

basisches Gestein *(basic rock)* Siliziumarmes **magmatisches** Gestein, welches häufig auch **mafisch** ist.

Bergsturz Großer **Felssturz.**

Blase *(vesicle)* Kleiner Hohlraum oder Loch in in einem **magmatischen** Gestein (Lavaströmen oder **Intrusionen** in geringer Tiefe), die durch die Ausdehnung von Gasen während des Erstarrens oder „Gefrierens" des gesteinsbildenden Magmas entsteht. Das magmatische Gas entweicht später. Die meisten Blasen haben Durchmesser von wenigen Zentimetern oder Millimetern.

Blattverschiebung *(strike-slip fault)* **Störung,** bei der sich die Störungswände horizontal entlang der Störungsfläche bewegen beziehungsweise versetzt sind. Es gibt zwei Typen. Stellen Sie sich vor, sie stehen auf einem der Blattverschiebungsblöcke. Wenn sich der entgegengesetzte Block nach links bewegt hat, spricht man von einer **sinistralen** Blattverschiebung (hier auch **A-Störung**). Wenn sich dieser Block jedoch nach rechts bewegt hat, heißt die Blattverschiebung **dextral** (hier auch **C-Störung**).

Brekzie *(breccia)* Gestein, das aus eckigen und unregelmäßig geformten Fragmenten – zerbrochenen Gesteinen – in einer Masse („Matrix") aus feineren oder kleineren Partikeln besteht. Hier geht es meist um vulkanische Brekzie, aber es gibt auch andere Typen wie Störungsbrekzien, die in allen großen **Störungen** vorkommt (gebildet durch Reibung zwischen den Störungswänden).

Bruch *(fracture)* Ein Bruch ist eine Bruchstelle im Gestein, eine Diskontinuität in einem Gesteinskörper. Der Bruch teilt den Gesteinskörper in zwei oder mehr Teile. Kleine Brüche werden im Deutschen auch als Risse bezeichnet, große als Spalten.

Caldera *(caldera)* Die meisten Calderen entstehen durch Einsturz oder Absinken eines Teils eines Vulkans als Kolben in die zugehörige oberflächennahe **Magmakammer.** Sie werden daher auch als **Einsturzcalderen** bezeichnet. Der Einsturz tritt entlang einer Störung auf, die meist nahezu kreisrund oder etwa elliptisch in der Draufsicht ist – wie die Caldera selbst – und als **Ringstörung** bezeichnet wird. Viele Calderen entstehen im Zusammenhang mit **Vulkanausbrüchen** oder werden dabei reaktiviert, manche hingegen nicht.

C-Störung *(C-fault)* Hier verwendeter Begriff für eine **Blattverschiebung** des Typs, der in der Geologie als **dextral** oder rechts-lateral bezeichnet wird

Deformationsband *(deformation band)* Schmaler Bereich, ein „Band", innerhalb dessen das Gestein bereits deformiert wurde, sich aber noch keine **Störung** entwickelt hat. Normalerweise wird das Deformationsband durch zerbrochene Körner charakterisiert, die das Band kompakter und weniger permeabel („durchlässig") machen als das Umgebungsgestein. Deformationsbänder treten hauptsächlich in **Sedimentgesteinen** auf.

dextral *(dextral)* Auch: rechts-lateral. **Blattverschiebung,** bei der sich der entgegengesetzte Block nach rechts bewegt hat. Hier auch als **C-Störung** bezeichnet.

Druckspannung *(compressive stress)* Auch: Kompressionsspannung. Spannung, die durch eine Druckkraft (Kompressionskraft) hervorgerufen wird, das heißt durch eine Kraft, die „versucht", das Gestein zusammenzudrücken und im Allgemeinen dessen Volumen verringert.

Duktile Deformation *(ductile deformation)* Wenn ein Gestein (oder andere Festkörper) auf Kraft oder Spannung durch Fließen statt Zerbrechen reagiert, wird die Deformation als duktil bezeichnet. Duktil bedeutet, dass das Material dazu neigt, zu fließen, gebogen und gefaltet zu werden, wenn es Spannung oder Kraft ausgesetzt ist.

Einfallen *(dip)* Auch: Fallen. Geologischer Fachbegriff für die Neigung von Schichten, Brüchen und anderer Strukturen. Das Einfallen bezeichnet immer den Winkel zwischen einer horizontalen Fläche und der geneigten Schicht- oder Bruchfläche. In diesem Buch verwende ich meist das allgemeinere Wort Neigung *(inclination).*

Einsturzcaldera *(collapse caldera)* Die meisten **Calderen** entstehen durch Einsturz eines Teils eines Vulkans als Kolben in die zugehörige oberflächennahe Magmakammer. Sie werden daher auch als Einsturzcalderen bezeichnet.

Einsturzkrater *(pit crater)* Häufige Struktur an **Vulkanspalten.** Wenn der Überdruck am Ende einer **Eruption** abrupt abnimmt, können einer oder mehrere **Kraterkegel** einstürzen.

Eisdecke *(ice sheet).* Auch: Inlandeis. Dicker Eiskörper, Gletscher, der das Land (normalerweise für einen langen Zeitraum) bedeckt und dessen Fläche mehr als 50.000 km^2 beträgt. Heute gibt es nur in Grönland und der Antarktis Eisdecken. Eine örtlich begrenzte Eisdecke mit einer Fläche von weniger als 50.000 km^2 wird als **Eiskappe** bezeichnet.

Eiskappe *(ice cap)* Örtlich begrenzte **Eisdecke** mit einer Fläche von weniger als 50.000 km$^{2.}$

Eiszeit *(Ice Age)* Alltagsbegriff für das jüngste Eiszeitalter, Pleistozän, das von vor 2,6 Mio. bis vor 11.000 oder 12.000 Jahren andauerte. Es gab kurze Warmzeiten (Interglaziale, eisfreie Perioden) und viel längere Kaltzeiten (Glaziale, Vereisungsperioden) während der Eiszeit. Der Begriff wird auch allgemein für geologische Zeiträume verwendet, in denen die Pole und große Teile der Kontinente mit Eis bedeckt sind.

endlastig *(heavy-tailed)* Wahrscheinlichkeitsverteilung, bei der die große Mehrheit der Objekte oder Merkmale vergleichsweise klein und wenige sehr groß sind, mit einer stetigen Größenänderung zwischen sehr klein und sehr groß

Erdbeben *(earthquake)* Wie der Name vermuten lässt, äußert sich ein Erdbeben als Vibrationen in der Erde. Die Vibrationen kommen vom Durchgehen seismischer Wellen, die Energie transportieren. Erdbeben bezeichnen also Ereignisse, die solche Vibrationen, das heißt seismische Wellen, hervorrufen. Für die meisten Wissenschaftler bezieht sich „Erdbeben" jedoch auf das Aufbrechen oder Gleiten des dazugehörigen Erdbebenbruchs, der **Störung,** nicht auf die resultierende Bobenbewegung.

Erdbebenbruch *(earthquake fracture)* Die meisten Erdbeben werden von Brüchen erzeugt: **Störungen.**

Erdbebenmagnitude *(earthquake magnitude)* Es gibt zwei wesentliche Skalen für Erdbebenmagnituden. Die eine bezieht sich auf die Oberflächenauswirkungen des **Erdbebens,** insbesondere auf menschliche Bauten. Sie reicht von 1 bis 12 und heißt Mercalli-Intensitätsskala. Diese verwende ich in diesem Buch nicht. Die andere Skala bezieht sich auf die frei werdende oder bei dem Erdbeben umgewandelte Energie. Die derzeit am meisten verwendete Skala ist die Moment-Magnitudenskala, die auf der Größe der mit dem Erdbeben verbundenen aufgerissenen Fläche und der Störungsbewegung basiert. Magnitude wird gewöhnlich mit dem Symbol M gefolgt von einer Zahl abgekürzt. Erdbeben mit M2,5 oder weniger sind normalerweise nicht von Menschen spürbar. Erdbeben kleiner als M5,5 verursachen gewöhnlich wenig Schaden und brechen die Erdoberfläche nicht auf (die **Störung** bewegt sich nur im Untergrund). Erdbeben mit M6 und größer können großen Schaden anrichten und diejenigen mit M8 und größer können zur vollständigen Zerstörung eines großen Gebiets um die Störung führen. Basierend auf ihren Magnituden werden Erdbeben folgendermaßen bezeichnet: M3 bis M3,9 sehr leicht (oder schwach), M4 bis M4,9 leicht, M5 bis M5,9 mittelstark, M6 bis M6,9 stark, M7 bis 7,9 groß (oder schwer), M8 und darüber sehr groß (sehr schwer).

Erdbebenstörung *(earthquake fault)* Störung, auf der ein Erdbeben erfolgte.

Erdkruste *(Earth's crust)* Äußerster Teil der **Lithosphäre,** chemisch vom Erdmantel unterschieden.

Eruption *(eruption)* Meist ein anderer Begriff für einen Vulkanausbruch. Kann jedoch auch für den Ausbruch eines Geysirs verwendet werden.

eruptiver Bruch *(eruptive fracture)* Bezeichnet dasselbe wie der Begriff **Vulkanspalte.**

Explosionskrater *(explosion crater)* Senke, die durch die Explosion entsteht, wenn heißes Magma in Kontakt mit **Grundwasser** gerät. Wenn sie in der Folge zum Teil mit Grundwasser gefüllt wird, wird die Senke als **Maar** bezeichnet

Falte *(fold)* Gebogene Gesteinsschichten, Ergebnis **duktiler Deformatio.**

feinkörnig *(fine grained)* Gestein, in dem die gesteinsbildenden Kristalle mit bloßem Auge nur schwer oder nicht mehr erkennbar sind.

felsisches Gestein *(felsic)* Siliziumreiches **magmatisches** Gestein mit einem geringen Anteil dunkler Minerale.

Felssturz *(rockslide)* Rutschung, bei der eine Gesteinsmasse über eine geneigte Fläche gleitet, die eine Schwachstelle darstellt, wie zum Beispiel Boden, eine **Tuff-** oder **Hyaloklastit**-Schicht zwischen geneigten Lavaströmen. Ein großer Felssturz wird im Deutschen auch als **Bergsturz** bezeichnet.

Finger *(finger)* Vertikale Ausbreitungsfront eines **abgesetzten Segmentes** eines **Ganges.**

Fließeinheit *(flow unit)* Eine Schicht, die einen Teil eines **Pahoehoe-Lavastroms** bildet.

Fördergang *(feeder-dike)* Ein **Gang,** der die Oberfläche erreicht und **Magma** zu einer **Eruption** liefert.

Fossile Magmakammer *(fossil magma chamber)* Eine erstarrte („gefrorene") **Magmakammer,** die also nicht mehr aktiv ist. Fossile Magmakammern sind normalerweise als **Plutone** zu sehen.

Gabbro *(gabbro)* Dunkles oder graues, **grobkörniges, magmatisches** Gestein, das **intrusive** oder **plutonische** Äquivalent von **Basalt.** Viele fossile oberflächennahe *Magmakammern* bestehen teilweise oder vollständig aus Gabbro. Eine etwas **feinkörnigere** Variante des Gabbros ist **Mikrogabbro.**

Gang *(dike,* britisch auch *dyke)* Tafelförmiger Körper aus **magmatischem** Gestein, normalerweise nahezu vertikal oder sehr steil. Ein Gang ist eine **Intrusion;** genauer gesagt wird er durch einen durch Magma entstandenen **Bruch** gebildet. Gänge durchschlagen (durchschneiden) normalerweise die Schichten des umgebenden **Nebengesteins** wie **Lavaströme** und **pyroklastische** Schichten und sind daher „diskordant". Ursprünglich bezeichnete das Wort Gang das im Bruch erstarrte Gestein. wird aber inzwischen auch für den propagierenden Bruch selbst verwendet, wenn es um die Ausbreitung oder Platznahme von Gängen geht.

Gangschwarm *(dike swarm)* Länglicher Bereich, in dem **Gänge** viel häufiger sind als in den umgebenden Bereichen der **Erdkruste.** Ein typischer Gangschwarm beinhaltet viele Hundert bis mehrere Tausend Gänge und ist in einem **Vulkansystem** eine Erscheinungsform nahe der Oberfläche.

Gauß-Verteilung *(Gaussian distribution)* Anderer Name für die bekannte und häufige **Normalverteilung** (auch „gaußsche Glockenkurve") von Wahrscheinlichkeitsverteilungen.

Geothermisch *(geothermal)* Mit der Hitze im Erdinneren zusammenhängend. Auf Geothermalfelder (geothermische Felder), geothermische Reservoire und Energie bezogen wird mit dem Begriff die Wärme bezeichnet, die (als Wasser oder Dampf) dem heißen Wasser, welches im obersten Teil der **Erdkruste** zirkuliert, entzogen werden kann.

Geysir *(geyser)* Heiße Quelle, die wiederholt kochendes Wasser und Dampf ausstößt (eruptiert).

Gletscher *(glacier)* Eiskörper, gebildet durch rekristallisierten und kompaktierten Schnee, der auf **duktile** beziehungsweise plastische Weise fließt.

Gletscherflut *(outburst flood)* Überschwemmung, die durch Aufschmelzen von Gletschereis durch vulkanische oder **geothermische** Aktivität hervorgerufen wird. Alle großen Gletscherfluten sind das Resultat subglazialer Eruptionen.

Gletscherlauf Isländisch *jökulhlaup*, anderes Wort für **Gletscherflut.**

Graben *(graben)* Abgesunkenes längliches Krustensegment oder Felskörper, der von zwei parallelen **Abschiebungen** begrenzt wird.

Grabenrandstörung Anderes Wort für die **Randstörung** eines **Grabens.**

Granit *(granite)* Helles grobkörniges **magmatisches** Gestein, das **intrusive** oder **plutonische** Äquivalent von **Rhyolith.**

Grauer Basalt *(Grey basalt)* Lokalbezeichnung für gewisse (überwiegend) **Pahoehoe-Lavaströme** in Island, zum Teil wegen ihrer grauen Verwitterungsfarbe. Die Grauen Basalte entstanden fast alle bei **Eruptionen** während eisfreier (interglazialer) Perioden der Eiszeit.

grobkörnig *(coarse-grained)* Gestein, in dem die gesteinsbildenden Kristalle mit bloßem Auge leicht erkennbar sind.

Grundwasser *(groundwater)* Frischwasser, das Hohlräume und Brüche (Porenraum) unterhalb der Erdoberfläche füllt. Die Tiefe bis zur Oberfläche der Grundwasserzone, genannt **Wasserspiegel,** variiert beträchtlich. Sie ist in tiefen Tälern mit viel Niederschlag (Schnee und/oder Regen) am geringsten. Die Landoberfläche kann hier sogar unterhalb des Wasserspiegels liegen, wodurch ein Teil des Tales zu einem See wird. In Bergen und Wüsten liegt der Wasserspiegel tiefer.

Hochtemperaturgebiet *(high-temperature field)* Ein Geothermalfeld mit einer Temperatur von mehr als 200 °C in 1000 m Tiefe

Hotspot *(hot spot)* Deutsch seltener: „heißer Fleck". Oberflächenerscheinung eines Manteldiapirs. Der Wärmestrom ist erhöht

Hyaloklastit *(hyaloclastite)* Gesteinsschicht oder -einheit, entstanden als ein Aggregat von Glasfragmenten. Die Fragmentierung tritt auf, wenn **Lava/Magma** in Kontakt mit Wasser kommt (wie bei submarinen und subglazialen Eruptionen), sofort abkühlt und zerspringt. Auch als *Móberg* oder Palagonit bezeichnet.

Intrusion *(intrusion)* **Magma**körper, der in bereits vorhandenes Gestein eindringt („intrudiert"). Dies bezeichnet sowohl den ursprünglichen Magmakörper als auch das später erstarrte Gestein. Das vorhandene Gestein wird als umgebendes Gestein oder **Nebengestein** bezeichnet.

intrusiv *(intrusive)* Adjektiv zu **Intrusion.**

Jökulhlaup Isländisches Wort für **Gletscherlauf,** welches auch in der internationalen Fachsprache dafür verwendet wird.

Kegelgang *(cone sheet,* auch *inclined sheet)* Einer von drei Hauptarten tafelförmiger **Intrusionen** (durch **Magma**druck gebildete Brüche) in Vulkanen. Ein Kegelgang ist weder vertikal (wie ein **Gang**) noch horizontal (wie ein **Lagergang**), sondern geneigt, meist 30–60° gegen die Horizontale.

Kissenlava *(pillow lava)* Haufen oder Stapel kissenartiger Strukturen; typische Morphologie von **Basaltlava,** die unter Wasser eruptiert.

Kollinear *(collinear)* Hier für Brüche verwendet, deren Segmente sich alle auf einer einzelnen geraden Linie aufreihen.

Komplexes Netz(-werk) *(complex network)* Ein Netzwerk, auch einfacher als Netz bezeichnet, ist eine große Sammlung verbundener Punkte. Diese Punkte, auch als Knoten bezeichnet, werden durch Kanten verbunden. Teilweise wegen der großen Zahl von Kanten und Knoten ist das Verhalten des Netzwerks komplex; es kann nicht aus dem Verhalten einzelner Knoten oder Kanten vorhergesagt werden. Häufige Netzwerkfunktionen umfassen den Transport von MaterieEnergie, Kraft/Spannung und Informationen. Beispielsweise transportieren Computernetze Informationen, Stromversorgungsnetze elektrischen Strom, Bahn- und Straßennetze Fahrzeuge (sowie Menschen und Güter) und Bruchnetzwerke Fluide.

Kontinentaldrift *(continental drift)* Eine alte Version der modernen Theorie der **Plattentektonik.**

Krater *(crater)* Senke in der Mitte eines **Kraterkegels.**

Kraterkegel *(crater cone)* Allgemeiner Begriff für Schlacken- und Lavafetzenkegel, die gewöhnliche **monogenetische** Vulkane aufbauen sowie auch **Vulkanspalten** oder Kraterreihen charakterisieren. Der Kegel ist ein steiler Hügel, normalerweise rund oder etwa elliptisch in der Aufsicht, der sich um eine Lavafontäne bildete. In den meisten Kegeln gibt es in der Mitte eine Senke, den „**Krater**", woher der Name kommt.

Krustendehnung *(crustal dilation)* Begriff, der verwendet wird, um die Ausdehnung der **Erdkruste** durch **Spreizung** anzugeben. Er wird normalerweise als Verhältnis der neuen Länge zur ursprünglichen Länge eines Profils oder als Prozentänderung angegeben. Beispielsweise variiert die Krustendehnung durch die kumulative **Mächtigkeit** der Gänge und dem **Versatz** an Abschiebungen in Profilen des Hvalfjördur-Gebiets (▶Kap. 11) von etwa 1 % bis etwa 6 %.

Kubisches Gesetz *(cubic law)* Dieses Gesetz besagt, dass das durch einen **Bruch** transportierte Volumen an Fluid, wie Magma in einer Vulkanspalte/einem **Fördergang,** von der dritten Potenz der Öffnungsweite des Bruchs abhängt. Daher transportiert ein Fördergang oder ein Segment eines Fördergangs, dessen Öffnungsweite 4-mal so groß ist wie die eines anderen Ganges/ Gangsegments $4 \times 4 \times 4 = 4^3 = 64$-mal so viel Magma zur Oberfläche (wenn alle anderen Faktoren gleich sind).

Lagergang *(sill)* Deckenartige oder tafelförmige („tabulare") Intrusion, die normalerweise an Kontakten zwischen horizontalen oder sanft einfallender (geneigter) Schichten Platz nimmt. Die meisten Lagergänge sind daher nahezu horizontal.

Lava *(lava)* Bezeichnung für Magma, wenn es die Erdoberfläche erreicht und darauf als viskose Flüssigkeit fließt und schließlich einen Lavastrom bildet

Lavafetzen *(spatter)* Klumpen oder „Tröpfchen" aus der Gischt von Lavafontänen, die noch heiß und plastisch sind, wenn sie den Boden erreichen. Die Klumpen vereinen sich gewöhnlich zu größeren, abgeflachten, „pfannkuchenartigen" Massen, die schließlich noch eine Weile fließfähig sind.

Lavafontäne *(lava fountain)* Wenn Magma die Erdoberfläche erreicht, kann es durch sich schnell ausdehnendes und entweichendes Gas als Lava in die Luft gesprüht werden und eine Fontäne über dem Schlot bilden. Lavafontänen werden gewöhnlich bis zu Zehnermeter hoch, gelegentlich sogar mehrere Hundert Meter. Wenn sie zur Erdoberfläche zurückfallen, werden die Lavatropfen entweder zu **Lavafetzen** oder **Schlacke.**

Lavahöhle *(lava cave)* Anderes Wort für **Lavatunnel.**

Lavarinne *(lava channel)* Für **Aa-Lavaströme** charakteristische Struktur. Sie entsteht, wenn sich bei einem **Lavastrom** natürliche Uferdämme entstehen, die mit der Zeit „Wände" aufbauen. Wenn kein **Magma** mehr aus dem **Krater** kommt, fließt die verbliebene **Lava** zum Großteil weiter hangabwärts und hinterlässt eine im Wesentlichen leere Rinne.

Lavaröhre *(lava tube)* Anderes Wort für **Lavatunnel.**

Lavaschild *(lava shield)* Schildförmiger **Basaltvulkan.** Ein Lavaschild hat eine ähnliche Form wie ein **Schildvulkan,** ist jedoch viel kleiner und normalerweise **monogenetisch** (und hat keine oberflächennahe **Magmakammer**). Im Gegensatz dazu ist ein Schildvulkan **polygenetisch** und weist eine oberflächennahe Magmakammer auf.

Lavasee *(lava lake)* Flüssige **Lava,** die einen Teil eines Kraters, eine **Caldera** oder eine andere Senke in einem Vulkan füllt. Ein kleiner Lavasee wird meist als **Lavateich** bezeichnet

Lavateich *(lava pond)* Kleiner **Lavasee.**

Lavatunnel *(lavatunnel)* Eine Art Tunnel, der **Lava** transportiert, sobald deren Oberfläche zu einem Tunneldach erstarrt ist. Sehr häufig in **Pahoehoe-Lavaströmen,** selten und kurz in **Aa-Lavaströmen.** Auch als **Lavahöhle** oder **Lavaröhre** bezeichnet.

Leithorizont *(marker layer)* Leicht wiederzuerkennende Gesteinsschicht, die verwendet werden kann, um den **Versatz** an **Störungen** zu bestimmen.

links-lateral *(left-lateral)* Anderes Wort für **sinistral.**

Lithosphäre *(lithosphere)* Äußere, überwiegend feste Gesteinshülle der Erde. Besteht aus der **Erdkruste** und dem äußeren, festen Bereich des Erdmantels.

Lithosphärenplatte *(lithospheric plate)* Andere Bezeichnung für eine **tektonische Platte.**

Maar *(maar)* Explosionskrater. Viele Maare sind teilweise oder vollständig mit **Grundwasser** gefüllt.

Mächtigkeit *(thickness)* Geologischer Fachbegriff für die „Dicke" einer Schicht oder anderen Gesteins.

Mafisch *(mafic)* Hauptsächlich für **magmatische** Gesteine verwendet, die reich an dunklen Mineralen (Olivin, Pyroxen, usw.) und daher dunkel gefärbt sind. Mafische Gesteine sind meist auch **basisch**, die Begriffe entsprechen einander jedoch nicht exakt.

mafisches Gestein *(mafic rock)* **Magmatisches** Gestein mit einem hohen Anteil dunkler Minerale, meist auch **basisch**

Magma *(magma)* Geschmolzenes Gestein, das normalerweise zusätzlich zur Schmelze selbst auch Kristalle und, insbesondere nahe der Erdoberfläche, Gasblasen enthält. Sobald das Magma die Oberfläche erreicht und fließt, wird die Bezeichnung **Lava** verwendet.

Magmakammer *(magma chamber)* Region in der Erdkruste, im Grunde ein „Hohlraum", der Magma enthält, was teilweise schließlich eruptiert. Wenn nicht näher angegeben, bezeichnet der Begriff eine oberflächennahe Magmakammer, deren Dach normalerweise nicht tiefer als 5 km unter der Erdoberfläche liegt. Tiefere Magmaspeicher werden gewöhnlich als **Magmareservoire** bezeichnet.

Magmareservoir *(magma reservoir)* Tief liegender Magmaspeicher, im Allgemeinen viel tiefer als **Magmakammern.**

Magmatisch *(igneous)* Gestein (oder Mineral), das durch Erstarren („Gefrieren") von **Magma** entsteht.

Magnitude *(magnitude)* Häufig kürzer für **Erdbebenmagnitude** verwendet.

Mandel *(amygdale)* Mineralfüllung einer **Blase.** Mandeln entstehen, wenn Thermalwasser durch das Gestein fließt und Minerale während der Abkühlung des Wassers in der Blase ausgefällt werden. Mandeln haben im Allgemeinen Formen ähnlich denen wie die Blasen, aus denen sie entstehen.

Mandelfüllung Anderes Wort für **Mandel.**

Manteldiapir *(mantle plume)* Großer zylinderförmiger Aufstieg heißen Festgesteins und Schmelze im Erdmantel. An der Oberfläche eines Manteldiapirs befindet sich ein **Hotspot.** Island ist ein klassisches Beispiel eines Manteldiapirs, dessen Tiefe mindestens 400 km beträgt, vielleicht sogar 2900 km. Im letzteren Fall würde der Diapir bis zum äußeren Erdkern reichen.

Mechanische Eigenschaften *(mechanical properties)* Für Festgesteine sind hiermit vor allem die elastischen Konstanten gemeint. Die Wichtigste ist der Elastizitätsmodul (auch E-Modul; *Young's modulus*). Der E-Modul ist ein Maß für die „Federung" oder Steifigkeit eines Gesteins (je höher der E-Modul, desto steifer ist das Gestein). Er wird auch als Steifigkeit *(stiffness)* bezeichnet.

Megapascal *(mega-pascal)* Eine Million **Pascal.** Da **Pascal** eine sehr kleine Einheit darstellt, wird in der Geologie für Spannungen in der Lithosphäre meist das Megapascal verwendet.

Mikrogabbro *(microgabbro)* Etwas **feinkörnigere** Variante des **Gabbros**

Mineralgang *(mineral vein)* Normalerweise wenige Millimeter oder Zentimeter breiter **Bruch,** der mit **Sekundärmineralen** gefüllt ist, die aus zirkulierendem Thermalwasser ausgefällt wurden.

Mittelozeanischer Rücken *(mid-ocean ridge)* Schwelle, die sich über den umgebenden Ozeanboden erhebt. Hier entsteht neue ozeanische Kruste durch **Intrusionen** und vulkanische Aktivität. Mittelozeanische Rücken sind divergente Plattengrenzen, an denen sich die **tektonischen Platten durch Spreizung** voneinander wegbewegen.

Moberg (isl. *móberg*) Isländischer (und inzwischen auch gewissermaßen internationaler) Begriff für **Hyaloklastit.**

monogenetisch *(monogenetic)* Vulkan, der durch eine einzelne **Eruption** entsteht.

Nebengestein *(host rock)* Vorhandenes Gestein, in welches eine **Intrusion** eindringt. Auch für Gestein verwendet, in dem eine **Störung** entsteht oder ein **Mineralgang** gebildet wird.

Niederschlag *(precipitation)* Gesamtmenge an Regen, Schnee und Hagel, die auf einen bestimmten Teil der Erdoberfläche fällt. Normalerweise in Millimeter pro Jahr angegeben. Der jährliche Niederschlag in Island reicht meist von etwa 400 bis 4000 mm, mit den höchsten Werten auf den **Eiskappen.**

Niedrigtemperaturgebiet *(low-temperature field)* In Island ein Geothermalfeld mit einer Temperatur von weniger als 150 °C in 1000 m Tiefe.

Normalverteilung *(normal distribution)* Häufige kontinuierliche („stetige") Wahrscheinlichkeitsverteilung mit Glockenform. Dies bedeutet, dass die meisten Werte in der Mitte der Verteilung auftreten und in Richtung beider Extreme seltener werden. Der Mittelwert (Durchschnitt), der Median (der mittlere Wert in einer Folge von Werten) und der Modus (der am häufigsten auftretende Wert) sind alle gleich.

Öffnungsweite *(opening* oder *aperture)* Die Öffnungsweite eines **Bruchs** ist der Abstand zwischen den Bruchwänden oder, genauer gesagt, der kürzeste Abstand zwischen zueinanderpassenden Kerben und Ausbuchtungen der Bruchwände.

Pahoehoe-Lava *(pahoehoe lava)* Einer der beiden wichtigsten morphologischen Typen von Lavaströmen (der andere ist **Aa-Lava**). Charakterisiert durch glatte, strickartige Oberfläche und **Fließeinheiten**. Pahoehoe-Laven fließen normalerweise schneller, häufig in Tunneln und weise eine niedrigere Viskosität auf als Aa-Laven. **Blasen** in Pahoehoe-Lavaströmen sind eher kreisförmig oder leicht elliptisch im Querschnitt und regelmäßiger geformt als diejenigen in Aa-Lavaströmen.

Pascal *(pascal)* Einheit für Druck und (mechanische) Spannung, gegeben als Newton pro Quadratmeter. Ein Pascal ist sehr klein, sodass in der Geologie meist das **Megapascal** verwendet wird.

Permeabilität *(permeability)* Fähigkeit des Gesteins, Fluide (Flüssigkeiten und Gase) durchzuleiten. Anders ausgedrückt, wie leicht Fluide durch Gesteine transportiert werden.

Pfropfen *(plug)* Anderer Begriff für einen **Schlotgang**

Plattentektonik *(plate tectonics)* Moderne Version der Theorie der **Kontinentaldrift**, etabliert in den 1960-er Jahren. Die äußerste (überwiegend feste) Schicht oder Hülle der Erde, die **Lithosphäre**, ist nach dieser Vorstellung in 7 große und ungefähr 12 kleinere, sich bewegende Platten zerteilt. Die meisten **Erdbeben, Intrusionen** und **Vulkanausbrüche** der Erde ereignen sich an den Grenzen zwischen den Platten. An den Plattengrenzen können die Platten konvergieren (zusammenstoßen), divergieren (auseinanderziehen) und seitlich aneinander vorbei gleiten. Die Eurasische und die Nordamerikanische Platte divergieren quer zum größten Teil der **Vulkanzonen** Islands.

Pluton *(pluton)* Große **Intrusion**, das heißt ein Körper **magmatischen** Gesteins meist aus **Gabbro** oder **Granit** unter der Erdoberfläche oder durch Erosion freigelegt. Viele Plutone sind **fossile Magmakammern.**

plutonisch *(plutonic)* Adjektiv zu **Pluton.**

polygenetisch *(polygenetic)* Vulkan, der durch viele **Eruptionen** entsteht.

Potenzgesetz *(power law)* Sehr häufige **endlastige** Wahrscheinlichkeitsverteilung. Die Verteilung wird durch eine sehr große Häufigkeit kleiner Objekte, Strukturen oder Prozesse charakterisiert (zum Beispiel Volumen von Lavaströmen) sowie eine sehr geringe Häufigkeit großer Objekte, Strukturen oder Prozesse desselben Typs. Klein und groß sind dabei immer relativ und beziehen sich auf die jeweils zu untersuchende Verteilung. Potenzgesetze sind „maßstabsunabhängig", was bedeutet, dass es keine Größe von Objekten oder Ereignissen gibt, die typisch für die Verteilung ist.

Pseudokrater *(pseudocrater)* Hügelchen, die bei einer hydromagmatischen Explosion in Lavaströmen entstehen, die auf Wasser treffen – einen flachen See oder ein Moor. Das Material besteht vollständig aus dem Lavastrom, in dem sie auftreten. Genauer ausgedrückt beträgt die Temperatur der **Lava** am Kontakt mit dem kalten Wasser etwa 1100–1200 °C. Das Wasser wird augenblicklich in sich schnell ausdehnenden Dampf umgewandelt, was zu hydromagmatischen Explosionen führt. Die dabei entstehenden Hügelchen werden Pseudokrater oder **wurzellose Krater** genannt.

Pyroklastika *(pyroclastics)* Anderes Wort für **pyroklastische Gesteine.**

Pyroklastisches Gestein *(pyroclastic rock)* Gestein aus Fragmenten, die durch explosive vulkanische Aktivität entstehen. Genauer gesagt: Gestein, das aus konsolidierten vulkanischen Fragmenten besteht. Abhängig von der Größe der Fragmente werden pyroklastische Gesteine (in der Reihenfolge abnehmender Fragmentgröße) als Bomben, Lapilli oder Asche bezeichnet.

Randstörung *(boundary fault)* Die äußersten und normalerweise (aber nicht immer) die größten **Störungen** eines **Grabens** werden als Randstörungen bezeichnet.

rechts-lateral *(right-lateral)* Anderes Wort für **dextral.**

Regionaler Gang *(regional dike)* Vergleichsweise breiter und langer **Gang**, meist aus einem tief liegenden **Magmareservoir** injiziert statt aus einer oberflächennahen **Magmakammer**. Regionale Gänge bilden in Island **Gangschwärme**, die viele Kilometer lang sein können. In anderen Ländern hingegen erreichen solche Schwärme die Länge von Hunderten von Kilometern und gelegentlich sogar wenigen Tausend Kilometern. Im Gegensatz dazu bestehen lokale Schwärme nahe oberflächennaher Magmakammern überwiegend aus **Kegelgängen** und dünnen, recht kurzen radialen Gängen. Die Zusammensetzung regionaler Gänge ist „primitiver" beziehungsweise **basischer (mafischer)** als die lokaler radialer Gänge und Kegelgänge. Regionale Gänge haben beispielsweise Magma zu allen **Lavaschilden** Islands geliefert.

Rhyolith *(rhyolite)* **Felsisches, feinkörniges, magmatisches** Gestein.

Riftereignis *(rifting event)* Plötzliche Extension (Dehnung) quer zu einem Teil der divergenten Plattengrenze, zum Beispiel Teilen der **Vulkanzonen** Islands. Solch ein Ereignis geschieht, wenn die **Zugspannung** wegen der divergenten Plattenbewegungen die **Zugfestigkeit** des Gesteins erreicht. Während eines Riftereignisses werden normalerweise **Zugbrüche** und **Abschiebungen** an der Oberfläche gebildet oder entwickeln sich weiter. Im Untergrund werden **Gänge** injiziert. Die meisten Ganginjektionen führen jedoch nicht zu **Vulkanausbrüchen,** weil die meisten Gänge aufgehalten werden (ihren Weg zur Oberfläche beenden).

Ringstörung *(ring fault)* Störung, entlang der die Subsidenz bei der Entstehung einer **Einsturzcaldera** erfolgt. In der Draufsicht sind Ringstörungen nahezu kreisrund oder in etwa elliptisch.

Rutschung *(landslide)* Bewegung hangabwärts, der Schwerkraft nach, von Gesteins- und Erdmassen. Die Bewegung erfolgt normalerweise recht schnell. Der Begriff ist allgemein und umfasst verschiedene spezifische Massenbewegungsprozesse wie beispielsweise Schuttströme und **Fels- oder Bergstürze.**

Säulenkluft *(columnar joint)* Dasselbe wie eine **Abkühlungskluft,** siehe dort.

Scherbewegung *(shear movement)* Bewegung an einer **Störung,** die zum **Versatz** führt.

Schichtvulkan *(stratovolcano, composite volcano)* Auch: Stratovulkan. Dies ist der häufigste Typ **polygenetischer** Vulkane. Einige der bekanntesten Vulkane der Welt sind Schichtvulkane (wie Mayon auf den Philippinen, Merapi in Indonesien, Fuji in Japan, St. Helens in den USA, Teide auf den Kanarischen Inseln und Hekla in Island). Schichtvulkane bestehen aus Schichten aus **Lava, Pyroklastika, Sedimenten** und **Intrusionen** wie **Gängen** und **Lagergängen.** Die Schichten unterscheiden sich in ihrer Zusammensetzung und den **mechanischen Eigenschaften** viel mehr voneinander als diejenigen, die **Basaltvulkane** aufbauen.

Schildvulkan *(shield volcano)* Basaltvulkan, Zentralvulkan, also mit einer oberflächennahen Magmakammer. Die größten Vulkane der Erde (und im Sonnensystem) sind Schildvulkane.

Schlacke *(scoria)* Zerbrochene, steife (oft schaumige) **Lava**fragmente, die meist Millimeter bis Zentimeter groß sind (im Durchmesser). Schlacke entstammt der Gischt von **Lavafontänen.**

Schlotgang *(neck)* Ein vulkanischer Schlotgang ist ein erstarrter Teil eines alten zylinderförmigen Schlots, normalerweise nahe bei der oder in der Mitte eines Vulkans. Auch als **Pfropfen** bezeichnet.

Sediment *(sediment)* Durch Ablagerung entstandenes Lockergestein. Beispiele: Sand oder Ton.

Sedimentgestein *(sedimentary rock)* Verfestigte **Sedimente,** heute Festgesteine. Beispiele: Sandstein oder Tonstein.

Segment *(segment)* Teil eines **Ganges,** einer **Störung** oder eines **Zugbruches.**

Seismogene Schicht *(seismogenic layer)* Der **(spröde)** Teil der **Lithosphäre,** in dem Erdbeben auftreten.

Sekundärmineral *(secondary mineral)* Mineral, das (normalerweise viel) später entsteht als das Gestein, in dem es auftritt (dem Nebengestein). In Island bilden viele Sekundärminerale **Mandeln,** andere hingegen **Mineralgänge** aus Quarz, Kalzit und Zeolithen, die aus Thermalwasser stammen, das durch das Gestein zirkuliert.

sinistral *(sinistral)* Auch: links-lateral. **Blattverschiebung,** bei der sich der entgegengesetzte Block nach links bewegt hat. Hier auch als **A-Störung** bezeichnet.

Spannung *(stress)* Kraft pro Flächeneinheit.Maß für die Intensität einer Kraft auf einer gegebenen Fläche. Spannung wird mit der Einheit einer Kraft (Newton) pro Fläche (Quadratmeter), angegeben, deren Name **Pascal** ist.

Spreizung *(spreading)* Langsame laterale Bewegung der tektonischen Platten der Erde

Spreizungsrate *(spreading rate)* Geschwindigkeit der **Spreizung.** Die **Erdkruste/Lithosphäre** in Island horizontal mit einer Rate von ungefähr 2 cm pro Jahr gespreizt. Dies bewegt von den **vulkanischen Riftzonen** weg, in denen neue Kruste durch **Intrusionen** und **Eruptionen** entsteht.

Spreizungsvektor *(spreading vector)* Bezeichnet die Richtung und Geschwindigkeit der **Spreizung.** In Island ist der Spreizungsvektor Nordwest-Südost gerichtet.

Spröddeformation *(brittle deformation)* Wenn Gesteine (oder andere Festkörper) auf Kraft oder Spannung durch Zerbrechen und der Bildung von **Brüchen** reagieren, wird die Deformation (Verformung) als spröd bezeichnet. Spröd bedeutet also, dass das Material zum Bruch neigt (nicht zum Biegen, Falten oder Fließen), wenn es einer Spannung oder Kraft ausgesetzt ist.

Störung *(fault)* Ein **Bruch** im Gestein, bei dem die Bewegung der Wände zu beiden Seite der Bruchfläche parallel zur Fläche erfolgt. Bei **Abschiebungen** erfolgt die Bewegung des Gesteinsblocks oberhalb der Störungsfläche abwärts. Bei **Auf- und Überschiebungen** erfolgt die Bewegung umgekehrt. Im Englischen gibt es für diese beiden Störungstypen einen gemeinsamen Begriff: *dip-slip,* was Bewegung parallel zum **Einfallen** der Störungsfläche bedeutet. Im Deutschen ist bisher kein entsprechender Überbegriff etabliert. Wenn sich die Störungswände horizontal entlang der Störungsfläche bewegen, wird die Störung als **Blattverschiebung** bezeichnet (siehe dort).

Störungsbewegung *(slip)* Störungsbewegung während eines einzelnen **Erdbebens**. Alle Bewegungen zusammengezählt ergeben den **Versatz** der **Störung**.

Stratovulkan Anderes Wort für einen **Schichtvulkan**.

Strömungsverengung *(flow channelling)* Ein Prozess, bei dem ein Großteil der Fluidströmung auf weit offene **Brüche** oder **Segmente** von Brüchen beschränkt bleibt. Das **kubische Gesetz** ist der Hauptgrund für Strömungsverengung.

Subaerische Eruption *(subaerial eruption)* Vulkanausbruch „unter Luft", das heißt auf trockenem Land.

Subaquatische Eruption *(subaquatic eruption)* Vulkanausbruch „unter Wasser", das heißt in einem See (auf dem Grund eines Sees).

Subglaziale Eruption *(subglacial eruption)* Vulkanausbruch „unter Eis", das heißt in einem Gletscher.

Submarine Eruption *(submarine eruption)* Vulkanausbruch „unter dem Meer", das heißt im Meer (auf dem Meeresgrund)

Tafelberg *(table mountain)* Hyaloklastit-Berg, der bei einer subglazialen oder submarinen Eruption entsteht. Der unterste Teil des Berges besteht meist aus **Kissenlava**, gefolgt von **Kissenbrekzie** und in größeren Höhen Hyaloklastit. Auf dem Hyaloklastit liegt eine **Lavakappe**, ein kleiner **Lavaschild**.

Tektonische Platte *(tectonic plate)* In der Theorie der **Plattentektonik** ist die äußerste Schicht oder Hülle der Erde, die **Lithosphäre**, in tektonische Platten unterteilt (davon 7 große). Jede Platte ist eine gewaltige Scholle aus (überwiegend) festem Gestein, deren Form von der Geometrie der Plattengrenzen an ihren Rändern bestimmt wird. Manche Platten sind rein ozeanisch (zum Beispiel die Pazifische Platte). Die meisten bestehen jedoch sowohl aus ozeanischer und kontinentaler Lithosphäre. Auch als **Lithosphärenplatte** bezeichnet.

Tuff *(tuff)* **Pyroklastisches Gestein,** das hauptsächlich aus konsolidierter vulkanischer **Asche** besteht.

Tumulus *(tumulus)* Hügelchen, welches entsteht, wenn sich in einer kleinen Senke an der Erdoberfläche ein **Pahoehoe-Lavateich** bildet. Bald entsteht eine erstarrte oder „gefrorene" Oberflächenkruste auf dem Teich. Wenn weiterhin Lava in den Teich fließt, wird die feste Oberfläche gebogen oder aufgeschoben, um der ankommenden Lava Platz zu machen. Dadurch entsteht ein Tumulus.

Überschiebung *(thrust fault)* Störung, die bei Kompression, **Druckspannung,** entsteht. Die Störungsfläche hat eine sanfte (flache) Neigung beziehungsweise **Einfallen**. Überschiebungen charakterisieren konvergente (zusammenstoßende) **Plattengrenzen** und rufen die größten Erdbeben der Erde hervor.

Unruhe *(unrest)* Vulkanische Unruhe bezeichnet jeden deutlichen Anstieg verschiedener gemessener geophysikalischer, geochemischer und geologischer Signale, die Veränderungen der Rate oder der Art zugehöriger physikalischer Prozesse im Vulkan widerspiegeln. Die Signale beinhalten Änderungen der Erdbebenaktivität, Bodenhebungen, Ausströmen vulkanischer Gase sowie Abflussmenge und Chemismus von **Grundwasser** und dazugehörigen Bächen. Vulkanische Unruhe hängt oft damit zusammen, dass neues **Magma** in die oberflächennahe **Magmakammer** des Vulkans injiziert wird, was zu deren Ausdehnung und Aufblähen des Vulkans führt. Dadurch kann die Magmakammer aufreißen und einen Gang injizieren. Die meisten Unruheperioden führen jedoch nicht zu einem **Vulkanausbruch.**

Verbundmaterialien *(composite materials)* Dies sind Materialien, die aus zwei oder mehr Komponenten bestehen, die miteinander verbunden sind. Viele Verbundmaterialien sind künstlich hergestellt, aber es gibt auch natürliche wie Holz, Knochen und Gestein. Gesteine sind im kleinen Maßstab Verbundmaterialien (Kristalle in einer feineren Matrix) sowie im großen Maßstab (Schichten oder andere Einheiten, die einen Vulkan oder ein Krustensegment aufbauen). **Schichtvulkane** werden im Englischen auch als *composite volcanoes* bezeichnet. Sie sind hervorragende Beispiele von Strukturen aus Verbundmaterialien (Gesteinsschichten oder -einheiten) im großen Maßstab.

Verformungsrate *(strain rate)* Betrag der Verformung, beispielsweise Krustendehnung in einem **Graben** gegebener Breite, in einem spezifischen Zeitraum (normalerweise Sekunde).

Versatz *(displacement)* Summe aller Bewegungen auf einer Störungsfläche (daher auch „Gesamtversatz").

Diese ist im Gelände anhand der unterschiedlichen Position von **Leithorizonten** bestimmbar.

Versatzbetrag Anderes Wort für den **Versatz** einer **Störung.**

Vertikalversatz *(vertical displacement)* Vertikaler Anteil des **Versatzes** auf einer **Störung.**

Viskosität *(viscosity)* Maß für den Widerstand gegen das Fließen in einem Fluid wie Magma, Lava oder Wasser

Vorhersage *(forecast)* In der Geologie wird der Begriff vor allem im Zusammenhang mit Forschung zur Vorhersage von **Erdbeben** und **Vulkanausbrüchen** verwendet. Generell gibt es bisher keine verlässlichen Vorhersagemethoden für Erdbeben. Das Gleiche gilt grob gesagt für Vulkanausbrüche mit der Ausnahme, dass über gewisse Zeiträume für einige Vulkane, die sich sehr regelmäßig verhalten, Ausbruchsvorhersagen gelegentlich erfolgreich sind.

Vulkanausbruch *(volcanic eruption)* Einfach ausgedrückt der Transport von **Lava** (effusive Eruption oder Lavaeruption), **Pyroklastika** (explosive Eruption) und Volatilen (hauptsächlich Wasser und verschiedene vulkanische Gase) aus einem Vulkan

Vulkanische Riftzone *(volcanic rift zone)* Vulkanzone, in der die divergente Plattenbewegungen – Rifting – der dominante vulkanotektonische Prozess sind. In Island sind die Nördliche und die Westliche Vulkanzone Riftzonen, wie auch die Östliche Vulkanzone etwa südlich des Nordrands des Mýrdalsjökull.

Vulkanspalte *(volcanic fissure)* Auswirkung eines **Fördergangs** an der Oberfläche. Viele Vulkanspalten bilden zahlreiche Kraterkegel und werden **Kraterreihen** genannt.

Vulkansystem *(volcanic system)* Schwarm tektonischer **Brüche** und **Vulkanspalten,** die zu einem **Magmareservoir** als Ursprung gehören. In der **vulkanischen Riftzone** Islands sind die meisten Vulkansysteme äußerst länglich, meist mit Längen von 50–150 km und Breiten von 10–20 km. Sie werden durch **Zugbrüche, Abschiebungen** und Vulkanspalten an der Oberfläche

sowie **Gängen** und Abschiebungen in größerer Tiefe charakterisiert. Die meisten Vulkansysteme entwickeln einen **Zentralvulkan,** der aus einer oberflächennahen **Magmakammer** gespeist wird. Alle Vulkansysteme in Island waren in den vergangenen 10.000–11.000 Jahren aktiv und bilden die aktivsten Teile der Vulkanzonen.

Vulkanzonen *(volcanic zone)* Zone, in der ein **Vulkanausbruch** auftreten kann. Die drei wesentlichen Vulkanzonen Islands sind meist 20–80 km breit und mit Gesteinen bedeckt, die in den vergangenen 800.000 Jahren entstanden sind. Innerhalb der Vulkanzonen sind Vulkanausbrüche und Bruchbildung (sowie **Erdbeben**) meist auf die **Vulkansysteme** beschränkt.

Wasserspiegel *(water table)* Oberfläche der Grundwasserzone eines offenen Grundwasserleiters (Aquifers)

wurzelloser Krater *(rootless crater)* Anderes Wort für einen **Pseudokrater.**

Zentralvulkan *(central volcano)* Ein **polygenetischer** Vulkan, normalerweise mit häufigen Ausbrüchen und einer oberflächennahen **Magmakammer.** Der Begriff umfasst sowohl **Schichtvulkane** als auch **Einsturzcalderen.** In Island liegt ein Zentralvulkan häufig, aber nicht immer, im Zentrum eines **Vulkansystems** und ist die Stelle, an der **Eruptionen** am häufigsten im System vorkommen – wodurch ein Vulkanbau entsteht, der später einstürzen kann und eine **Caldera** bildet.

Zugbruch *(tension fracture)* Bruch, der normalerweise durch **Zugspannung** entsteht. Die Bewegung der Bruchwände ist einfache Öffnung, Auseinanderziehen. Im Gegensatz zur Störungsbewegung gibt es keine bruchparallele Bewegung bei der Bildung von Zugbrüchen und daher keine Reibung zwischen den Bruchwänden.

Zugfestigkeit *(tensile strength)* Die maximale **Zugspannung,** die ein Gestein aushält, bevor es aufreißt und einen Extensionsbruch wie einen **Gang** oder einen **Zugbruch** bildet.

Zugspannung *(tensile stress)* Spannung, die durch Zugkraft hervorgerufen wird, das heißt einer Kraft, die versucht, das Gestein zu dehnen und allgemein dessen Volumen zu vergrößern.

Weiterführende Literatur

Viele der in diesem Buch gelieferten Informationen, einschließlich fast aller geologischen Messungen im Gelände, entstammen meinen eigenen Studien in den letzten Jahrzehnten. Es ist hier nicht angebracht, zahlreiche wissenschaftliche Artikel aufzulisten. Diese Zitate sind jedoch in den Literaturverzeichnissen meiner Lehrbücher und Monografien zu finden, die ich unten aufführe. Hier gebe ich einige Bücher, Sonderbände von Zeitschriften, wissenschaftliche Artikel und Karten an, die ich hinzugezogen habe und/oder die für weitere Erkundungen der Geologie Islands hilfreich sein können. Alle Bände von Herausgebern enthalten viele wissenschaftliche Artikel verschiedener Autoren. Ich gebe auch einige isländische Veröffentlichungen an. Viele davon weisen kurze Zusammenfassungen auf Englisch auf. Für die Veröffentlichungen auf Isländisch gebe ich eine deutsche Übersetzung sowie den Originaltitel in Klammern an.

Fridleifsson, I.B., 1985. Die Geologie von Esja and deren Umgebung (Jarðfræði Esju og nágrennis). Árbók Ferðafélags Íslands, 141–172 (isländisch).

Gudmundsson, A., 2011. Rock Fractures in Geological Processes. Cambridge University Press, Cambridge.

Gudmundsson, A., 2017. Geology of Iceland in Relation to Global Tectonics. Springer-Verlag, Berlin.

Gudmundsson, A. und Acocella, V., 2017. Volcanotectonics: Understanding the Structure, Deformation, and Dynamics of Volcanoes. Cambridge University Press, Cambridge.

Gudmundsson, A.T., 1990. Rund um Island auf der Ringstraße (Á ferð um hringveginn). Líf og Saga, Reykjavík (isländisch).

Gudmundsson, A.T., 2001. Isländische Vulkane (Íslenskar Eldstöðvar). Vaka-Helgafell, Reykjavík (isländisch).

Gudmundsson, A.T., 2015. Living Earth: Outline of the Geology of Island, 2. Auflage. Mál og Menning, Reykjavík.

Gudmundsson, M.T., Thordarson, T., Höskuldsson, A., Larsen, G., Björnsson, H., Prata, F.J., Oddsson, B., Magnusson, E., Högnadottir, T., Petersen, G.N., Hayward, C.L., Stevenson, J. A. und Jonsdottir, I., 2012. Ash generation und distribution from the April-May 2010 eruption of Eyjafjallajökull, Island. Scientific Reports 2: 572, https://doi.org/10.1038/srep00572.

Jacoby, W. und Gudmundsson, M.T. (Hrsg.), 2007. Hotspot Iceland. Sonderband des Journal of Geodynamics, 43, 1–186.

Johannesson, H., Jakobsson, S.P. und Saemundsson, K., 1990. Geological map of Iceland, sheet 6, South Iceland (Geologische Karte von Island, Blatt 6), 3. Auflage. Icelandic Museum of Natural History und Iceland Geodetic Survey (Museum für Naturgeschichte und Geodätisches Institut von Island), Reykjavík.

Jonsson, J., 1978. Geologische Karte der Reykjanes-Halbinsel (Jarðfræðikort af Reykjanesskaga). Nationale Energiebehörde (Orkustofnun), Reykjavík, Bericht OS-JHD-7831 (isländisch).

Jonasson, P.M. (Hrsg.), 1992. Thingvallavatn. Okios, 64, 1–437.

Jonsson, J., 1983. Historische Vulkanausbrüche auf der Reykjanes-Halbinsel (Eldgos á sögulegum tíma á Reykjanesskaga). Náttúrufræðingurinn, 52, 127–139 (isländisch).

Kristinsson, S. und Saemundsson, K., 1996. Das Hengill-Gebiet: Wanderwege, Geographie, Geologie (Hengilssvæðið: Gönguleiðir, Staðhættir, Jarðfræði). Ferðafélag Íslands, Reykjavík (isländisch).

Saemundsson, K. und Einarsson, S., 1980. Geological map of Iceland, sheet 3, Southwest Iceland (Geologische Karte von Island, Blatt 3, Südwest-Island), 2. Auflage. Museum of Natural History and Iceland Geodetic Institute (Museum für Naturgeschichte und Geodätisches Institut von Island), Reykjavík.

Saemundsson, K. Johannesson, H., Hjartarson, A., Kristinsson, S.G., und Sigurgeirsson, M.A., 2010. Geological Map of Southwest Island, 1:100,000 (Geologische Karte von Südwest-Island, Maßstab 1:100.000). Iceland GeoSurvey (Geologischer Dienst von Island), Reykjavík.

Sigmundsson, F., Simonarson, L., Sigmundsson, O. und Ingolfsson, O. (Hrsg.), 2008. The Dynamic Geology of Iceland. Jökull (Journal of the Geoscience Society of Iceland), Sonderband, 58, 1–421.

Sigmundsson, F., Hreinsdottir, S., Hooper, A., Arnadottir, T., Pedersen, R., Roberts, M.J., Oskarsson, N., Auriac, A., Decriem, J., Einarsson, P., Geirsson, H., Hench, M., Ofeigsson, B.G., Sturkell, E., Sveinbjörnsson, H. und Feigl, K.L., 2010. Intrusion triggering of the 2010 Eyjafjallajökull explosive eruption. Nature, 468, 426–430.

Sigurgeirsson, M.A., 1995. Die Yngri-Stampar-Eruption auf Reykjanes (Yngra-Stampagosið á Reykjanesi). Náttúrufræðingurinn, 64, 211–230 (isländisch).

Sinton, J., Grönvold, K. und Saemundsson, K., 2005. Postglacial eruptive history of the Western Volcanic Zone, Iceland. Geochemistry, Geophysics, Geosystems, 6, Q12009, https://doi.org/10.1029/2005GC001021.

Solnes, J., Sigmundsson, F. und Bessason, B. (Hrsg.), 2013. Naturgefahren in Island: Vulkanausbrüche und Erdbeben (Náttúruvá á Íslandi: Eldgos og jarðskjálftar). Viðlagatrygging Íslands/ Háskólaútgáfan, Reykjavík (*isländisch*).

Sturkell, E., Einarsson, P., Sigmundsson, F., Hooper, A., Ofeigsson, B., Geirsson, H. und Olafsson, H., 2010. Katla und Eyjafjallajökull volcanoes. Developments in Quaternary Sciences, 13, 5–21.

Thordarson, T. und Höskuldsson, A., 2014. Iceland: Classic Geology in Europe 3, 2. Aufl. Dunedin, London.

Torfason, H., 2010. The Great Geysir. Geysir Centre, Reykjavík, S. 1–27.

Sachverzeichnis